河南省"十四五"普通高等教育规划教材

高等学校信息技术人才能力培养系列教材

单片机原理及应用技术

（基于 Keil C 与 Proteus）

Single-Chip Computer Principle and Application

(Based on Keil C and Proteus)

赵全利 忽晓伟 ◉ 主编　杜海龙 陈瑞霞 田壮壮 ◉ 副主编

人民邮电出版社

北　京

图书在版编目（CIP）数据

单片机原理及应用技术：基于Keil C与Proteus / 赵全利，忽晓伟主编. -- 北京：人民邮电出版社，2023.7

高等学校信息技术人才能力培养系列教材

ISBN 978-7-115-60253-4

Ⅰ. ①单… Ⅱ. ①赵… ②忽… Ⅲ. ①单片微型计算机－高等学校－教材 Ⅳ. ①TP368.1

中国版本图书馆CIP数据核字(2022)第188466号

内 容 提 要

本书全面、详细地讲授 51 系列及兼容单片机的体系结构、工作原理、功能部件和软硬件应用开发资源。在 51 单片机硬件编程资源、指令系统和汇编语言程序设计的基础上，讲解 C51 应用程序的基础知识、编程技术、应用示例及单片机应用系统的软硬件开发技术，详细描述单片机 I/O 接口、功能部件、A/D 与 D/A 转换、系统扩展及综合应用等相关实例的设计方法和设计过程。

本书以 Keil C 集成开发环境、Proteus 仿真软件等开发资源为平台，从单片机应用的角度出发，引用大量的单片机软硬件仿真调试及工程应用实例，突出在实践中构建知识体系的教学方法，引导学生逐步认识、熟知、实践和应用单片机。

本书融单片机电路原理、软件编程、仿真调试及工程应用为一体，结构完整、层次分明，知识点贯穿于应用实例，且所有实例均通过 Proteus 软件平台进行仿真调试，方便教学和操作。本书配套提供电子课件、习题答案、程序代码及仿真实例源文件等电子资源。

本书可作为高等学校电子、通信、自动化、机电、测控及信息类专业的教学用书，也可作为相关专业技术人员的参考用书。

◆ 主　编　赵全利　忽晓伟

　　副主编　杜海龙　陈瑞霞　田壮壮

　　责任编辑　张　斌

　　责任印制　王　郁　陈　犇

◆ 人民邮电出版社出版发行　　北京市丰台区成寿寺路 11 号

　　邮编　100164　电子邮件　315@ptpress.com.cn

　　网址　https://www.ptpress.com.cn

　　涿州市京南印刷厂印刷

◆ 开本：787×1092　1/16

　　印张：19.5　　　　　　　　2023 年 7 月第 1 版

　　字数：566 千字　　　　　　2024 年 8 月河北第 2 次印刷

定价：79.80 元

读者服务热线：(010)81055256　印装质量热线：(010)81055316

反盗版热线：(010)81055315

广告经营许可证：京东市监广登字 20170147 号

由 51 系列及兼容（增强型）单片机组成的单片机应用系统，以其通用性强、价廉、功能模块多及软硬件设计灵活等特点而广泛应用于多个控制领域，有着广泛的发展前景和稳定增长的市场需求。根据河南省"十四五"普通高等学校规划教材建设要求，本书以单片机应用特点为出发点，翔实地讲解了单片机的基础知识、体系结构、工作原理及应用开发设计实例等内容，同时介绍了汇编语言和 C51 应用程序的基础知识、编程技术、应用及开发技术等内容。

本书融汇了编者在高校单片机原理及应用课程中的教学和实践经验。本书编者是长期在高校相关专业任教的一线教师，曾多次在单片机应用技术课程设计、毕业设计、全国大学生机器人大赛及全国大学生电子设计竞赛的培训工作中，将 Proteus 软件应用于单片机系统仿真设计及调试，取得了良好的教学效果和优异的竞赛成绩。本书的案例多为编者使用过的经典案例。

本书的主要特点如下。

（1）结构完整、层次分明、内容翔实、循序渐进，便于读者查阅和自学。

（2）以应用实例为导向，突出在实践中构建知识体系的教学方法。

（3）实例内容丰富，在汇编语言程序设计的基础上凸显 C51 编程，便于读者理解、引用和移植。本书所选例题及仿真实例都已上机调试成功。

（4）资源丰富，多种技术融合，将软件仿真和工程实例融为一体，支持系统整体设计和调试。

本书共 11 章，第 1 章在讲述计算机基础知识的基础上，详细描述单片机应用系统的组成、特点及开发资源；第 2 章讲述 51 单片机总体结构、存储结构、编程资源、工作方式、工作时序及最小系统；第 3 章讲述 51 单片机指令系统、汇编语言程序设计及 C51 程序设计基础和应用实例，描述集成开发环境 Keil 的使用及 I/O 接口应用实例的 Proteus 仿真调试；第 4 章讲述 51 单片机中断系统结构、中断控制和响应过程、应用实例的设计及仿真；第 5 章讲述 51 单片机定时器/计数器的原理、应用实例的设计及仿真；第 6 章讲述 51 单片机串行通信接口及其应用实例的设计和仿真；第 7 章讲述 51 单片机常用外部设备的 I/O 接口技术及应用；第 8 章讲述 51 单片机系统扩展、存储器扩展、I/O 接口技术及应用；第 9 章讲述 51 单片机 A/D、D/A 并行及串行转换接口技术及应用；第 10 章讲述单片机应用系统开发过程，阐述单片机数字量、模拟量及综合应用系统实例的设计方法和过程；第 11 章讲述单片机应用系统的抗干扰技术及应用。

党的二十大报告中提到，坚持以人民为中心发展教育，加快建设高质量教育体系，发展素质教育，促进教育公平。为了全方位服务高校教师开展高质量教学，本书提供配套电子课件、部分习题参考答案、应用实例的 Keil 源程序文件、Proteus 仿真电路文件、Proteus 使用简介、书中部分电路的非国家标准符号与国家标准符号的对照表、Proteus 元器件对照表及中英文缩写含义等电子资源，读者可登录人邮教育社区（www.ryjiaoyu.com）下载。

本书由赵全利、忽晓伟担任主编，杜海龙、陈瑞霞、田壮壮担任副主编，具体编写分工如下：赵全利编写了第 1 章，忽晓伟编写了第 2、8 章，杜海龙编写了第 3 章，陈瑞霞编写了第 4、6 章，田壮壮编写了第 5、7 章，胡代弟编写了第 9、10 章，周伟编写了第 11 章。各章的仿真电路、习题解答、电子课件、微视频及附录等由胡代弟、忽晓伟、周伟完成。赵全利教授统筹设计全书，对各章内容进行调整并负责统稿工作。

在编写本书的过程中，编者参考、引用了许多文献，在此对文献的作者表示真诚感谢。由于计算机技术发展速度很快，加之编者水平有限，书中难免存在不足和遗漏之处，恳请读者朋友们提出宝贵意见和建议。

目录 CONTENTS

01 第1章 单片机应用基础概述

本章以计算机的结构思想为引导，首先介绍计算机和单片机的发展过程、单片机系列及应用特点、计算机中表示信息的数制和编码，然后重点介绍单片机应用系统组成及单片机应用开发资源，最后通过一个简单的单片机应用实例，使读者初步了解单片机应用的基础知识。

1.1 计算机及单片机简介

本节在讲解计算机硬件经典结构的基础上，介绍计算机和单片机的基本概念、系列类型及应用特点。

1.1.1 计算机到单片机的发展过程

1. 冯·诺依曼计算机

1945 年 6 月，冯·诺依曼（von Neumann）发表了关于 EDVAC（Electronic Discrete Variable Automatic Computer，离散变量自动电子计算机）的报告草案，提出了以"二进制存储信息"和"存储程序（自动执行程序）"为基础的计算机结构思想，即"冯·诺依曼结构"。基于冯·诺依曼结构，进一步产生了由运算器、控制器、存储器、输入设备和输出设备组成的计算机硬件经典结构，如图 1-1 所示。

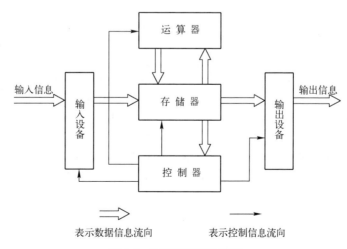

图 1-1 计算机硬件经典结构

在计算机中，二进制数是计算机硬件能直接识别并处理的唯一形式。

计算机所做的任何工作都必须以二进制数所表示的指令形式送入计算机存储器中存储，由一条条有序指令构成的集合称为程序。

计算机对任何问题的处理都是对数据的处理，计算机所完成的任何操作都是执行程序的结果。很好地认识和理解计算机的结构思想，有助于理解数据、指令、程序与计算机硬件之间的关系，这对于学习和掌握计算机基本原理是十分重要的。

2. 从计算机到单片机

1976 年，随着控制系统及智能仪器的需求越来越大，Intel（英特尔）公司推出了 MCS-48 系列 8 位单片机。1981 年 8 月，IBM（International Business Machines Corporation，国际商业机器公司）推出世界上第一台以 8088 为 CPU（Central Processing Unit，中央处理器）的 16 位微型计算机（IBM 5150 Personal Computer），即 IBM 个人计算机（Personal Computer），使计算机的应用日益广泛和深入。

Intel 公司最早推出了 8051/8031 系列单片机，但是由于该公司将重点放在与个人计算机兼容的高档芯片开发上，因此 Intel 公司将 MCS-51 系列单片机中的 8051 内核使用权以专利互换或出让的方式授权给世界上许多 IC（Integrated Circuit，集成电路）制造厂商，如 Philips（飞利浦）、NEC（日本电气）、Atmel（爱特梅尔）、Siemens（西门子）、Fujitsu（富士通）、华邦、LG（乐金）等。

随着 CPU 技术的飞速发展，这些 IC 制造厂商在保持与 8051 单片机兼容的基础上先后改进了 8051 单片机的许多技术，扩展了满足不同测控对象要求的外围电路，如模拟量输入的 A/D（Analog-to-Digital，模转数）转换、伺服驱动的 PWM（Pulse Width Modulation，脉宽调制）、高速 I/O（Input/Output，输入/输出）控制、集成电路互连 I^2C、保证程序可靠运行的定时器及使用方便且价廉的 Flash ROM（Read-Only Memory，只读存储器）等，使得以 8051 为内核的 MCU 系列单片机在世界上产量非常高，应用也非常广泛，成为 8 位单片机的主流，成了事实上的标准 MCU 芯片。

通常所说的 51 系列单片机（以下简称 51 单片机）是对以 Intel 公司 MCS-51 系列单片机中 8051 为内核推出的各种型号兼容性单片机的统称。

51 单片机是学习单片机基础应用的首选单片机，同时也是应用非常广泛的一种单片机。51 单片机的代表有 Intel 公司的 80C51 系列、Atmel 公司的 AT89 系列等，但 51 单片机一般不具备自编程能力，往往需要借助于软硬件开发环境来实现控制功能。

当前，在应用系统中盛行的 STC 系列单片机，完全兼容 51 单片机，因其具有抗干扰性强、加密性强、功耗超低、可以远程升级、价格低廉、使用方便及在应用中编程等特点，使得 STC 系列单片机的应用日趋广泛。

Atmel 公司的 AT89 系列单片机是一种独具特色且性能卓越的单片机，在结构性能和功能等方面都有明显的优势，它在计算机外部设备（简称外设）、通信设备、自动化工业控制系统、宇航设备仪器仪表及各种消费类电子产品中都有着广泛的应用前景。

Atmel 公司生产的 AT90 系列单片机是增强型 RISC（Reduced Instruction Set Computer，精简指令集计算机）内载 Flash 单片机，通常称为 AVR 单片机。芯片上的 Flash 存储器附在用户的产品中，可随时编程，方便用户进行产品设计。AVR 单片机增强的 RISC 结构，使其具有高速处理能力，在一个时钟周期内可执行复杂的指令。AVR 单片机的工作电压为 2.7～6.0V，可以实现耗电最优化。

ARM 单片机采用了 32 位 ARM 微处理器，使其在指令系统、总线结构、调试技术、功耗及性价比等方面都超过了传统的 51 单片机，同时 ARM 单片机在芯片内部集成了大量的片内外设，其功能和可靠性都大大提高。

事实已经证明，尽管微控制器的技术发展迅速，品类繁多，但 51 单片机具备的通用性强、价格低廉、设计灵活等特点，使其仍然有着广泛的应用领域和稳定增长的市场。

1.1.2 微型计算机的分类

随着大规模 IC 技术的迅速发展,人们把运算器、控制器和通用寄存器集成在一块半导体芯片上,形成微处理器(机),也称 CPU。以微处理器为核心,配上由大规模 IC 制作的 ROM、随机存储器(Random Access Memory,RAM)、I/O 接口电路及系统总线等所组成的计算机,称为微型计算机。

随着微型计算机技术的发展和市场需求的不断增长,可以从不同角度对微型计算机进行分类。例如,按微处理器的字长、微型计算机的构成形式等进行分类。按微处理器字长来分,微型计算机一般分为 8 位机、16 位机、32 位机和 64 位机。按微型计算机的构成形式来分,可分为单片机、单板机和个人计算机。

本书描述关于"接口""I/O 口"和"端口"等术语时的一般定义为:接口指 CPU 或计算机硬件/软件与外部设备连接的模块;I/O 口指计算机所具有的输入输出功能;端口指计算机与外部连接的接线端。

1. 单片机

单片机又称单片微控制器,它是将微处理器、存储器(RAM、ROM)、定时器及 I/O 接口等部件通过内部总线集成在一块芯片上。一块单片机芯片就是具有一定规模的微型计算机,再加上必要的外围元器件,就可构成完整的计算机硬件系统。

单片机这种特殊的结构形式,使其在智能化仪器/仪表、家用电器、机电一体化产品、工业控制等方面的应用都得到了飞速发展。随着微控制技术的不断完善以及自动化程度的日益提高,单片机的应用是对传统控制技术的一场革命。

常用单片机主要包括 51 系列单片机及其兼容单片机,以及嵌入式 ARM 系列单片机等。常用单片机芯片外形如图 1-2 所示。

（a）贴片式单片机　　　　（b）双列直插封装式单片机

图 1-2　常用单片机芯片外形

2. 单板机

这里说的单板机是指简易的单片机实验及开发系统,或称为开发板。它将单片机系统的各个部分都组装在一块 PCB(Printed-Circuit Board,印制电路板)上,包括微处理器、I/O 接口及简单的 LED(Light Emitting Diode,发光二极管)、LCD(Liquid Crystal Display,液晶显示器)、小键盘、下载器及插座等。单板机(见图 1-3)是学习及开发单片机应用的重要工具,其主要用法如下。

图 1-3　单板机

① 直接操作,以进行单片机学习和实验。
② 单片机应用系统开发。
③ 直接用于控制系统。

3. 个人计算机

个人计算机可以实现各种计算、数据处理及信息管理等。个人计算机可分为台式计算机和便携式计算机。台式计算机需要放置在桌面上,它的主机、键盘和显示器都是相互独立的,可通过电缆和插头连接在一起。便携式计算机又称笔记本电脑,它把主机、硬盘驱动器、键盘和显示器等部件组装在一起,可以用可充电电池供电,便于随身携带。

当个人计算机运行单片机等微处理器开发环境软件时，可以通过个人计算机方便地实现对单片机等微处理器芯片的编程、编译、代码下载及调试，这时的个人计算机通常称为上位机。个人计算机作为上位机与单片机开发板通信连接如图 1-4 所示。

图 1-4 个人计算机与单片机开发板通信连接

1.1.3 单片机的应用特点和应用领域

单片机在硬件、指令系统及 I/O 能力等方面都有独到之处，具有较强而有效的控制功能。虽然单片机只是一块芯片，但无论从组成还是从逻辑功能上来看，都具有微型计算机系统（简称微机系统）的特点。

1. 单片机的应用特点

单片机的应用特点如下。

① 具有较高的性价比。高性能、低价格是单片机非常显著的特点，单片机应用系统具有 PCB 小、接插件少、安装调试简单方便等特点，使单片机应用系统的性价比大大高于一般微机系统。

② 体积小、可靠性高。由单片机构造的应用系统结构简单，体积特别小，极易于使用者对系统采取电磁屏蔽等抗干扰措施。一般情况下，单片机对信息的传输及对存储器和 I/O 端口（一般指单片机输入输出接线端）的访问，是在单片机内部进行的，不易受外界的干扰。因此单片机应用系统的可靠性比一般微机系统高得多。

③ 控制功能强。单片机采用面向控制的指令系统，实时控制功能特别强。在实时控制方面，尤其是在位操作方面，单片机有着不俗的表现。CPU 可以直接对 I/O 端口进行输入、输出操作及逻辑运算，并且具有很强的位处理能力。

④ 单片机片内的 ROM 和 RAM 是严格分工的。ROM 用作程序存储器，只存放程序、常数和数据表格。可以将已调试好的程序固化在 ROM 中，这样不仅可以确保掉电时程序不丢失，还可以确保程序的安全性。而 RAM 用作数据存储器，用于存放程序执行过程中的临时数据和变量，这种分工方案使单片机更适用于实时控制系统。

⑤ 使用方便、容易产品化。由于单片机具有体积小、功能多、性价比较高、系统扩展方便、硬件设计简单等优点，因此单片机的硬件具有广泛的通用性。同一种单片机可以用在不同的控制系统中，只是其中所配置的软件不同而已。换言之，给单片机配置上不同的软件，便可形成用途不同的专用智能芯片，可以说"软件就是仪器"。

单片机开发工具具有很强的软硬件调试功能，使得研制单片机应用系统极为方便，加之现场运行环境的可靠性，因此单片机能满足许多小型对象的嵌入式应用要求。

2. 单片机的应用领域

单片机由于具有体积小、功耗低、价格低廉等特点，且具有逻辑判断、定时计数、程序控制等多种功能，因此其广泛应用于智能仪器、工业控制、家用电器、机电一体化、PWM 控制等方面。

① 智能仪器。智能仪器是含有微处理器的测量仪器。单片机广泛应用于各种仪器、仪表，使仪器、仪表智能化取得了令人瞩目的进展。

② 工业控制。单片机广泛应用于各种工业控制系统中，如模拟量闭环控制系统、开关量控制系统、可编程逻辑控制器等。

③ 家用电器。目前各种家用电器普遍采用单片机取代传统的控制电路，具体如洗衣机、电冰箱、空调、电视、微波炉、电风扇及高级电子玩具等。由于家用电器配置了单片机，使其功能增强、操作更加方便，深受用户的欢迎。

④ 机电一体化。机电一体化产品是指集机械技术、微电子技术、计算机技术等于一体，具有智能化特征的机电产品。作为控制器，单片机是嵌入机电一体化产品的极佳选择。

⑤ PWM 控制。单片机可以方便地实现 PWM 控制，直接利用输出的数字信号来等效地获得所需要的模拟信号幅值，从而实现用数字信号对需要模拟信号控制的外部设备的等效控制。

单片机除以上各领域的应用之外，还广泛应用于办公自动化设备（如复印机）、汽车电路、通信系统（如手机）、计算机外设等。

科技是第一生产力、人才是第一资源、创新是第一动力。单片机的应用从根本上改变了传统控制系统的设计思想和设计方法。过去必须由模拟电路、数字电路及继电器控制电路实现的大部分功能，现在已能用单片机结合软件实现。由于软件技术的飞速发展，各种软件系列产品的大量涌现，因此极大地简化了硬件电路。"软件就是仪器"已成为单片机应用技术发展的主要特点，这种以软件取代硬件的高性能控制技术，标志着一种全新概念的出现，是对传统控制技术的一次革命。随着单片机应用的推广、普及，单片机技术无疑将是 21 世纪非常活跃的新一代电子应用技术。单片机的应用已经引起传统控制技术发生巨大变革。

单片机正朝着高性能和多品种的方向发展。然而，由于应用领域大量使用的仍是 8 位单片机，因此，各大公司纷纷推出高性能、大容量、多功能的 8 位单片机。目前，市场上广泛使用的单片机仍然是 51 单片机。例如，STC 公司推出的高性价比的 STC12 系列、STC15 系列单片机（带负载能力最强）和 Atmel 公司推出的 AT89 系列单片机等。

1.2 数制与编码

在计算机中，任何命令和信息都是以二进制数据的形式存储的。计算机所执行的全部操作都可以归结为对数据的处理和加工，为了便于读者理解计算机系统的基本工作原理，掌握数字等信息在计算机系统中的表示方法及处理过程，本节主要介绍计算机中使用的数制和编码等方面的基础知识。

1.2.1 数制及其转换

数制就是记数方式。日常生活中常用的是十进制数，计算机内部使用的是二进制数，在向计算机输入数据及计算机输出数据时，人们惯于用十进制数、十六进制数等，因此，计算机在处理数据时，可以通过执行程序进行各种数制的相互转换。

1. 二进制数

二进制数只有两个数字符号：0 和 1。记数时按"逢 2 进 1"的原则，其基数为 2。一般情况下，二进制数可表示为（110）$_2$、（110.11）$_2$、10110B 等。

根据位权表示法，每一位二进制数在不同位置表示不同的值。例如：

1	1+1=10	1+1+1+1=100	1+1+1+1+1+1+1+1=1000
↓	↓	↓	↓
1（2^0）	2（2^1）	4（2^2）	8（2^3）

对于 8 位二进制数（低位到高位分别用 D0～D7 表示），则各位所对应的权值如下：

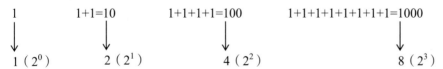

2^7	2^6	2^5	2^4	2^3	2^2	2^1	2^0
D7	D6	D5	D4	D3	D2	D1	D0

对于任意二进制数，可按位权求和展开为与之相对应的十进制数。

（10）$_2$=1×2^1+0×2^0=2

（11）$_2$=1×2^1+1×2^0=3

（110）$_2$=1×2^2+1×2^1+0×2^0=6

（111）$_2$=1×2^2+1×2^1+1×2^0=7

$(1111)_2=1\times2^3+1\times2^2+1\times2^1+1\times2^0=15$

$(10110)_2=1\times2^4+0\times2^3+1\times2^2+1\times2^1+0\times2^0=22$

例如，二进制数 10110111，按位权展开求和计算可得：

$(10110111)_2=1\times2^7+0\times2^6+1\times2^5+1\times2^4+0\times2^3+1\times2^2+1\times2^1+1\times2^0$

$$=128+0+32+16+0+4+2+1$$

$$=183$$

对于含有小数的二进制数，从小数点右边第一位小数开始向右各位的权值如下：

例如，二进制数 10110.101，按位权展开求和计算可得：

$(10110.101)_2=1\times2^4+1\times2^2+1\times2^1+1\times2^{-1}+0\times2^{-2}+1\times2^{-3}$

$$=16+4+2+0.5+0.125$$

$$=22.625$$

必须指出：在计算机中，一个二进制数（如 8 位、16 位或 32 位）既可以表示数值，也可以表示一种符号的代码，还可以表示某种操作（即指令）。计算机在程序运行时按程序的规则自动识别二进制数，这就是本节开始所提及的。在计算机中，一切命令和信息都是以二进制数据的形式进行存储的。

2. 十六进制数

十六进制数是学习和研究计算机中二进制数的一种比较方便的工具。计算机在信息输入、输出或编辑相应程序或数据时，可采用简短的十六进制数表示相应的位数较长的二进制数。

十六进制数有 16 个符号，其中 0～9 与十进制数相同，剩余 6 个符号为 A～F，分别表示十进制数中的 10～15。十六进制数的记数原则是"逢 16 进 1"，称其基数为 16，整数部分各位的权值由低位到高位分别为：16^0、16^1、16^2、16^3…。例如：

$$(31)_{16}=3\times16^1+1\times16^0=49$$

$$(2AF)_{16}=2\times16^2+10\times16^1+15\times16^0=687$$

为了便于区别不同进制的数据，一般情况下可在数据后面加一个后缀。

二进制数的后缀用"B"表示（如 00111010B）。

十六进制数的后缀用"H"表示（如 3A5H）。

十进制数的后缀用"D"表示，也可以省略"D"（如 39D 或 39）。

3. 数制的转换

前已提及，计算机中的数据只能用二进制形式表示，日常生活中使用的是十进制数，计算机必须根据需要对各种进制的数据进行转换。

（1）将二进制数转换为十进制数

对任意二进制数均可按位权展开，将其转换为十进制数。例如：

$$10111B=1\times2^4+0\times2^3+1\times2^2+1\times2^1+1\times2^0=23$$

$$10111.011B=1\times2^4+0\times2^3+1\times2^2+1\times2^1+1\times2^0+0\times2^{-1}+1\times2^{-2}+1\times2^{-3}$$

$$=23.375$$

（2）将十进制数转换为二进制数

① 方法 1。将十进制数转换为二进制数，可将整数部分和小数部分分别进行转换，然后合并。其中整数部分可采用"除 2 取余法"进行转换，小数部分可采用"乘 2 取整法"进行转换。

例如，采用"除 2 取余法"将 37D 转换为二进制数。

把所得余数由高位到低位排列起来可得：

$$37 = 100101B$$

例如，采用"乘 2 取整法"将 0.625 转换为二进制数。

```
    0.625
  ×   2
─────────
  1.250   ← 取整数 1    高位（第一次所得整数 1 必为二进制数权值的最高位）
  ×   2
─────────
  0.500   ← 取整数 0
  ×   2
─────────
  1.000   ← 取整数 1    低位
```

把所得整数由高位到低位排列起来可得：

$$0.625 = 0.101B$$

同理，把 37.625 转换为二进制数，只需将以上转换结果合并起来：

$$37.625 = 100101.101B$$

② 方法 2。可将十进制数与二进制数的位权从高位到低位比较，若十进制数大于或等于二进制数的某位，则该位取"1"，否则该位取"0"，采用按位分割法进行转换。

例如，将 37.625 转换为二进制数。

2^7	2^6	2^5	2^4	2^3	2^2	2^1	2^0
128	64	32	16	8	4	2	1
0	0	1	0	0	1	0	1

将整数部分 37 与二进制各位权值从高位到低位比较，37>32，则该位取 1，剩余 37-32=5，逐位比较，得 00100101B。

将小数部分 0.625 按同样方法进行比较，得 0.101B。

结果为 37.625D=100101.101B。

（3）二进制数与十六进制数的相互转换

在计算机进行输入、输出时，常采用十六进制数。十六进制数是二进制数的简化表示。

因为 $2^4=16$，所以 4 位二进制数相当于 1 位十六进制数。二进制数、十进制数、十六进制数的转换关系见表 1-1。

表 1-1 二进制数、十进制数、十六进制数的转换关系

二进制数	十进制数	十六进制数
0000	0	0
0001	1	1
0010	2	2
0011	3	3
0100	4	4

二进制数	十进制数	十六进制数
0101	5	5
0110	6	6
0111	7	7
1000	8	8
1001	9	9
1010	10	A
1011	11	B
1100	12	C
1101	13	D
1110	14	E
1111	15	F

在将二进制数转换为十六进制数时，其整数部分可从小数点开始向左每 4 位为一组进行分组，直至高位。若高位不足 4 位，则补 0 使其成为 4 位二进制数，然后按表 1-1 的对应关系进行转换。其小数部分从小数点向右每 4 位为一组进行分组，不足 4 位则在末位补 0 使其成为 4 位二进制数，然后按表 1-1 的对应关系进行转换。例如：

$$1000101B=0100\ 0101B=45H$$

$$10001010B=1000\ 1010B=8AH$$

$$100101.101B=0010\ 0101.1010B=25.AH$$

需要将十六进制数转换为二进制数时，则为上述方法的逆过程。例如：

$$45.AH=01000101.\ 1010\ B$$

$$7ABFH=0111\ 1010\ 1011\ 1111\ B$$

$$7\qquad A\qquad B\qquad F$$

即

$$7ABFH =1111010101111111B。$$

（4）十进制数与十六进制数的相互转换

十进制数与十六进制数的相互转换可直接进行，也可先转换为二进制数，再把二进制数转换为十六进制数或十进制数。

例如，将十进制数 37D 转为十六进制数。

$$37D=100101B=00100101B=25H$$

例如，将十六进制数 41H 转换为十进制数。

$$41H=01000001B=65D$$

也可按位权展开求和方式将十六进制数直接转换为十进制数，这里不再详述。

1.2.2 编码

通过输入设备（如键盘）输入的信息和通过输出设备输出的信息是多种形式的，既有数字（数值型数据），也有字符、字母、各种控制符号及汉字（非数值型数据）等。计算机内部的所有数据均用二进制代码的形式表示，1.2.1 小节提到的二进制数，没有涉及正、负符号，实际上是一种无符号数。要使计算机能够正确识别各类信息，就需要对常用的数据及符号等进行编码，以表示不同形式的信息。这种以编码形式表示的信息既便于存储，也便于由输入设备输入信息、由输出设备输出相应的信息。

1. 二进制数的编码

（1）机器数与真值

一个数在计算机中的表示形式称为机器数，而这个数本身（含符号"+"或"−"）称为机器数的真值。

在机器数中，通常用最高位"1"表示负数，"0"表示正数（以下均以 8 位二进制数为例）。

例如，设两个数为 N1、N2，其真值为：

$$N1=105=+01101001B$$
$$N2=-105=-01101001B$$

则对应的机器数为：

$$N1=0\ 1101001B（最高位"0"表示正数）$$
$$N2=1\ 1101001B（最高位"1"表示负数）$$

必须指出，对于一个有符号数，可因其编码不同而有不同的机器数表示，如下面将要介绍的原码、反码和补码。

（2）原码、反码和补码

① 原码。按上所述，正数的符号位用"0"表示，负数的符号位用"1"表示，其数值部分随后表示，称为原码。

例如，仍以上面的 N1、N2 为例，则：

$$[N1]_原=0\ 1101001B$$
$$[N2]_原=1\ 1101001B$$

原码的表示方法简单，便于与真值进行转换。但在进行减法运算时，为了把减法运算转换为加法运算（计算机的结构决定了便于处理加法运算），必须引进反码和补码。

② 反码与补码。在计算机中，任何有符号数都是以补码形式存储的。对于正数，其反码、补码与原码相同。

例如，N1= +105，则：

$$[N1]_原=[N1]_补=[N1]_反=0\ 1101001B$$

对于负数，其反码为原码的符号位不变，其数值部分按位取反。

例如，N2= −105，则：

$$[N2]_原=1\ 1101001B$$
$$[N2]_反=1\ 0010110B$$

负数的补码为原码的符号位不变，其数值部分按位取反后再加 1（即负数的反码加 1），称为求补。

例如，N2= −105，则：

$$[N2]_补=[N2]_反+1$$
$$=1\ 0010110B+1=1\ 0010111B$$

③ 对补码求补码。如果已知一个负数的补码，可以对该补码再求补码，即可得到该数的原码，即$[[X]_补]_补=[X]_原$，从而求出其真值。

例如，已知$[N2]_补=1\ 0010111B$，则：

$$[N2]_原=11101000B+1=11101001B$$

可得其真值：N2= −105。

④ 补码运算。对采用补码形式表示的数据进行运算时，可以将减法转换为加法。

例如，设 X=10，Y=20，求 X−Y。

X-Y 可表示为 X+（-Y），即 10+（-20）。

$$[X]_原=[X]_反=[X]_补=00001010B$$
$$[-Y]_原=10010100B$$
$$[-Y]_补=[-Y]_反+1=11101011B+1=11101100B$$

则有：

$$[X+（-Y）]_补=[X]_补+[-Y]_补$$
$$=00001010B+11101100B（按二进制相加）$$
$$=11110110B（和的补码）$$

再对[X+（-Y）]_补求补码可得[X+（-Y）]_原，即：

$$[X+（-Y）]_原=10001001B+1=10001010B$$

则 X-Y 的真值为-10D。

必须指出，所有有符号数在计算机中都是以补码形式存放的。对于 8 位二进制数，使用补码形式，它所表示的范围为-128～127；而作为无符号数，它所表示的范围为 0～255。对于 16 位二进制数，使用补码形式，它所表示的范围为-32 768～32 767；而作为无符号数，它所表示的范围为 0～65 536。因而，计算机中存储的任何一个数据，由于解释形式的不同，所代表的意义也不同，计算机在执行程序时自动进行识别。

例如，某计算机存储单元的数据为 84H，其对应的二进制数的表现形式为 10000100B，该数若解释为无符号数编码，其真值为 128+4=132；该数若解释为有符号数编码，最高位为 1 可确定为负数的补码表示，则该数的原码为 11111011B+1B=11111100B，其真值为-124；该数若解释为BCD 编码（下面介绍），其真值为 84D；若该数作为 51 单片机指令，则表示一条除法操作（见附录表 A-2）。

2. BCD

（1）BCD 编码

在 BCD 码中，用 4 位二进制数表示 1 位十进制数。BCD 编码既具有二进制数便于存储的形式，又具有十进制数便于识别的特点。常用十进制数的 8421BCD 码见表 1-2。

表 1-2　常用十进制数的 8421BCD 码

十进制数	8421BCD 码
0	0000B（0H）
1	0001B（1H）
2	0010B（2H）
3	0011B（3H）
4	0100B（4H）
5	0101B（5H）
6	0110B（6H）
7	0111B（7H）
8	1000B（8H）
9	1001B（9H）

例如，将 27 转换为 8421BCD 码，则：

$$27=（0010\ 0111）_{8421BCD}$$

将 105 转换为 8421BCD 码，则：

$$105=（0001\ 0000\ 0101）_{8421BCD}$$

（2）BCD 码运算

由于 8421BCD 码只能表示 0000B～1001B（0～9）这 10 个代码，不允许出现代码 1010B～1111B（因其值大于 9），因而，计算机在进行 BCD 加法（即二进制加法）的过程中，若和的低 4 位大于 9（即 1001B）或低 4 位向高 4 位有进位，为保证运算结果的正确性，低 4 位必须进行加 6 修正。同理，若和的高 4 位大于 9（即 1001B）或高 4 位向更高 4 位有进位，为保证运算结果的正确性，高 4 位必须进行加 6 修正。例如：

$$17=（0001\ 0111）_{8421BCD}$$
$$24=（0010\ 0100）_{8421BCD}$$

17+24=41 在计算机中的操作为：

```
      0001 0111B
    + 0010 0100B
      0011 1011B   ←——  低 4 位（个位）超过 9，结果错误
    + 0000 0110B   ←——  进行加 6 修正
      0100 0001B   ←——  （01000001）8421BCD=41D，结果正确
```

3. ASCII

以上介绍的是计算机中的数值型数据的编码，对于计算机中非数值型数据，例如：

① 十进制数字符号"0""1"…"9"（不是指数值）；

② 26 个大小写英文字母；

③ 键盘专用符号"#""$""&""+""="；

④ 键盘控制符号"CR"（回车符）、"DEL"（删除符）等。

上述这些非数值型数据在由键盘输入时不能直接载入计算机，必须将其转换为特定的二进制代码（即将其编码），以二进制代码所表示的字符数据的形式载入计算机。

ASCII（American Standard Code for Information Interchange，美国信息交换标准代码）利用 7 位二进制代码来表示字符，再加上 1 位校验码，故在计算机中用 1 个字节（即 8 位二进制数）来表示 1 个字符，这样有利于对这些数据进行处理及传输。常用字符的 ASCII 见表 1-3。

例如，字符"A"的 ASCII 值为 41H（65）；字符"B"的 ASCII 值为 42H（66）；字符"1"的 ASCII 值为 31H（49）；字符"2"的 ASCII 值为 32H（50）；Enter 键（回车符）的 ASCII 值为 0DH（13）。

表 1-3　常用字符的 ASCII

字符	ASCII
0	00110000B（30H）
1	00110001B（31H）
2	00110010B（32H）
…	…
9	00111001B（39H）
A	01000001B（41H）
B	01000010B（42H）
C	01000011B（43H）
…	…
a	01100001B（61H）
b	01100010B（62H）
c	01100011B（63H）
…	…
CR	00001101B（0DH）

1.3　计算机系统组成

计算机系统主要包括计算机硬件系统和计算机软件系统两大部分。

1.3.1　计算机硬件系统

下面主要介绍微型计算机的硬件系统。

1. 微型计算机硬件结构

微处理器（CPU）是微型计算机的核心部件。

微处理器主要由算术逻辑部件（Arithmetic and Logic Unit，ALU）、累加器（Accumulator）、逻辑控制部件、程序计数器（Program Counter，PC）及通用寄存器等组成。把微处理器芯片、存储器芯片、I/O 接口芯片等部件通过一组通用的信号线（内部总线）连接在 PCB 上，称为主机。主机的 I/O 接口通过一组通用的信号线（总线）把外部设备（如键盘、显示器及必要的 I/O 装置）连接在一起，构成了微型计算机的硬件结构，如图 1-5 所示。

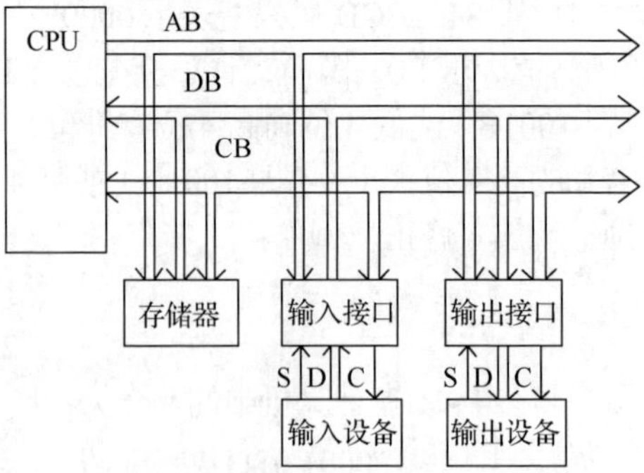

图 1-5　微型计算机硬件结构

2. 存储器

存储器具有记忆功能，用来存放数据和程序。计算机中的存储器主要有 RAM 和 ROM 两种。RAM 一般用来存放程序运行过程中的中间数据，计算机掉电时数据会丢失。ROM 一般用来存放程序，计算机掉电时数据不会丢失。

在计算机中，位是数据的最小存储单元。将 8 位（bit）二进制数称为 1 字节（Byte，记作 B），字节是计算机存储信息的基本数据单位。

存储器的容量常以字节为单位表示，各单位的转换关系如下。

$$1B=8bit$$
$$1KB =1024B$$
$$1MB =1024KB$$
$$1GB =1024MB$$
$$1TB =1024GB$$

若存储器的内存容量为 64MB，即表示其容量为：

$$64MB=64×1024KB$$
$$=64×1024×1024B$$

在 51 单片机中，存储器的容量一般可扩展为 64KB，即 64×1024=65536 个字节存储单元。

3. 总线

总线是连接计算机各部件之间的一组公共的信号线。一般情况下，可分为外总线和系统总线。

（1）外总线

外总线以标准总线的形式，通过标准接口（一般指与标准总线连接的标准插件）把计算机与计算机连接在一起，实现信息交互。

（2）系统总线

系统总线是以微处理器为核心引出的连接计算机各逻辑功能部件的信号线。利用系统总线可把存储器、I/O 接口等部件通过标准接口方便地挂接在总线上，如图 1-5 所示。

系统总线包括：地址总线（Address Bus，AB）、控制总线（Control Bus，CB）、数据总线（Data Bus，DB）。

① 地址总线（AB）：CPU 根据指令的功能需求访问某一存储器单元或外部设备时，其地址信息由地址总线输出，然后经地址译码单元处理。地址总线为 16 位时，可寻址范围为 2^{16}B=64KB，在任一时刻，地址总线上的地址信息是唯一对应某一存储单元或外部设备的。

② 控制总线（CB）：由 CPU 产生的控制信号是通过控制总线向存储器或外部设备发出控制命令的，以使计算机在传送信息时与存储器或外部设备协调一致地工作。CPU 还可以接收由外部设备发来的中断请求信号和状态信号，所以控制总线可以是输入、输出或双向的。

③ 数据总线（DB）：CPU 是通过数据总线与存储单元或外部设备交换数据信息的，故数据总线应为双向的。在 CPU 进行读操作时，存储单元或外设的数据信息通过数据总线传送给 CPU；在 CPU 进行写操作时，CPU 把数据通过数据总线传送给存储单元或外设。

51 单片机在系统扩展时，其 I/O 接口在扩展指令的控制下，可自动形成系统总线并通过该总线与扩展的存储器或外部设备进行信息交互。

4. I/O 接口

CPU 通过 I/O 接口与外部 I/O 设备交换信息，如图 1-5 所示。

CPU 为了实现选取目标外部 I/O 设备并与其交换信息，必须借助 I/O 接口电路。一般情况下，I/O 接口电路通过地址总线、控制总线和数据总线与 CPU 连接；通过数据线（D）、控制线（C）和状态线（S）与外部 I/O 设备连接。

在微机系统中，常常把一些通用的、复杂的 I/O 接口电路制成统一的、遵循总线标准的电路板，CPU 通过电路板与外部 I/O 设备建立物理连接，使用十分方便。

需要指出，51 单片机可以通过指令直接控制 I/O 接口，其操作简单方便，对于一般控制系统来说，这正是 51 单片机的可取之处。

1.3.2　计算机软件系统

软件系统是指计算机上运行的各种程序、管理的数据和有关的各种文档。

1. 程序与计算机语言

程序是由计算机语言编写的，计算机语言可分为机器语言、汇编语言和高级语言。

机器语言（又称二进制目标代码）是 CPU 唯一能够直接识别的语言，在设计 CPU 时就已经确定其代码的含义。

汇编语言使用人们便于记忆的符号来描述与之相对应的机器语言，机器语言的每一条指令都对应一条汇编语言的指令。但是，用汇编语言编写的源程序必须"翻译"为机器语言，CPU 才能执行。把汇编语言源程序翻译为机器语言的工作由"汇编程序"完成，整个翻译过程称为"汇编"。

高级语言（如 C 语言），是指接近人们使用习惯的程序设计语言。由高级语言编写的程序称为"源程序"。在计算机内部，源程序同样必须翻译为 CPU 能够识别的二进制代码所表示的"目标程序"，具有这种翻译功能的程序称为"编译程序"。源程序的编译过程如图 1-6 所示。

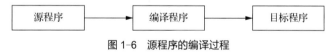

图 1-6　源程序的编译过程

2. 软件分类

根据软件功能的不同，软件可分为系统软件和应用软件。

使用和管理计算机的软件称为系统软件，包括操作系统、各种语言处理程序（如 C51 编译器）等软件，系统软件一般由商家提供给用户。

应用软件是由用户在计算机系统软件资源的平台上，为解决实际问题所编写的应用程序。随着市场对软件需求的增长和软件技术的飞速发展，常用的应用软件已经标准化、模块化、商品化，用户可以在编写应用程序时通过指令直接调用。

1.4　单片机与嵌入式系统

所谓嵌入式系统，是指以嵌入式应用为目的的计算机系统。嵌入式系统是作为其他系统的组成部分使用的，单片机应用系统是典型的嵌入式系统。

1.4.1　嵌入式系统

从使用的角度来说，计算机系统可分为两类：一类是应用广泛、独立使用的通用计算机系统（如个人计算机、工作站等），另一类是嵌入式计算机系统（简称嵌入式系统）。

嵌入式系统是"以应用为中心、以计算机技术为基础、软件硬件可裁减，且适应对功能、可靠性、成本、体积、功耗严格要求的专用计算机系统"。智能手机和微型计算机工业控制系统都可以认为是嵌入式系统。嵌入式系统与通用计算机系统的最大差异是嵌入式系统支持硬件裁减和软件裁减，以适应应用系统对体积、功能、功耗、可靠性、成本等的特殊要求。

单片机应用系统是典型的嵌入式系统。嵌入式系统的重要特征如下。

① 系统内核小。嵌入式系统一般应用于小型电子装置，系统功能针对性强，系统资源相对有限，所需内核较通用计算机系统要小得多。

② 专用性强。嵌入式系统的专用性很强，尤其是软件和硬件的结合非常紧密，即使在同一系列的产品中也需要根据系统硬件的变化进行软件设计、修改。同时针对不同的功能要求，需要对系统进行相应的更改。

③ 系统精简。嵌入式系统一般没有系统软件和应用软件的明显区分，其功能设计及实现不要求过于复杂，这样既利于控制系统成本，也利于实现系统安全。

④ 高实时性。高实时性是嵌入式系统对嵌入式软件的基本要求，而且软件要求使用固态存储，以提高速度。软件代码要求高质量、高可靠性和实时性。

⑤ 嵌入式软件开发走向标准化。嵌入式系统的应用程序可以在没有操作系统的情况下直接在芯片上运行。但为了实现合理地调度多道程序、充分利用系统资源以及对外通信接口，用户必须自行选配实时操作系统（Real-Time Operating System，RTOS）开发平台，这样才能保证程序执行的实时性、可靠性，并减少开发时间，保障软件质量。

⑥ 嵌入式系统开发需要开发工具和环境。嵌入式系统本身不具备自主开发能力，在设计完成以后，用户必须通过开发工具和环境才能进行软硬件调试与系统开发。

单片机正是应嵌入式系统应用的要求而应运而生的，并以嵌入式应用为主要目的。

嵌入式系统是作为其他系统的组成部分使用的。单片机以面向控制、较小的体积、现场运行环境的可靠性等特点满足了许多对象的嵌入式应用要求。在嵌入式系统中，单片机是重要的、应用非常多的智能核心器件。

1.4.2　单片机应用系统的组成

单片机应用系统包括单片机硬件系统和软件系统。

1. 单片机硬件系统

单片机硬件系统是指通过系统配置，给单片机系统按控制对象的环境要求配置相应的外部接口电路（如数据采集系统的传感器、控制系统的伺服驱动以及人机对话等接口电路），以构成满足对象要求的单片机硬件环境。或者是当单片机片内功能单元不能满足对象要求时，通过系统扩展，在外部并行总线上扩展相应的外围功能单元所构成的系统。

单片机应用系统的硬件系统，如果按其系统扩展及配置状况，可分为最小系统、最小功耗应用系统、典型应用系统等。

（1）单片机最小系统

单片机最小系统是指单片机嵌入一些简单的控制对象（如开关状态的 I/O 控制等），并能维护单片机运行的控制系统。这种系统成本低，结构简单，其功能完全取决于单片机芯片技术的发展水平。

（2）单片机最小功耗应用系统

单片机最小功耗应用系统的作用是使系统功耗最小。设计该系统时，需要使系统内所有元器件及外设都有最小的功耗，最小功耗应用系统常用在一些袖珍式智能仪表及便携式仪表中。

（3）单片机典型应用系统

单片机可以方便地应用在工作、生活中的各个领域，小到一个闪光灯、定时器，大到工业控制系统，如可编程控制器等。单片机典型应用系统也是单片机控制系统的一般模式，它是单片机要完成工业测控功能必须具备的硬件结构形式。单片机典型应用系统的结构如图 1-7 所示。

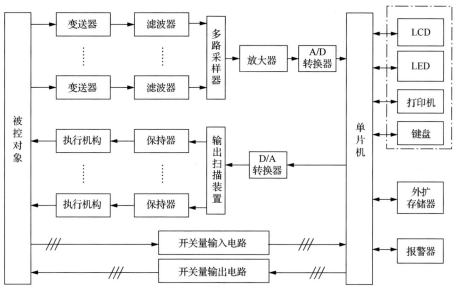

图 1-7　单片机典型应用系统的结构

图 1-7 所示是一个典型的单片机闭环控制系统，单片机同时实现用 LED 显示数据和报警等多种功能。

下面简述模拟量闭环控制系统的工作过程。

（1）传感器检测

被控对象的物理量通过传感器检测，由变送器转换成标准的模拟信号，如把温度 0～500℃转换成 4～20mA 标准直流电流输出。

（2）滤波与采样

直流电流输出经滤波器滤除输入通道的干扰信号，然后送入多路采样器。在单片机的控制下，多路采样器分时地对多个模拟信号进行采样、保持。

（3）A/D 转换输入单片机

A/D 转换器将某时刻的某一路输入的模拟信号转换成相应的数字信号，然后将该数字信号输入单片机。

（4）单片机进行运算

单片机根据程序所实现的功能要求，对输入的信号进行运算处理，如 PID（Proportional Plus Integral Plus Derivative，比例积分微分）运算，然后经输出通道输出相应的数字信号。

（5）单片机 D/A 转换输出控制

数字信号经 D/A（Digital-to-Analog，数模）转换器转换为相应的模拟信号。模拟信号经保持器控制相应的执行机构，对被控对象的相关参数进行调节，从而控制被调参数的物理量，使之按照单片机程序给定规律变化。

2. 单片机软件系统

单片机软件系统包括系统软件和应用软件。

（1）系统软件

系统软件是处于底层硬件和高层应用软件之间的桥梁。但是，由于单片机的资源有限，需综合考虑设计成本及单片机运行速度等因素，故设计者必须在系统软件和应用软件实现的功能与硬件配置之间，仔细地寻求平衡。

单片机的系统软件主要包括监控程序和操作系统。

① 监控程序。监控程序是指用非常紧凑的代码编写的系统的底层软件。这些软件实现的功能，往往是实现系统硬件的管理及驱动，并内嵌一个用于系统的开机初始化等功能的引导（BOOT）模块。

② 操作系统。多种适合 8 位至 32 位单片机的操作系统已经进入实用阶段，在操作系统的支持下，嵌入式系统会具有更加强大的功能，如程序的多进程结构、与硬件无关的设计特性、系统的高可靠性、软件开发的高效率等。

（2）应用软件

应用软件是用户为实现系统功能要求设计的程序。应用软件（如 C 程序）经过编译及仿真调试成功后，必须由开发系统通过上位机将目标程序下载到应用系统的单片机芯片内，进行系统调试，才能最终完成系统设计。

1.5 单片机应用开发资源

单片机是具有微机含义的功能强大的芯片，但它毕竟只是芯片，在构成一个单片机应用系统时需要解决以下问题。

① 硬件电路设计环境。首先通过硬件电路设计环境实现电路原理图设计，包括 I/O 接口电路设计，从而实现对外部设备（如键盘、LED 等）的控制，为电路仿真调试及 PCB 设计提供支持。

② 编辑、编译用户程序及下载。单片机芯片一般不具有控制程序，用户程序借助于外部软件编辑、编译后，通过软硬件环境下载到单片机的存储器中。

③ 仿真调试。为了保证单片机软硬件设计的可靠性，减少调试过程烦琐的软硬件修改，可以首先对单片机软硬件进行仿真调试。

④ 在仿真调试成功的基础上再进行脱机运行调试。

解决以上问题所需要的软硬件资源称为单片机应用开发资源。

常用的单片机应用开发资源包括单片机开发板（也可以自制）、Keil 集成开发环境、Proteus 仿真软件、ISP 下载软件、Protel 软件等。

1. 单片机开发板

单片机开发板是用于学习 51、STC、AVR、ARM 等系列单片机的实验设备，用户可以根据使用的单片机芯片系列选用相应的单片机开发板。

（1）单片机开发板的主要功能

① 与上位机通信。单片机开发板可以与上位机进行通信，以完成程序下载及调试功能。

② 单片机应用电路实验。在单片机开发板中，可完成单片机实验项目及所需的一般开发设计功能。

③ 作为主控系统。由于当前单片机开发板的品种繁多，从单片机最小系统，一直到功能强大的

资源配备系统，用户可以根据需求直接选用单片机开发板作为主控系统。

（2）单片机开发板的主要组成

① 硬件资源。主要包括单片机芯片及接口电路、键盘、显示器、SD 卡、A/D 和 D/A 转换器、传感器（变送器）、外部通信电路、可编程扩展芯片及控制端口等。

② 软件资源。一般单片机开发板都可以实现与上位机通信，进行程序下载及调试。

性能优良的单片机开发板通常会配备满足各种实验需求的汇编语言源程序及 C51 源程序代码、电路原理图、PCB 电路图、实验手册、使用手册及单片机开发板的详细讲解视频等学习资料，方便用户自学使用。

2. Keil 集成开发环境

Keil μVision 集成开发环境是 Keil 公司开发的微处理器开发平台，可以开发多种 51 单片机程序。Keil Ax51 编译器支持 8051 单片机及其兼容产品的所有汇编指令集，Keil Cx51（简称 Keil C）编译器兼容 ANSI C 语言标准，由于其环境和 Microsoft Visual C++环境类似，因此赢得了众多用户的青睐。

Keil 的主要功能如下。

① 源代码编辑、编译。可以编辑 51 单片机汇编语言程序代码和 C51 程序代码并进行编译，编译后产生 4 个文件：列表文件（扩展名为.lst）、目标文件（扩展名为.obj）、.hex 文件及程序源代码文件。

② 仿真调试。程序编译后可对源程序进行仿真调试，可以全速运行、单步跟踪、单步运行等。

③ 仿真联调。可以与仿真软件 Proteus 进行软硬件仿真联调，实现在调试中修改程序和电路仿真同步进行。

3. Proteus 仿真软件

Proteus 软件是英国 Labcenter Electronics 公司开发的 EDA（Electronic Design Automation，电子设计自动化）工具软件。Proteus 软件是目前功能极强、极具成本效益的 EDA 工具。

Proteus 软件支持电路原理图设计、代码调试、处理器与外围电路协同仿真调试等，并且能够一键切换到 PCB 设计，使电路原理图与 PCB 设计无缝连接，可真正实现从概念到产品的完整设计，是目前世界上唯一将电路仿真软件、PCB 设计软件和虚拟模型仿真软件三合一的设计平台，其支持的处理器有 51 系列、HC11 系列、PIC 系列、AVR 系列、ARM 系列、8086 系列及 MSP430 系列等。

4. ISP 下载软件

ISP（In-System Programming）即在线系统编程，无须将存储器芯片从嵌入式设备上取出就能对其进行编程，如 EPROM（Erasable Programmable Read-Only Memory，可擦可编程只读存储器）。

ISP 需要在目标板上有额外的电路完成编程任务。ISP 的优点是，即使元器件焊接在电路板上，仍可对其进行编程。ISP 是 Flash 存储器的固有特性（通常不需要额外的电路），Flash 大多采用这种方式编程。

ISP 下载线就是一根用来在线下载程序的通信线。

5. Protel 软件

Protel 软件的主要功能是设计电路原理图及进行 PCB 设计。工程中常用的 Protel 软件的版本有 Protel 99 SE、Protel DXP、Altium Designer。

Protel 99 SE 是一个 Client/Server（客户/服务器）型的应用程序，它提供了一个基本的框架窗口和相应的 Protel 99 SE 组件之间的用户接口。在运行主程序时各服务器程序可在需要的时间调用，从而加快主程序的启动速度，极大地提高了软件本身的可扩展性。Protel 99 SE 的主要功能模块包括电路原理图设计、PCB 设计和电路仿真，各模块具有丰富的功能，可以实现电路设计与分析。单片机电路的 PCB 就是通过 Protel 软件设计的。

1.6 一个简单的单片机应用实例

单片机所独有的特点，使单片机可以方便地构成各种控制系统，实现对被控对象的控制。

1. 开发单片机应用系统的一般步骤

开发单片机应用系统时，一般要经过以下步骤。

① 总体设计。分析问题，明确任务，拟定出性价比较高的方案。

② 硬件设计。

③ 软件设计。

④ 程序编译、仿真及调试。

⑤ 制作硬件电路。

⑥ 程序下载、硬件调试运行。

下面介绍一个简单的单片机应用实例的开发过程，以使读者初步建立一个单片机应用的整体概念和基本知识结构，能从整体上初步认识、领会单片机应用系统。实例中涉及的有关软硬件方面的内容后续将详细介绍。

2. 开发单片机应用系统的实例

下面将利用单片机实现 LED 的循环闪烁。

（1）总体设计

控制要求简单，只需要通过单片机输出端口的一个位控制 LED 就可以实现。

（2）硬件设计

可直接由单片机的输出端口 P1.0 控制一个 LED，运行仿真软件 Proteus ISIS（本书使用 7.10 版，以下简称 Proteus），设计闪光灯仿真电路，如图 1-8 所示（注意，仿真图中电源及时钟电路系统默认存在，可以不添加）。

在图 1-8 中，被控对象是 1 个 LED，其阳极接电源 VCC，阴极由 P1.0 控制。若 P1.0 输出为 0，LED 的阴极为低电平，则该 LED 加正向电压被点亮发光；若 P1.0 输出为 1，LED 的阴极为高电平，则 LED 截止而熄灭。

（3）软件设计

单片机软件设计就是面向硬件电路编写控制程序。

根据以上原理，针对其硬件电路的控制程

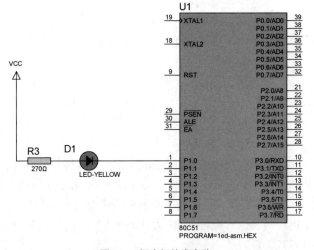

图 1-8 闪光灯仿真电路

序的算法为：首先使 P1.0 输出 0（低电平），点亮相应位的 LED，然后经软件延时后，再输出 1（高电平）使 LED 熄灭，延时后再点亮 LED，反复循环。

以上算法可以使用汇编语言描述（编程），也可以使用 C51 语言描述（编程）。

① 汇编语言源程序（以下简称汇编语言程序）如下。

```
        ORG     0000H
        SETB    P1.0
START:  LCALL   DELAY           ;调用延迟一段时间的子程序
        CPL     P1.0            ;求反（1变0，0变1）
        SJMP    START           ;不断循环
```

```
DELAY:    MOV      R0, #00H              ;延时子程序入口
   LP:    MOV      R1, #00H
  LP1:    DJNZ     R1, LP1
          DJNZ     R0, LP
          RET                            ;子程序返回
          END
```

在 Keil 集成开发环境（详见 3.4 节）下，新建工程 Project，输入以上代码（代码中的标点符号均按英文输入，下同）后保存源程序（文件名为 main.asm），如图 1-9 所示。

② C51 语言源程序（以下简称 C51 程序）如下。

```c
#include <reg51.h>
#define uchar unsigned char
void delay(uchar n);
sbit i=P1^0;
void main()
{
 while(1)
  {
    i=!i;                    //求反（1变0，0变1）
    delay(30);               //调用延时函数
  }
}
void delay(uchar n)          //延时函数
{ uchar a ,b,c;
 for(c=0;c<n;c++)
    for(a=0;a<100;a++)
     for(b=0;b<100;b++)
       ;
}
```

在 Keil 集成开发环境下，新建工程 Project，输入以上代码后保存源程序（文件名为 main.c），如图 1-10 所示。

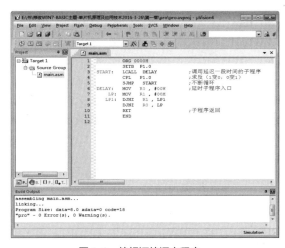

图 1-9　编辑汇编语言程序

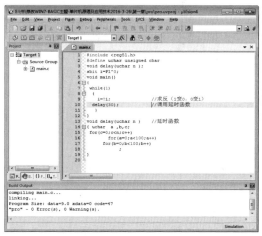

图 1-10　编辑 C51 程序

（4）程序编译、仿真及调试

在 Keil 集成开发环境下编译源程序并生成 .hex 文件。然后，在 Proteus 仿真电路中双击单片机芯片选择加载 .hex 文件，单击仿真控制按钮进行仿真调试，观察单片机仿真结果，如图 1-11 所示。

（5）制作硬件电路

在仿真、调试成功的基础上，依据仿真电路完善硬件电路，实际硬件电路包括电源、时钟及复位电路，如图 1-12 所示。

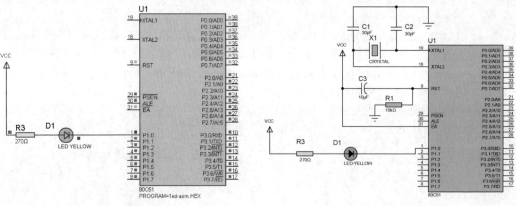

图 1-11　仿真结果　　　　　　　　　　图 1-12　硬件电路

（6）程序下载、硬件调试运行

通过 ISP 下载软件将源程序对应的.hex 文件写入电路中单片机的 ROM 中，即可投入使用。

Atmel 公司的 89 系列单片机需要用专门的编程器写入程序；STC 系列单片机可以由上位机在线通过串行口（P3.0/P3.1）直接下载用户程序。

对单片机电路直接调试运行，若 LED 循环闪烁，则表示运行成功。

1.7　思考与练习

1. 为什么说计算机的结构思想是学习计算机基本原理的基础？

2. 计算机能够识别的数是什么？为什么要引进十六进制数？

3. 数值转换。

（1）37 =（　　　）B =（　　　）H　　　　（2）12.875 =（　　　）B =（　　　）H

（3）10110011B =（　　　）H =（　　　）D　　（4）10111.101B =（　　　）H =（　　　）D

（5）56H =（　　　）B =（　　　）D　　　　（6）3DFH =（　　　）B =（　　　）D

（7）1A.FH =（　　　）B =（　　　）D　　　　（8）3C4DH =（　　　）B =（　　　）D

4. 对于二进制数 10001001B，若理解为无符号数，则该数对应的十进制数为多少？若理解为有符号数，则该数对应的十进制数为多少？若理解为 BCD 数，则该数对应的十进制数为多少？

5. 列出下列数据的反码、原码和补码。

（1）+123　　　　（2）−127　　　　（3）+45　　　　　　　（4）−9

6. 简述单片机系统的组成。

7. 解释以下词语。

（1）单片机　　　（2）个人计算机　（3）上位机　　　　（4）开发板　（5）源程序

（6）程序编译　　　（7）程序下载　　　（8）在线系统编程　　（9）总线　　　（10）嵌入式系统

8. 某存储器的存储容量为 64KB，它表示多少个存储单元？

9. 简述 51 系列单片机、STC 系列单片机的相同点与不同点。

10. 单片机应用开发主要有哪些软件资源和硬件资源？这些资源的主要功能是什么？

11. 单片机开发板的主要用途是什么？

12. 结合 1.6 节所述的单片机应用示例，简述单片机应用的仿真过程和开发过程。

02 第 2 章　51 单片机及硬件结构

　　本章首先介绍 51 单片机系列产品特点、硬件功能结构及内部组成，然后重点讲解单片机芯片引脚及功能，详尽讲解片内存储器和特殊功能寄存器的存储结构的特征、编址和作用。最后介绍单片机的工作方式、典型 CPU 时序和单片机最小系统的组成。

2.1　51 单片机的概念及系列产品

　　51 单片机是对所有兼容 Intel 8051 指令系统的单片机的统称。

　　在不断增长的市场需求的推动下，随着 Flash ROM 技术及 CPU 工艺技术的高速发展，各种 51 兼容单片机应运而生，单片机片内在原来仅包含 RAM、ROM、I/O 口、中断系统及定时器/计数器等模块的基础上，扩展了多种驱动电路、PWM 电路、模拟多路转换器、A/D 转换器、定时器等功能模块，成为较为完善的单片微型计算机硬件系统。

　　目前，常用 51 单片机系列产品主要有 Intel 80C51 单片机、Atmel AT89 单片机、STC（国产宏晶）单片机等。

1. 51 单片机系列及兼容单片机的典型产品

　　51 单片机系列产品（根据型号的后两位）可以分为 51 子系列和 52 子系列，它们的结构基本相同，其主要差别反映在片内存储器的配置上。

　　（1）51 子系列

　　51 子系列（80C51、89C51、89S51 等）是 ROM 型单片机，内含 4KB 的掩膜 ROM（程序存储器）和 128B 的 RAM（数据存储器），可寻址范围均为 64KB。例如，87C51 内含 4KB 的 EPROM（程序存储器）；89C51 内含 4KB 的闪速 EEPROM（Electrically-Erasable Programmable Read-Only Memory，电擦除可编程只读存储器）；89S51 内含 4KB 的 Flash 程序存储器。

　　（2）52 子系列

　　52 子系列（80C52、89C52、89S52 等）为增强型单片机，内含 8KB 的掩膜 ROM（程序存储器）和 256B 的 RAM（数据存储器）。

2. STC 单片机

　　STC 单片机为 51 内核增强型单片机，是当前广泛应用的 51 兼容单片机。

　　（1）STC 单片机的主要特点

　　STC 单片机的主要特点如下。

① 在 51 单片机的基础上增加了 PWM 电路、模拟多路转换器、A/D 转换器、高速 SPI（Serial Peripheral Interface，串行外设接口）、硬件看门狗等功能模块。

② 时钟工作频率可以提高到 35MHz，单片机的工作速度大大提高。

③ 可在线编程和在系统编程，不需要专用编程器和仿真器。

④ 宽电压工作范围，低功耗，输出驱动能力强。

⑤ 具有较强的抗干扰能力，加密性强。

⑥ 价格低，具有较高的性价比。

（2）常用的 STC 单片机

常用的 STC 单片机有 STC15W4K32S4 系列、STC15F2K60S2 系列、STC12C5A 系列、STC12C2052 系列、STC12C5608 系列等。各系列 STC 单片机片内的 ROM 或者 RAM 的容量配置及功能部件不同。

① STC15W4K32S4 系列单片机是宽电压、高速、高可靠、低功耗、超强抗干扰的新一代 51 兼容单片机，具有 4KB 的 RAM、32KB 的 Flash ROM、6 路 15 位 PWM、8 路高速 10 位 A/D 和 D/A 转换（30 万次/秒）、4 组独立的高速异步串行通信口，采用 STC 第九代加密技术。

② STC12C5608 系列单片机的 ROM 最大可达 30KB，具有 768B 的 SRAM（Static Random Access Memory，静态随机存储器）、10 位的 A/D 转换器、4 路 D/A 转换器，功能适中，得到大多数用户的青睐。

③ STC12C5A 系列单片机的 ROM 最大达到了 60KB，SRAM 则达到了 1280B，具有 10 位的 A/D 转换器、2 路 D/A 转换器，在 51 单片机及兼容单片机中其性能是很强的。

2.2 51 单片机总体结构

本节以 51 单片机基本内核的典型产品 8051 单片机为例，对单片机的结构进行详细介绍。

2.2.1 51 单片机总体结构及功能

8051 单片机由 CPU、4KB 的 ROM、256B 的 RAM、4 个 8 位的可编程 I/O 并行端口（分别通过 4 个并行端口与外部连接）、1 个串行口、2 个 16 位定时器/计数器及中断系统等组成，其基本结构如图 2-1 所示。

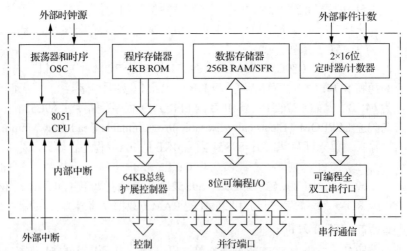

图 2-1 8051 单片机基本结构

由图 2-1 可以看出，单片机各功能部件通常都挂靠在内部总线上，它们通过内部总线传送地址信息、数据信息和控制信息，各功能部件分时使用总线，即所谓的内部单总线结构。

图 2-2 为 8051 单片机系统结构。

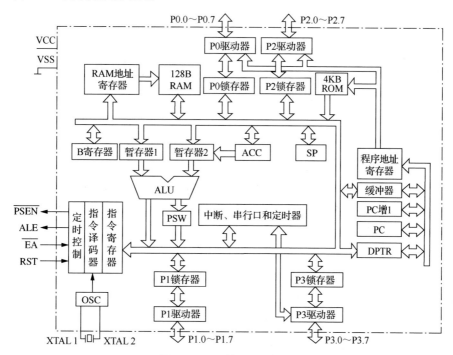

图 2-2　8051 单片机系统结构

1. CPU

CPU 是单片机的核心部件，是单片机的指挥和控制中心。从功能上看，CPU 可分为控制器和运算器两大部分。

（1）控制器

控制器主要包括程序计数器（PC）、指令寄存器、指令译码器及定时控制电路等。

控制器的主要功能是依次取出由 PC 所指向的 ROM 存储单元的指令代码，并对其进行分析译码。然后通过定时控制电路，按时序规定发出指令功能所需要的各种（内部和外部）控制信息，使各功能模块协调工作，执行该指令功能所需的操作。

PC 是一个 16 位的特殊功能寄存器，用来存放 CPU 要执行的、存放在程序存储器中的、下一条指令存储单元的地址。当 CPU 要取指令时，CPU 首先将 PC 的内容（即指令在程序存储器的地址）送往地址总线，从程序存储器取出当前要执行的指令，经指令译码器对指令进行译码，由定时控制电路发出各种控制信息，完成指令所需的操作。同时，PC 的内容自动递增或按上一条指令的要求，指向 CPU 要执行的下一条指令的地址。当前指令执行完后，CPU 重复以上操作。CPU 就是这样不断地取指令，分析、执行指令，从而保证程序的正常运行。

由此可见，PC 实际上是当前指令所在地址的指示器。CPU 要执行的每一条指令，必须由 PC 提供指令的地址。对于一般顺序执行的指令，PC 的内容自动指向下一条指令；而对于控制类指令，则是通过改变 PC 的内容来改变执行指令的顺序。

当系统上电复位后，PC 的内容为 0000H，CPU 便从该入口地址开始执行程序。所以，单片机主控程序的首地址自然应定位为 0000H。

（2）运算器

运算器的功能是对数据进行算术运算和逻辑运算。计算机对任何数据的加工、处理必须由运算器完成。

运算器可以对单字节（8 位）、半字节（4 位）的二进制数据进行加、减、乘、除等算术运算，以及与、或、异或、取反、移位等逻辑运算。

运算器由 ALU、ACC、PSW（Program Status Word，程序状态字）寄存器（简称 PSW）等组成。各部分的主要功能如下。

① ALU。ALU 由加法器和其他逻辑电路组成。ALU 主要用于对数据进行算术运算和各种逻辑运算，运算结果一般送回 ACC，而运算结果的状态信息送回 PSW。

② ACC。ACC 是一个 8 位寄存器，指令助记符可简写为"A"，它是 CPU 工作时非常繁忙、非常活跃的一个寄存器。CPU 的大多数指令都要通过寄存器"A"与其他部件交换信息。ACC 常用于存放使用频率高的操作数或中间结果。

③ PSW。PSW 是一个 8 位寄存器，用于寄存当前指令执行后的某些状态，即反映指令执行结果的一些特征信息。这些信息为后续要执行的指令（如控制类指令）提供状态条件，供查询和判断。不同的特征用不同的状态标志来表示。

PSW 各位的定义见表 2-1。

表 2-1　PSW 各位的定义

位	D7	D6	D5	D4	D3	D2	D1	D0
位地址	D7H	D6H	D5H	D4H	D3H	D2H	D1H	D0H
位名	Cy	AC	F0	RS1	RS0	OV	F1	P

• Cy（PSW.7）：即 PSW 的 D7 位，进位/借位标志位。

在进行加、减运算时，如果运算结果的最高位 D7 有进位或借位时，Cy 置 1，否则 Cy 清 0。在执行某些运算指令时，Cy 可被置 1 或清 0。在进行位操作时，Cy 是位运算中的累加器，又称位累加器。MCS-51 有较强的位处理能力，一些常用的位操作指令都是以位累加器为核心设计的。Cy 的指令助记符用"C"表示。

• AC（PSW.6）：即 PSW 的 D6 位，辅助进位标志位。

在进行加、减法运算时，如果运算结果的低 4 位向高 4 位产生进位或借位时，AC 置 1，否则 AC 清 0。

AC 可作为 BCD 码运算调整时的判断位，即作为 BCD 码调整指令"DA　A"的判断依据之一。

• F0（PSW.5）及 F1（PSW.1）：即 PSW 的 D5 位、D1 位，用户标志位。

可由用户根据需要置位、复位，作为用户自行定义的状态标志。

• RS1 及 RS0（PSW.4 及 PSW.3）：即 PSW 的 D4 位、D3 位，寄存器组选择控制位。

用于选择当前工作的寄存器组，可由用户通过指令设置 RS0、RS1，以确定当前程序中选用的寄存器组。当前寄存器组的指令助记符为 R0~R7，它们占用 RAM 地址空间。

RS1、RS0 与寄存器组的对应关系见表 2-2。

表 2-2　RS1、RS0 与寄存器组的对应关系

RS1	RS0	寄存器组	片内 RAM 地址	指令助记符
0	0	0 组	00H~07H	R0~R7
0	1	1 组	08H~0FH	R0~R7
1	0	2 组	10H~17H	R0~R7
1	1	3 组	18H~1FH	R0~R7

由此可见，单片机内的寄存器组，实际上是片内 RAM 中一些固定的存储单元。

单片机上电或复位后，RS0 和 RS1 均为 0，CPU 自动选中 0 组，片内 RAM 地址为 00H～07H 的 8 个单元为当前的工作寄存器，即 R0～R7。

- OV（PSW.2）：即 PSW 的 D2 位，溢出标志位。

在进行算术运算时，若运算结果超出一个字长所能表示的数据范围，即产生溢出，该位由硬件置 1，若无溢出，则清 0。例如，51 单片机的 CPU 在运算时的字长为 8 位，对于有符号数来说，其表示范围为-128～127，在运算结果超出此范围时即产生溢出。

- P（PSW.0）：即 PSW 的 D0 位，奇偶标志位。

P 用于表示累加器 A 中 1 的个数是奇数还是偶数，若为奇数，则 P=1，否则 P=0。

P 常用来作为传输通信中对数据进行奇偶校验的标志位。

2. RAM

RAM 为单片机片内数据存储器，其存储空间包括随机存储器区、寄存器区、特殊功能寄存器区及位寻址区。

3. ROM

ROM 为单片机片内程序存储器，主要用于存放处理程序。

4. 并行 I/O 端口

P0～P3 是 4 个 8 位并行 I/O 端口，每个端口可直接作为输入，也可直接作为输出。

P0～P3 端口作为输出时，数据可以锁存，输入时具有缓冲功能。每个端口既可同步传送 8 位数据，又可按位寻址传送其中 1 位数据，使用十分方便。

单片机在与片外存储器及扩展 I/O 端口交换信息时，必须由 P0～P3 端口提供 CPU 访问片外存储器时所需的地址总线、数据总线及控制总线。

5. 定时器/计数器

定时器/计数器用于定时和对外部事件进行计数。当它对具有固定时间间隔的内部机器周期进行计数时，它是定时器；当它对外部事件所产生的脉冲进行计数时，它是计数器。

6. 中断系统

51 单片机有 5 个中断源，中断系统灵活、方便，使单片机处理问题的灵活性和工作的效率大大提高。

7. 串行口

串行口用于对数据各位按序一位位地传送。51 单片机中的串行口是一个全双工通信接口，即能同时发送和接收数据。

8. 时钟电路 OSC

CPU 执行指令的一系列动作都是在时钟电路的控制下一步步进行的，时钟电路用于产生单片机中最基本的时间单位。

以上所述为 51 单片机的基本功能部件。对于存储器、定时器、中断系统、串行口等，后续将详细介绍。

2.2.2　51 单片机芯片引脚功能

8051 单片机的芯片采用 DIP（Dual In-Line Package，双列直插封装）引脚，其引脚排列及逻辑符号如图 2-3 所示。

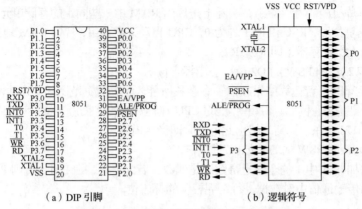

（a）DIP 引脚 　　　　　　　　　　（b）逻辑符号

图 2-3　8051 单片机芯片引脚排列及逻辑符号

STC12C5A 系列单片机芯片引脚如图 2-4 所示。

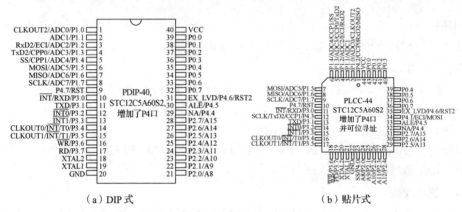

（a）DIP 式 　　　　　　　　　　（b）贴片式

图 2-4　STC12C5A 系列单片机芯片引脚

由于 8051 单片机的高性能受引脚数目的限制，因此有不少引脚具有双重功能。
下面分别说明 8051 单片机各引脚的含义和功能。

1. 主电源引脚 VCC 和 VSS

VCC：接主电源，+5V。

VSS：电源接地端。

2. 时钟电路引脚 XTAL1 和 XTAL2

为了产生时钟信号，在 8051 单片机内部设置了一个振荡器，XTAL1 是片内振荡器反相放大器的
输入端，XTAL2 是片内振荡器反相放大器的输出端，也是片内时钟发生器的输入端。

当使用自激振荡方式时，XTAL1 和 XTAL2 外接石英晶体振荡器（简称晶振），使片内振荡器按
照石英晶振的频率振荡，即产生时钟信号。

当使用片外时钟源为 8051 单片机提供时钟信号时，XTAL1 应接地，XTAL2 接片外时钟源。

3. 控制信号引脚

（1）RST/VPD

RST/VPD 为复位/备用电源输入端。

复位功能：单片机上电后，在该引脚上出现两个机器周期（24 个时钟周期）以上宽度的高电平，
就会使单片机复位。可在 RST 与 VCC 之间接一个 10μF 电容，RST 再经一个 8kΩ 下拉电阻接 VSS，
即可实现单片机上电自动复位。

备用功能：在主电源 VCC 掉电期间，VPD 可接 + 5V 电源，当 VCC 下降到低于规定的电压，而 VPD 在其规定的电压范围内时，VPD 就向片内 RAM 提供备用电源，以保持片内 RAM 中的信息不丢失，以便电压恢复正常后单片机能正常运行。

（2）ALE/$\overline{\text{PROG}}$

ALE/$\overline{\text{PROG}}$ 为低 8 位地址锁存使能输出/编程脉冲输入端。

地址锁存使能输出 ALE：当单片机访问片外存储器时，片外存储器的 16 位地址信号由 P0 端口输出低 8 位，P2 端口输出高 8 位，ALE 可用作低 8 位地址锁存控制信号；当不用作片外存储器的地址锁存控制信号时，该引脚仍以时钟振荡频率的 1/6 固定地输出正脉冲，可以驱动 8 个 LS（L 表示低功耗，S 表示肖特基技术）型 TTL（Transistor-Transistor Logic，晶体管-晶体管逻辑）负载。

编程脉冲输入端 $\overline{\text{PROG}}$：在对 8751 片内 EPROM 编程（固化程序）时，该引脚用于输入编程脉冲。

（3）$\overline{\text{PSEN}}$

$\overline{\text{PSEN}}$ 用于读取片外程序存储器的控制信号，即读选通信号，可以驱动 8 个 LS 型 TTL 负载。CPU 在访问片外程序存储器时，在每个机器周期中，$\overline{\text{PSEN}}$ 信号两次有效。

（4）$\overline{\text{EA}}$/VPP

$\overline{\text{EA}}$/VPP 为片外程序存储器允许访问/编程电源输入端。

$\overline{\text{EA}}$：当 $\overline{\text{EA}}$ =1 时，CPU 从片内程序存储器开始读取指令，当程序计数器（PC）的值超过 0FFFH（即超过 8051 片内程序存储器 4KB 地址）时，将自动转向执行片外程序存储器的指令；当 EA=0 时，CPU 仅访问片外程序存储器。

VPP：在对 8751 单片机片内 EPROM 编程时，此引脚应接 21V 编程电源。

特别注意，不同芯片有不同的编程电压，读者应仔细阅读芯片的使用说明。

4. 并行 I/O 端口引脚

单片机实现任何控制功能，都必须通过 I/O 端口引脚实现对接口电路（外部设备）相关信息的读、写，以实现对外部设备的控制。51 单片机与外部设备的信息交换，全部由 4 个 8 位并行 I/O 端口，共 32 位数据线来实现。8051 单片机并行 I/O 端口引脚结构，如图 2-5 所示。

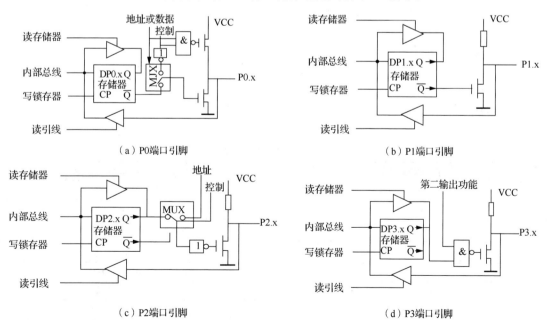

（a）P0端口引脚　　　　　　　　　　　（b）P1端口引脚

（c）P2端口引脚　　　　　　　　　　　（d）P3端口引脚

图 2-5　8051 单片机并行 I/O 端口引脚结构

（1）P0 端口（P0.0～P0.7）

P0 端口内部是一个 8 位漏极开路型双向 I/O 端口。

P0 端口在作为通用 I/O 端口使用时应外接 10kΩ左右的上拉电阻。在端口进行输入操作（即 CPU 读取端口数据）前，应先向端口的输出锁存器写 1。

在 CPU 访问片外存储器时，P0 端口自动作为地址/数据复用总线使用，分时向片外存储器提供低 8 位地址和传送 8 位双向数据信号。P0 端口作为地址/数据复用总线使用时是一个真正的双向端口。

在对 EPROM 编程时，由 P0 端口输入指令字节，而在验证程序时，P0 端口输出指令字节（验证时应外接上拉电阻）。

对于标准（早期）的 Intel 8051 单片机，P0 端口能以吸收电流的方式驱动 8 个 LS 型 TTL 负载。LS 型 TTL 负载是指单片机端口所接负载是 74LS 系列的数字芯片。以 TI（德州仪器）公司的 74LS00 芯片为例，其输入端接高电平时，输入电流为 20μA，输入端接低电平时，输入电流为-0.4mA。因此，单片机输出端口（位）输出高电平时，每个 LS 型 TTL 负载的输入端将是 20μA 的拉电流型负载；单片机输出端口（位）输出低电平时，则吸收 0.4mA 的负载电流。P0 端口每一位可以驱动 8 个 LS 型 TTL 负载，允许吸收电流为 0.4 mA×8=3.2mA。

（2）P1 端口（P1.0～P1.7）

P1 端口是一个内部带上拉电阻的 8 位准双向 I/O 端口。

当 P1 端口输出高电平时，能向外部提供拉电流负载，因此不需再外接上拉电阻。当端口用作输入时，也应先向 P1 端口的输出锁存器写入 1，再读取端口数据。

在对 EPROM 编程和验证程序时，P1 端口用来输入低 8 位地址。

早期 8051 单片机的 P1 端口能驱动 4 个 LS 型 TTL 负载。

（3）P2 端口（P2.0～P2.7）

P2 端口也是一个内部带上拉电阻的 8 位准双向 I/O 端口。

当 CPU 访问片外存储器时，P2 端口自动用于输出高 8 位地址，与 P0 端口的低 8 位地址一起形成片外存储器的 16 位地址。此时，P2 端口不再作为通用 I/O 端口。

在对 EPROM 编程和验证程序时，P2 端口用于接收高 8 位地址。

早期 8051 单片机的 P2 端口可驱动 4 个 LS 型 TTL 负载。

（4）P3 端口（P3.0～P3.7）

P3 端口是一个内部带上拉电阻的 8 位多功能双向 I/O 端口。

P3 端口除了作为通用 I/O 端口外，其主要功能是它的各位还具有第二功能。无论 P3 端口作为通用输入口还是作为第二输入功能口，相应位的输出锁存器和第二输出功能端都应置 1。

早期 8051 单片机的 P3 端口能驱动 4 个 LS 型 TTL 负载。

P3 端口作为第二输入功能口时，各引脚功能见表 2-3。

表 2-3　P3 端口各引脚功能

P3 端口引脚	第二功能
P3.0	RXD（串行口输入端）
P3.1	TXD（串行口输出端）
P3.2	$\overline{INT0}$（外部中断 0 信号输入端）
P3.3	$\overline{INT1}$（外部中断 1 信号输入端）
P3.4	T0（定时器 0 的外部输入）
P3.5	T1（定时器 1 的外部输入）
P3.6	$\overline{WR}$（片外数据存储器"写"控制输出信号）
P3.7	$\overline{RD}$（片外数据存储器"读"控制输出信号）

可以看出，P3 端口的第二功能包含串行输入输出、外部中断控制、定时器外部输入控制及片外数据存储器读写控制等。由于单片机没有专设的控制信号引脚，单片机在进行上述操作时所需要的控制信号必须由 P3 端口提供，P3 端口的第二功能相当于计算机中 CPU 的控制线引脚。

综上所述，由于 P0 端口与 P1、P2、P3 端口的内部结构不同，其功能也不相同。随着 51 兼容单片机性能的不断提升，其负载驱动电流也比早期的 51 单片机大大提高，在使用时应注意以下方面。

① P0～P3 都是准双向 I/O 端口，即 CPU 在读取数据时，必须先向相应端口的锁存器写入 1。各端口名称与锁存器名称在编程时相同，均可用 P0～P3 表示。当系统复位时，P0～P3 端口锁存器全为 1，CPU 可直接对其进行读取数据。

② 由于早期 51 单片机的驱动能力较低，如果要驱动更多的元器件，可以用 8 位总线缓冲驱动芯片来实现，例如，经常使用的 74LS244、74LS245 芯片。

③ P0 端口可用作通用 I/O 端口。若需要输出高电平驱动拉电流负载时，需外接阻值合适的上拉电阻（一般为几千欧）才能使该位输出高电平（或负载所需分压电平）。P1、P2、P3 端口输出均接有内部上拉电阻，输出端不需要外接上拉电阻。在输出端输出高电平时，上拉电阻直接与外接负载电阻串联，输出电压实际上是单片机工作电压 V_{CC}（5V）在负载电阻上的分压。例如，上拉电阻取 4kΩ，输出端负载电阻开路时，输出为高电平 5V；如果负载电阻为 1kΩ，则实际输出电压为 5/(4+1)×1=1V，因此，要求负载电阻的阻值尽可能大一些，以保证高电平的逻辑电压在有效范围内。

图 2-6 所示为输出端口 P1.0 通过高输入阻抗、低输出阻抗的电压跟随器来驱动负载。

④ 常用的 89C51 单片机的 P0 端口输出低电平时，一个引脚吸收的最大电流为 10mA，允许吸收的最大总电流（即 P0 端口的 8 个引脚允许吸收的电流总和）为 26mA；P1、P2 及 P3 端口各自允许吸收的最大总电流为 15mA，但拉电流很低，仅为几百微安。STC15 系列单片机具有推挽输出能力，I/O 端口的拉电流和吸收电流均能达到 20mA。传统的 STC89C×× 系列单片机 I/O 端口的吸收电流是 8～12mA。为了提高输出负载能力，单片机输出端口一般采用驱动器输出，并且以输出低电平作为控制信号。

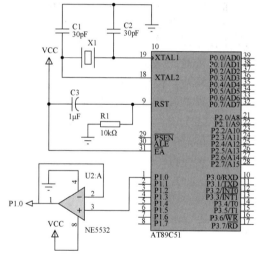

图 2-6　输出端口通过电压跟随器驱动负载

⑤ P0、P2、P3 端口在无系统扩展时可以用作通用 I/O 端口。但在系统扩展时应当特别注意，当 CPU 访问有扩展的片外存储器时，CPU 将自动地把片外存储器的地址线信号（16 位）送到 P0、P2 端口（P0 端口输出低 8 位地址，P2 端口输出高 8 位地址），向片外存储器输出 16 位存储单元地址。在控制信号 ALE 的作用下，该地址低 8 位被锁存后，P0 端口自动切换为数据总线。这时经 P0 端口可向片外存储器进行读、写数据操作。此时，P0 端口为地址/数据复用总线端口、P2 端口不再作为通用 I/O 端口，P3.7 或 P3.6 作为读或写控制信号输出。

⑥ P3 端口在不需要作为第二输入功能端口时，则自动作为通用 I/O 端口。当仅需要 P3 端口的某些位作为第二功能时，另一些位也可以应急作为位处理的 I/O 端口。

2.3　51 单片机存储结构及编程资源

在 51 单片机中，前面介绍的并行 I/O 端口 P0～P3 和 PSW 寄存器都属于存储器的范畴。本节从编程资源出发，主要介绍 51 单片机存储器的结构、配置、存储单元编址及位处理器。

2.3.1　51 单片机存储器的特点

51 单片机的存储器与一般微机的存储器的配置不同，微机的存储器把程序和数据共存在同一存储空间，各存储单元对应唯一的地址。而 51 单片机的存储器把程序和数据的存储空间严格区分开。

51 单片机存储器的划分方法如下。

1. 物理存储空间

51 单片机存储器以字节为存储单元，从物理结构上划分，有如下 4 个存储空间。

① 片内程序存储器（4KB）。

② 片外程序存储器（可以扩展为 64KB）。

③ 片内数据存储器（256B）。

④ 片外数据存储器（可以扩展为 64KB）。

2. 逻辑地址空间

从用户使用（编程）的角度划分，51 单片机存储器从逻辑上划分为 3 个存储器地址空间。

① 片内外统一编址的 64KB 的程序存储器地址空间。

② 片内 256（128+128）B 数据存储器地址空间。

③ 片外 64KB 的数据存储器地址空间。

对于同一地址信息，可表示不同的存储单元。故在访问不同的逻辑地址空间时，51 单片机提供了不同形式的指令。

- MOV 指令，用于访问片内数据存储器。
- MOVC 指令，用于访问片内外程序存储器。
- MOVX 指令，用于访问片外数据存储器。

显然，51 单片机的存储结构较一般微机的复杂。掌握 51 单片机存储结构对单片机应用程序设计是大有帮助的，因为单片机应用程序就是面向 CPU、面向存储器进行设计的。

8051 单片机存储结构如图 2-7 所示。

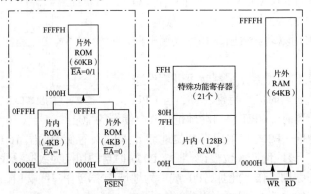

图 2-7　8051 单片机存储结构

由图 2-7 可以看出，片内程序存储器（4KB ROM）地址空间为 0000H～0FFFH，片外程序存储器地址空间为 0000H～FFFFH。

片内数据存储器（128B RAM）地址空间为 00H～7FH，特殊功能寄存器（共 21 个）在 RAM 的 80H～FFH 地址空间内，而片外数据存储器地址空间为 0000H～FFFFH。

2.3.2　程序存储器

程序存储器用于存放已编制好的程序及程序中用到的常数。一般情况下，在程序调试运行成功后，由单片机开发机将程序写入（下载）程序存储器。程序在运行中不能修改程序存储器中的内容。

程序存储器由 ROM 构成，单片机掉电后 ROM 的内容不会丢失。

8051 单片机片内有 4KB 的 ROM，87C51 内含 4KB 的 EPROM，89C51 内含 4KB 的闪速 EEPROM；89S51 内含 4KB 的 Flash 闪速 ROM。

单片机在工作时，由程序计数器（PC）自动指向将要执行的指令在程序存储器中的存储地址。51 单片机程序存储器地址为 16 位（二进制数），因此程序存储器的地址范围为 64KB。片内、片外程序存储器的地址空间是连续的。

8052、89S52 等单片机的片内 ROM 为 8KB。

当 $\overline{EA}$ =1 时，CPU 访问片内程序存储器（8051 单片机的 PC 在 0000H～0FFFH 地址范围内）。当 PC 的值超过 0FFFH，如果片外程序存储器存在，CPU 自动转向访问片外程序存储器，即自动执行片外程序存储器中的程序。

当 $\overline{EA}$ =0 时，CPU 访问片外程序存储器（8051 单片机的 PC 在 0000H～FFFFH 地址范围内），CPU 总是从片外程序存储器中取指令。

一般情况下，首先使用片内程序存储器，因此，设置 $\overline{EA}$ =1。

在程序存储器中，51 单片机定义了下面 7 个存储单元用于特殊用途。

① 0000H：CPU 复位后，PC=0000H，程序总是从程序存储器的 0000H 单元开始执行。

② 0003H：外部中断 0 中断服务程序的入口地址。

③ 000BH：定时器/计数器 0 溢出中断服务程序的入口地址。

④ 0013H：外部中断 1 中断服务程序的入口地址。

⑤ 001BH：定时器/计数器 1 溢出中断服务程序的入口地址。

⑥ 0023H：串行口中断服务程序的入口地址。

⑦ 002BH：定时器/计数器 2 溢出或 T2EX（P1.1）端负跳变时的入口地址（仅 52 子序列所特有）。

由于以上 7 个特殊用途的存储单元相距较近，在实际使用时，通常在入口处安排一条无条件转移指令。例如，在 0000H 单元可安排一条转向主控程序的转移指令；在其他入口可安排转移指令，使之转向相应的中断服务程序的实际入口地址。

2.3.3 数据存储器

数据存储器用于存放程序运算的中间结果、状态标志位等。

数据存储器由 RAM 构成，一旦掉电，其数据将丢失。

在 51 单片机内，数据存储器分为片内数据存储器和片外数据存储器，这是两个独立的地址空间，在使用时必须分别编址。

片内数据存储器为 256（128+128）B。片外数据存储器最大可扩充为 64KB，其地址指针为 16 位二进制数。

51 单片机提供的 MOV 指令用于访问片内 RAM，MOVX 指令用于访问片外 RAM。

片内数据存储器是非常活跃、非常灵活的存储空间，51 单片机指令系统的寻址方式及应用程序大部分是面向片内数据存储器的。

片内数据存储器分为高 128B、低 128B 两大部分，如图 2-8 所示。由图 2-8 可以看出：

● 高 128B 为特殊功能寄存器（SFR）区，地址空间为 80H～FFH，其中仅有 21 个字节单元是有定义的；

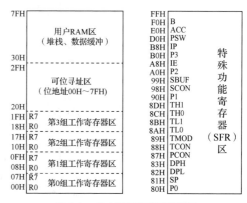

图 2-8 片内数据存储器的配置

31

- 低 128B 为 RAM 区，地址空间为 00H～7FH。

1. 工作寄存器区

在低 128B 的 RAM 区中，将地址 00～1FH 共 32 个单元设为工作寄存器区，这 32 个单元又分为 4 组，每组由 8 个单元按序组成通用寄存器 R0～R7。

通用寄存器 R0～R7 不仅可用于暂存中间结果，而且是 CPU 指令中寻址方式不可缺少的工作单元。任一时刻 CPU 只能选用一组工作寄存器为当前工作寄存器，因此，不会发生冲突。未选中的其他 3 组寄存器可作为一般数据存储器。

CPU 复位后，自动选中第 0 组工作寄存器区。

可以通过程序对 PSW 中的 RS1、RS0 位进行设置，以实现工作寄存器组的切换，RS1、RS0 的状态与当前工作寄存器组的对应关系见表 2-2。

2. 可位寻址区

地址为 20H～2FH 的 16 个 RAM 单元，既可以像普通 RAM 单元按字节地址进行存取，又可以按位进行存取。这 16 个字节共有 128（16×8）个二进制位，每一位都分配一个位地址，编址为 00H～7FH，如图 2-9 所示。

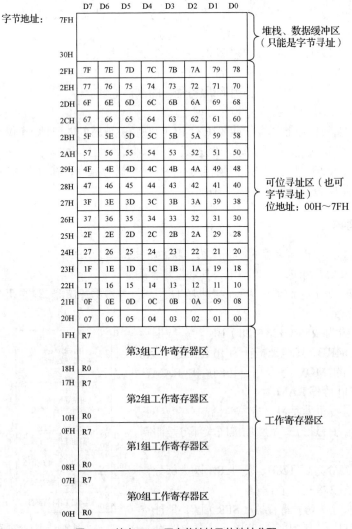

图 2-9 片内 RAM 区字节地址及位地址分配

由图 2-9 看出，位地址和字节地址都是用 8 位二进制数（2 位十六进制数）表示，但其含义不同。字节地址单元的数据是 8 位二进制数，而位地址单元的数据是 1 位二进制数，在使用时要特别注意。

例如，字节地址单元 20H，该地址单元的数据为 D0～D7（8 位）；该单元的每一位的地址如下。

位地址：	07H	06H	05H	04H	03H	02H	01H	00H
	（20H.7）	（20H.6）	（20H.5）	（20H.4）	（20H.3）	（20H.2）	（20H.1）	（20H.0）
位：	D7	D6	D5	D4	D3	D2	D1	D0

因为位地址 00H～07H 分别表示 20H 单元 D0～D7 位的地址，故其位地址又可表示为 20H.0～20H.7。

又如，位地址为 20H，该位地址单元是字节地址 24H 单元的第 0 位，故位地址又可表示为 24H.0。

必须指出，对于某个地址，既可以表示字节地址，又可以表示位地址（如 20H、21H 等），那么，如何区分一个地址是字节地址还是位地址呢？可以通过指令中操作数的类型确定。如果指令中的另一个操作数为字节数据，则该地址必为字节地址；如果指令中的另一个操作数为一位数据，则该地址必为位地址。例如：

```
MOV A, 20H      ;A为字节单元，20H为字节地址
MOV C, 20H      ;C为位单元，20H为位地址，即24H.0
```

3. 只能字节寻址的 RAM 区

在 30H～7FH 区的 80 个 RAM 单元为用户 RAM 区，只能按字节存取。所以，30H～7FH 区是真正的数据缓冲区。

4. 堆栈缓冲区

在应用程序中，往往需要一个后进先出的 RAM 缓冲区，用于子程序调用和中断响应时保护断点及现场数据，这种后进先出的 RAM 缓冲区称为堆栈。原则上，堆栈区可设在片内 RAM 的 00H～7FH 的任意区域，但由于 00H～1FH 及 20H～2FH 区域的特殊作用，堆栈区一般设为 30H～7FH。由 SP（Stack Pointer，堆栈指针）指向栈顶单元，在程序设计时，应对 SP 初始化来设置堆栈区。

2.3.4　51 单片机编程资源

在片内数据存储器的 80H～FFH 单元（高 128B）中，有 21 个单元作为特殊功能寄存器（SFR），这些寄存器是 51 单片机主要的编程资源。

51 单片机片内的 I/O 口（P0～P3）、CPU 内的累加器 A 等统称为特殊功能寄存器。这些寄存器离散分布在片内数据存储器的 80H～FFH 单元，每一个寄存器都有一个确定的地址，并定义了寄存器符号，其地址分布见表 2-4。

表 2-4　特殊功能寄存器（SFR）的地址分布

寄存器	位地址及位名								字节地址
	D7	D6	D5	D4	D3	D2	D1	D0	
B	F7H	F6H	F5H	F4H	F3H	F2H	F1H	F0H	F0H
ACC	E7H	E6H	E5H	E4H	E3H	E2H	E1H	E0H	E0H
PSW	D7H	D6H	D5H	D4H	D3H	D2H	D1H	D0H	D0H
	Cy	AC	F0	RS1	RS0	OV	F1	P	
IP	BFH	BEH	BDH	BCH	BBH	BAH	B9H	B8H	B8H
			PS	PT1	PX1	PT0	PX0		
P3	B7H	B6H	B5H	B4H	B3H	B2H	B1H	B0H	B0H
	P3.7	P3.6	P3.5	P3.4	P3.3	P3.2	P3.1	P3.0	

续表

寄存器	位地址及位名								字节地址
	D7	D6	D5	D4	D3	D2	D1	D0	
IE	AFH	AEH	ADH	ACH	ABH	AAH	A9H	A8H	A8H
	EA			ES	ET1	EX1	ET0	EX0	
P2	A7H	A6H	A5H	A4H	A3H	A2H	A1H	A0H	A0H
	P2.7	P2.6	P2.5	P2.4	P2.3	P2.2	P2.1	P2.0	
SBUF									99H
SCON	9FH	9EH	9DH	9CH	9BH	9AH	99H	98H	98H
	SM0	SM1	SM2	REN	TB8	RB8	TI	RI	
P1	97H	96H	95H	94H	93H	92H	91H	90H	90H
	P1.7	P1.6	P1.5	P1.4	P1.3	P1.2	P1.1	P1.0	
TH1									8DH
TH0									8CH
TL1									8BH
TL0									8AH
TMOD	GATE	$C/\overline{T}$	M1	M0	GATE	$C/\overline{T}$	M1	M0	89H
TCON	8FH	8EH	8DH	8CH	8BH	8AH	89H	88H	88H
	TF1	TR1	TF0	TR0	IE1	IT1	IE0	IT0	
PCON									87H
DPH									83H
DPL									82H
SP									81H
P0	87H	86H	85H	84H	83H	82H	81H	80H	80H
	P0.7	P0.6	P0.5	P0.4	P0.3	P0.2	P0.1	P0.0	

由于特殊功能寄存器并未占满 128 个单元，故对空闲地址的操作是没有意义的。

对特殊功能寄存器的访问只能采用直接寻址方式。对地址能被 8 整除的特殊功能寄存器，可对该寄存器的各位进行位寻址操作。

下面简要介绍部分特殊功能寄存器（SFR）的编址及功能。

① 累加器 ACC：字节地址为 E0H，并可对其 D0～D7 各位进行位寻址，D0～D7 数据位的位地址相应为 E0H～E7H，主要用于暂时存放操作数或 CPU 运算的结果，以提高 CPU 运算速度。

② 寄存器 B：字节地址为 F0H，并可对其 D0～D7 各位进行位寻址，D0～D7 数据位的位地址相应为 F0H～F7H，主要用于暂时存放数据。

③ PSW：字节地址为 D0H，并可对其 D0～D7 各位进行位寻址，D0～D7 数据位的位地址相应为 D0H～D7H，主要用于寄存当前指令执行后的某些状态信息。

例如，Cy 表示进位/借位标志，指令助记符为 C，位地址为 D7H（也可表示为 PSW.7）。

④ 堆栈指针 SP：字节地址为 81H，不能进行位寻址。

⑤ 端口 P0：字节地址为 80H，并可对其 D0～D7 各位进行位寻址，D0～D7 数据位的位地址相应为 80H～87H（也可表示为 P0.0～P0.7）。

⑥ 端口 P1：字节地址为 90H，并可对其 D0～D7 各位进行位寻址，D0～D7 数据位的位地址相应为 90H～97H（也可表示为 P1.0～P1.7）。

⑦ 端口 P2：字节地址为 A0H，并可对其 D0～D7 各位进行位寻址，D0～D7 数据位的位地址相应为 A0H～A7H（也可表示为 P2.0～P2.7）。

⑧ 端口 P3：字节地址为 B0H，并可对其 D0～D7 各位进行位寻址，D0～D7 数据位的位地址相应为 B0H～B7H（也可表示为 P3.0～P3.7）。

SFR 中的 TMOD、TCON、SCON、DPH、DPL 及 IE 等寄存器是单片机主要功能部件的重要组成部分，后续将详细介绍。

2.3.5　位处理器

所谓位处理，是指对一位二进制数据（即 0 和 1）的处理，一位二进制数的典型应用就是开关量（位）控制，51 单片机具有较强的位处理能力。

当输出的一位二进制数据为 1（ON）时，控制负载通电，为 0（OFF）时控制负载断电，如电动机起动/停止、多层电梯及交通灯的控制等，它们都属于开关量控制。

传统的 CPU 对于开关量控制显得不那么方便，而 51 单片机值得骄傲的正是它有效地解决了单一位的控制。

51 单片机片内 CPU 还是一个性能优异的位处理器，也就是说，51 单片机实际上又是一个完整而独立的 1 位单片机（也称布尔处理机）。该布尔处理机除了有自己的 CPU、位寄存器、位累加器（即进位标志 Cy）、I/O 口和位寻址空间外，还有专供位操作的指令系统，可以直接寻址并对位存储单元和 SFR 的某一位进行操作。51 单片机对于位操作（布尔处理）有置位、复位、取反、测试转移、传送、逻辑与和逻辑或运算等功能。

把 8 位微型机和布尔处理机结合在一起，是单片机的主要特点之一，也是微机技术上的一个突破。

布尔处理机在开关量决策、逻辑电路仿真和实时控制方面非常有效。而 8 位微型机在数据采集及处理、数值运算方面有明显的优势。在 51 单片机中，8 位微型机和布尔处理机的硬件资源是复合在一起的，二者相辅相成。

例如，8 位 CPU 的 PSW 中的进位标志 Cy，在布尔处理机中用作累加器 C；又如，片内数据存储器既可字节寻址，又可位寻址，这正是 51 单片机在设计上的精妙之处。

利用位处理功能可以方便地进行随机逻辑设计，使用软件来实现各种复杂的逻辑关系，免除了许多类似 8 位数据处理中的数据传送、字节屏蔽和测试判断转移等烦琐的算法，从而取代了数字电路所能实现的组合逻辑电路和时序逻辑电路，在这一方面，可以说单片机是万能的数字电路。

2.4　51 单片机的工作方式

51 单片机的工作方式包括复位方式、程序执行方式、节电方式及 EPROM 的编程和校验方式等。在不同的情况下，51 单片机的工作方式也不相同。本节仅介绍单片机常用的复位方式和程序执行方式。

2.4.1　复位及复位方式

单片机在启动运行时需要复位，使 CPU 及其他功能部件处于一个确定的初始状态（如 PC 的值为 0000H），并从这个状态开始工作，单片机应用程序必须以此作为设计前提。

另外，在单片机工作过程中，如果出现死机，也必须对单片机进行复位，使其重新开始工作。

51 单片机的复位电路包括上电复位电路和按键（外部）复位电路，如图 2-10 所示。

不管是何种复位电路，都是通过复位电路产生的复位信号（高电平有效）由 RST/VPD 引脚送入片内的复位电路，对 51 单片机进行复位。复位信号要持续两个机器周期（24 个时钟周期）以上，才能使 51 单片机可靠复位。

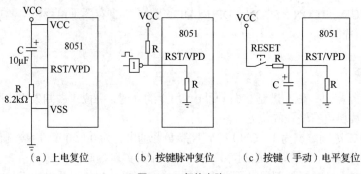

　　（a）上电复位　　　　（b）按键脉冲复位　　　（c）按键（手动）电平复位

图 2-10　复位电路

1. 上电复位

上电复位是指单片机接通工作电源（V_{CC}=5V）时片内各功能部件的状态。

上电复位电路利用电容器充电来实现复位。从图 2-10（a）中可以看出，上电瞬间 RST/VPD 端的电位与 VCC 等电位，RST/VPD 为高电平，随着电容器充电电流的减少，RST/VPD 的电位不断下降，其充电时间常数为（$10×10^{-6}×8.2×10^3$）s=（$82×10^{-3}$）s=82ms，此时间常数足以使 RST/VPD 在保持为高电平的时间内完成复位操作。

2. 按键复位

按键复位包括按键脉冲复位和按键（手动）电平复位。图 2-10（b）为按键脉冲复位电路，由外部提供一个复位脉冲，复位脉冲的宽度应大于两个机器周期。图 2-10（c）为按键电平复位电路，按下复位按键，电容 C 被充电，RST/VPD 端的电位逐渐升高为高电平，实现复位操作，按键释放后，电容器经下拉电阻放电，RST/VPD 端恢复为低电平。

3. 复位后片内寄存器状态

单片机复位后，其片内寄存器状态见表 2-5。

表 2-5　复位后片内寄存器状态

寄存器	内容	寄存器	内容
PC	0000H	TH0	00H
ACC	00H	TL0	00H
B	00H	TH1	00H
PSW	00H	TL1	00H
SP	07H	SBUF	不定
DPTR	0000H	TMOD	00H
P0～P3	0FFH	SCON	00H
IP	×××00000B	PCON（HMOS）	0×××××××B
IE	0×000000B	PCON（CMOS）	0×××0000B
TCON	00H		

说明如下。

① P0～P3 端口的输出全为 0FFH。

② PC=0000H，指向程序存储器 0000H 单元，使 CPU 从首地址开始重新执行程序。

③ SP=07H。

④ 51 单片机在上电复位时，其片内 RAM 中的数据保持不变。

2.4.2　程序执行方式

程序执行方式是单片机的基本工作方式，通常可分为连续执行和单步执行两种工作方式。

1. 连续执行方式

连续执行方式就是单片机正常执行控制程序的工作方式。

被执行程序存储在片内（或片外）的 ROM 中，由于单片机复位后 PC=0000H，因此单片机在上电或按键复位后总是到 0000H 处开始连续执行程序，由于 ROM 区开始的一些存储单元具有特殊作用，可以在 0000H 处放一条转移指令，以便跳转到指定的程序存储器中的任一单元去执行程序。

2. 单步执行方式

用户在调试程序时，常常要逐条地执行程序中的每一条指令。单步执行方式就是为用户调试程序而设计出的一种工作方式。可设置一个单步执行按键，当需要单步执行程序时，按下该键，每按一次就可以执行一条指令。

利用单片机外部中断功能可以方便地实现程序的单步执行方式。

2.5 51 单片机的工作时序

时序就是计算机指令执行时各种微操作在时间上的顺序关系。

计算机所执行的每一个操作都是在时钟信号的控制下进行的。每执行一条指令，CPU 都要发出一系列特定的控制信号，这些控制信号在时间上的相互关系就是 CPU 的时序。

学习 CPU 时序，有助于理解指令的执行过程，有助于灵活地利用单片机的引脚进行硬件电路的设计。通过控制总线对片外存储器及 I/O 设备操作的时序，更是单片机使用者应该关心的。

2.5.1 时钟

计算机执行指令的过程可分为取指令、指令译码和执行指令 3 个步骤，每个步骤又由许多微操作组成，这些微操作必须在统一的时钟脉冲的控制下才能按照正确的顺序执行。

时钟脉冲由时钟振荡器产生，51 单片机的时钟振荡器是由单片机片内反相放大器和外接晶振及微调电容组成的一个三点式振荡器，将晶振和微调电容接到 8051 单片机的 XTAL1 和 XTAL2 端即可产生自激振荡。通常振荡器输出的振荡频率 f_{osc} 为 6～16MHz，调节微调电容可以微调振荡频率 f_{osc}，51 单片机也可以使用外部时钟，如图 2-11 所示。

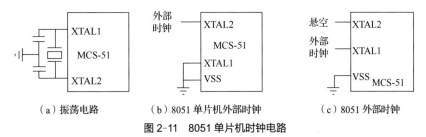

（a）振荡电路　　　　（b）8051 单片机外部时钟　　　（c）8051 外部时钟

图 2-11　8051 单片机时钟电路

2.5.2 CPU 时序

单片机的时序是指 CPU 在执行指令时所需控制信号的时间顺序。时序信号是以时钟脉冲为基准产生的。CPU 发出的时序信号有两类：一类信号用于片内各功能部件的控制，由于这类信号在 CPU 内部使用，因此用户无须了解；另一类信号通过单片机的引脚送到外部，用于片外存储器或 I/O 端口的控制，这类时序信号对单片机系统的硬件设计非常重要。

1. 时钟周期、机器周期和指令周期

（1）时钟周期

时钟周期也称振荡周期，即振荡器的振荡频率 f_{osc} 的倒数，是单片机操作时序中的最小时间单位。振荡频率为 6MHz 时，则它的时钟周期约为 166.7ns。

时钟脉冲是计算机的基本工作脉冲，它控制着计算机的工作节奏。

（2）机器周期

执行一条指令的过程可分为若干个阶段，每一阶段完成一个规定的操作，完成一个规定操作所需要的时间称为一个机器周期。

机器周期是单片机的基本操作周期，每个机器周期包含 6 个状态周期，用 S1、S2、S3、S4、S5、S6 表示，每个状态周期又包含两个节拍 P1、P2，每个节拍持续一个时钟周期，因此，一个机器周期包含 12 个时钟周期，分别表示为 S1P1、S1P2、S2P1、S2P2、…、S6P1、S6P2，如图 2-12 所示。

（3）指令周期

指令周期定义为执行一条指令所用的时间。由于 CPU 执行不同的指令所用的时间不同，因此不同指令的指令周期是不相同的，指令周期由若干个机器周期组成。包含一个机器周期的指令称为单周期指令，包含两个机器周期的指令称为双周期指令，依次类推。通常，一个指令周期含有 1~4 个机器周期。

51 单片机的指令可以分单周期指令、双周期指令和四周期指令 3 种。只有乘法指令和除法指令是四周期指令，其余都是单周期指令和双周期指令。

例如，51 单片机外接石英晶体振荡频率为 12MHz 时：

时钟（振荡）周期为 1/12μs；

状态周期为 1/6μs；

机器周期为 1μs；

指令周期为 1~4μs。

2. 51 单片机的取指/执行时序

51 单片机执行任何一条指令时都可以分为取指令阶段和执行阶段（包含指令译码）。取指令阶段把 PC 中的指令地址送到程序存储器，选中指定单元并从中取出需要执行的指令。指令执行阶段对指令操作码进行译码，以产生一系列控制信号完成指令的执行。51 单片机指令的取指/执行时序如图 2-12 所示。

由图 2-12 可以看出，在指令的执行过程中，ALE 引脚上出现的信号是周期性的，每个机器周期出现两次正脉冲，第一次出现在 S1P2 和 S2P1 期间，第二次出现在 S4P2 和 S5P1 期间。

ALE 信号每出现一次，CPU 就进行一次取指令操作。

图 2-12（a）为单字节单周期指令的时序，在一个机器周期中进行两次取指令操作，但是对第二次取出的内容不作处理，称作假读。

例如，累加器加 1 指令为 "INC A"。

图 2-12（b）为双字节单周期指令的时序，

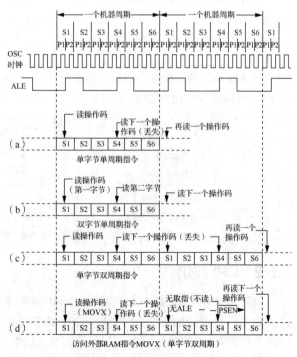

图 2-12　51 单片机指令的取指/执行时序

在一个机器周期中 ALE 的两次有效期间各读一字节。

例如，加法指令为"ADD　A, #data"。

图 2-12（c）为单字节双周期指令的时序，只有第一次取指令是有效的，其余 3 次均为假读。

例如，DPTR 加 1 指令为"INC　DPTR"。

图 2-12（d）为访问片外 RAM 指令"MOVX　A, @DPTR"（单字节双周期）的时序。

3. 访问片外 ROM 时序

当从片外 ROM 读取指令时，在 ALE 与 $\overline{PSEN}$ 两个信号的控制之下，将指令读取到 CPU。其详细过程如下。

① ALE 信号在 S1P2 有效时，$\overline{PSEN}$ 继续保持高电平或从低电平变为高电平。

② 8051 单片机在 S2P1 时把 PC 中高 8 位地址从 P2 端口送出，把 PC 中低 8 位地址从 P0 端口送出，从 P0 端口送出的低 8 位地址在 ALE 信号的下降沿被锁存到片外地址锁存器中，然后与 P2 端口中送出的高 8 位地址一起送到片外 ROM。

③ $\overline{PSEN}$ 在 S3P1 至 S4P1 期间有效时，选中片外 ROM 工作，并根据 P2 端口和地址锁存器输出的地址从片外 ROM 中读出指令码，经 P0 端口送到 CPU 的指令寄存器 IR。由此也可以看出，当访问片外存储器时，P0 端口首先输出片外存储器的低 8 位地址，然后接收由片外存储器中读出的数据，这是一个分时复用的地址/数据总线。因此从 P0 端口中送出的低 8 位地址必须由片外的地址锁存器锁存，否则当它切换为数据总线时，低 8 位地址将消失，导致无法正确地访问片外存储器。

④ 在 S4P2 时序后开始第二次读片外 ROM，过程与前面相同。

4. 读片外 RAM 时序

访问片外 RAM 的操作有两种情况，即读操作和写操作，两种操作的方式基本相同。主要区别是 8051 单片机利用 P3 端口的第二功能，通过 P3.6 输出 $\overline{WR}$（写命令），对片外 RAM 进行写操作；通过 P3.7 输出 $\overline{RD}$（读命令），对片外 RAM 进行读操作。51 单片机读片外 RAM 时序如图 2-13 所示。

设片外 RAM 的 2000H 单元存放的数据为 20H，DPTR 中已保存该单元的地址，则 CPU 执行 MOVX A,@DPTR 指令，便可从片外

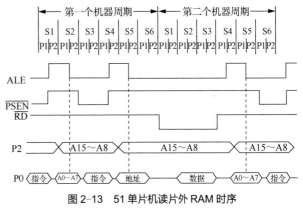

图 2-13　51 单片机读片外 RAM 时序

RAM 的 2000H 单元中将数据读出送入累加器 A 中。指令执行的过程如下。

① ALE 在第一次有效期间和第二次有效期间，CPU 从片外 ROM 中读取 MOVX 指令的指令码。

② CPU 在 $\overline{PSEN}$ 有效低电平的作用下，把从片外 ROM 读得的指令码经 P0 端口送入指令寄存器 IR，译码后产生控制信号，控制对片外 RAM 的读操作。

③ CPU 在 S5P1 把 DPTR 中高 8 位地址 20H 送到 P2 端口，低 8 位地址 00H 送到 P0 端口，且 ALE 在 S5P2 的下降沿时锁存 P0 端口地址。

④ CPU 在第二个机器周期中的 S1～S3 期间使 $\overline{RD}$ 有效，选中片外 RAM 工作，读出 2000H 单元的数据 20H。在读片外 RAM 期间，第一次的 ALE 信号无效，$\overline{PSEN}$ 也处在无效状态。

⑤ CPU 把片外 RAM 中读出的数据 20H 经 P0 端口送到 CPU 的累加器 A 中。

上面第③～⑤步是对片外 RAM 的读操作过程。

由以上分析可见，通常情况下，每一个机器周期中 ALE 信号两次有效。仅仅在访问片外 RAM 期间（执行 MOVX 指令时），第二个机器周期才不发出第一个 ALE 脉冲。

2.6 单片机最小系统

单片机最小系统一般是指单片机能够用来实现简单 I/O 端口控制的硬件电路组成，是单片机初学者的必备工具。

2.6.1 单片机最小系统的组成

根据单片机的特点，单片机最小系统的硬件电路包括单片机、电源电路、时钟电路、复位电路及扩展部分（需要时）等组成部分。所需电子元器件见表 2-6。

表 2-6 单片机最小系统所需电子元器件

元器件名称	参数/型号	数量/个
单片机	AT89S51 DIP-40	1
晶振	12MHz	1
瓷片电容	20pF	2
电解电容	10μF	1
按键		1
电阻	5.6kΩ	1

设计 51 单片机（AT89S51）最小系统电路，如图 2-14 所示（注：该图为 Proteus 仿真电路，图中引脚排列与单片机实际引脚位置并非完全一致）。

2.6.2 单片机最小系统的应用电路

一个单片机最小系统的应用电路，实际上是一块具有基本控制功能的单片机开发板，可以根据用户需要实现基本的、不同的控制功能。

在制作或应用单片机最小系统时，注意以下事项。

（1）可以利用万用板或 PCB，连接（或焊接）元器件，构成单片机最小系统的硬件电路。为了方便应用，一般单片机最小系统的应用电路都包括 I/O 端口的连接键盘、LED 及 ISP 下载电路，某 STC 51 兼容单片机最小系统的电路板实物如图 2-15 所示。

（2）必须给单片机提供稳定可靠的工作电源。为防止电源系统引入的各种干扰，必须为单片机系统配置一个稳定可靠的电源供电模块。单片机最小系统中电源供电模块的电源可以通过计算机的 USB（Universal Serial Bus，通用串行总线）口供给，也可以使用直流输出电压为 5V 的外部稳压电源供给。AT89S51 单片机的工作电压范围为 4.0～5.5V。

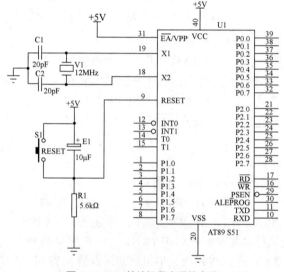

图 2-14 51 单片机最小系统电路

图 2-15 51 单片机最小系统的电路板

（3）时钟电路即振荡电路，用于产生单片机最基本的时间单位。单片机一切指令的执行都是由晶振提供的时钟频率的节拍控制的。为保证振荡电路的稳定性和可靠性，AT89S51 单片机的时钟频率应控制在 1.2～24MHz。单片机晶振提供的时钟频率越高，单片机运行速度就越快。由于单片机带有振荡电路，AT89S51 只需要使用 11.0592MHz 的晶振及两个电容（一般为 15～50pF）作为振荡源。本电路中晶振和电容取值分别为 12MHz 和 20pF。

（4）复位电路用于产生复位信号，使单片机从固定的起始状态开始工作。在单片机内部，复位时是把一些寄存器以及存储设备恢复生产厂出厂时给单片机预设的值。本电路采用按键复位的形式，其电容和电阻的取值分别为 10μF 和 5.6kΩ。

（5）验证最小系统工作状态。验证方法是将最小系统上电，然后用示波器测试最小系统单片机的第 30 引脚（ALE），在晶振频率为 12MHz 时，该引脚输出频率为 2MHz 的方波，若观察到方波波形，则说明最小系统工作正常。

（6）在以上基础上，使用单片机最小系统选择合适的 I/O 端口（P0～P3）控制外围部件，将控制程序下载到单片机芯片中，在软件控制下，实现系统功能。

读者可参考 1.6 节，并通过单片机最小系统实现其功能。

2.7　思考与练习

1. 51 单片机有哪些典型产品，指出 STC 单片机的主要特点和应用优势？
2. 8051 单片机包含哪些主要功能部件？各功能部件的主要作用是什么？
3. PSW 各位的定义是什么？
4. 51 单片机的存储结构的主要特点是什么？程序存储器和数据存储器各有何不同？
5. 51 单片机片内 RAM 可分为几个区？各区的主要作用是什么？
6. 51 单片机的 4 个 I/O 端口在结构上有何异同？使用时应注意哪些事项？
7. 51 单片机 I/O 端口输出能力与上拉电阻的关系是什么？
8. 为什么 51 单片机 I/O 端口输出控制信号一般选择为低电平有效？
9. 为什么 51 单片机 P0 端口在输出高电平时要合理选择上拉电阻值？
10. 为什么 51 单片机 I/O 端口在读取数据前应先写入 1？
11. 为什么说单片机具有较强的位处理能力？
12. 指出 8051 单片机可进行位寻址的存储空间。
13. 位地址 90H 和字节地址 90H 及 P1.0 有何异同？如何区别？
14. 在访问片外 ROM 或 RAM 时，P0 和 P2 端口各用来传送什么信号？P0 端口为什么要采用片外地址锁存器？
15. 什么是时钟周期？什么是机器周期？什么是指令周期？当振荡频率为 12MHz 时，一个机器周期为多少微秒？
16. 51 单片机有几种复位方法？复位后，CPU 从程序存储器的哪一个单元开始执行程序？
17. 8051 单片机掉电时如何保存片内 RAM 中的数据？
18. 8051 单片机 ALE 引脚的作用是什么？当 8051 单片机不外接 RAM 和 ROM 时，ALE 引脚上输出的脉冲频率是多少？其作用是什么？
19. 单片机最小系统的组成包括哪些部分？各部分的功能是什么？

第 3 章　指令系统、汇编语言及 C51 程序设计

指令系统是 CPU 能够执行的全部命令的集合，是单片机系统功能和 CPU 工作原理的具体体现。当指令采用二进制代码表示时，称之为机器语言（机器码）。

汇编指令是机器语言的符号化表示，汇编语言是以汇编指令和伪指令为主体的程序设计语言。

可以对 51 单片机进行编程的 C 语言，通称为 C51 语言（简称 C51）。

C51 弥补了汇编语言的不足，同时又增加了代码的可读性。特别是 C51 的内嵌汇编功能，使 C51 对硬件的操作更加方便。

CPU 直接识别和执行的是机器语言的指令代码。任何计算机语言编写的任何程序，都必须转换为指令系统中相应指令代码的有序集合，才能被 CPU 执行。

本章首先通过汇编指令讲述 51 单片机的指令系统及汇编语言程序设计的基础知识，以帮助读者深入理解单片机的工作原理和基本编程。然后，详细讲述 C51 编程基础、程序设计实例，单片机集成开发环境 Keil 的使用及程序调试方法，以单片机典型设计实例介绍 Proteus 软硬件仿真及 Keil 与 Proteus 联合仿真的调试过程。

3.1　单片机指令系统

每一种 CPU 都有其独立的指令系统，本节主要介绍 51 单片机的指令系统的指令格式、分类、寻址方式、功能及应用实例。

51 单片机的指令系统共有 111 条指令，包括 49 条单字节指令、45 条双字节指令和 17 条三字节指令。其中 64 条指令的执行时间为 1 个机器周期，45 条指令的执行时间为 2 个机器周期，2 条指令的执行时间为 4 个机器周期。

3.1.1　指令格式及分类

1. 指令格式

51 单片机指令系统中的每一条指令都有两级指令格式。

① CPU 可直接识别并执行的机器语言指令。

② 汇编语言指令（简称汇编指令）。

机器语言指令是计算机唯一能识别的指令，在设计 CPU 时由其硬件定义。

机器语言指令由二进制数 "0" 和 "1" 编码而成，也称目标代码，执行速度最快。然而，使用时非常烦琐费时，不易阅读和记忆，对用户而言，一般不采用机器语言指令编写程序。

汇编指令是在机器语言指令的基础上，用英文单词或英文单词缩写表示机器语言指令的操作码（助记符），用符号表示操作数或操作数的地址。一条汇编指令必有一条相应的机器语言指令与之对应，汇编指令实际上是符号化的机器语言指令。

由于汇编指令易读、便于记忆，同时直接面向单片机硬件资源编程，指令的执行速度快，在单片机应用时，一般可以采用汇编语言编写应用程序。

51 单片机的汇编指令由以下几部分组成。

[标号:]　操作码　[目的操作数]　[, 源操作数]　[; 注释]

其中，[ ] 中的项表示可选项。

例如：

LOOP:MOV A, R1 　　　;A←R1

各部分的说明如下。

标号：又称为指令地址符号，一般由 1~6 个字符组成，是以字母开头的字母数字串，与操作码之间用冒号隔开。

操作码：表示指令功能的助记符。

操作数：指参加操作的数据或数据的地址。

注释：对该条指令的说明，以便于阅读。

在 51 单片机的指令系统中，不同功能的指令，操作数的作用也不同。例如，传送类指令多为两个操作数，写在左边的称为目的操作数（表示操作结果存放的寄存器或存储器单元地址），写在右边的称为源操作数（指出操作数的来源）。

需要注意：操作码与操作数之间必须用空格分隔，操作数与操作数之间必须用逗号 ","分隔，";"后面是注释内容。

汇编指令的所有字符（不包括注释内容）都必须在英文环境下编辑输入。

2. 指令的分类

51 单片机的指令系统中的指令分为以下 5 类。

① 数据传送类：片内 RAM、片外 RAM、程序存储器的传送指令、交换及堆栈指令。
② 算术运算类：加法、带进位加法、带借位减法、乘法、除法、加 1、减 1 指令。
③ 逻辑运算类：逻辑与、逻辑或、逻辑异或、测试及移位指令。
④ 位操作类：位数据传送、位与、位或、位转移指令。
⑤ 控制转移类：无条件转移、条件转移、子程序调用和返回、空操作指令。

3. 指令描述符号的说明

（1）指令描述替代符号

为了便于查阅和学习单片机的指令系统，下面介绍描述指令的一些替代符号。

#data：表示指令中的 8 位立即数（data），"#"表示后面的数据是立即数。

#data16：表示指令中的 16 位立即数。

direct：表示 8 位片内数据存储器单元的地址。它可以是片内 RAM 的单元地址 00H~FFH，或特殊功能寄存器的地址（80H~FFH），如 I/O 端口、控制寄存器、状态寄存器等。

Rn：n=0~7，表示当前选中的寄存器组的 8 个工作寄存器 R0~R7。

Ri：i=0 或 1，表示当前选中的寄存器组中的 2 个寄存器 R0、R1，可用作地址指针，即间址寄存器。

Addr11：表示 11 位的目的地址。用于 ACALL 和 AJMP 指令中，目的地址必须存放在与下一条指令第一个字节同一个 2KB 程序存储器的地址空间之内。

Addr16：表示 16 位的目的地址。用于 LCALL 和 LJMP 指令中，目的地址的范围在整个 64KB 的程序存储器地址空间之内。

rel：表示一个补码形式的 8 位带符号的偏移量。用于 SJMP 和所有的条件转移指令中，偏移字节相对于下一条指令的第一个字节计算，在-128～127 范围内取值。

DPTR：数据指针寄存器，可用作 16 位的地址寄存器。

bit：片内 RAM 或特殊功能寄存器中的直接寻址位。

/：位操作数的前缀，表示对该位操作数取反，如/bit。（本书某些芯片使能端加前缀"/"表示低电平有效）

A：累加器 ACC。

B：特殊功能寄存器，用于 MUL 和 DIV 指令中。

C：进位/借位标志位，也可作为布尔处理机中的累加器。

@：间址寄存器或基址寄存器的前缀，如@Ri、@A+PC、@A+DPTR。

$：当前指令的首地址。

（2）指令注释符号

本书中指令注释部分的表示形式，说明如下。

① ←：表示将箭头右边的操作数传送至箭头左边的数据存储单元。

② 若 X 为任意一个寄存器，(X)作为源操作数则表示寄存器的内容，X 作为目的操作数则表示该寄存器。例如，A←(A)+1 表示将 A 的内容加 1 传送给 A，A←(Rn)表示将 Rn 的内容传送给 A。

③ 若 X 为任意一个寄存器，则((X))作为源操作数表示 X 所指向的存储单元的内容，(X)作为目的操作数表示 X 所指向的存储单元。例如，(Ri)←((Ri))+1 则表示将 Ri 所指向存储单元的内容加 1 后再送到 Ri 单元中去。

④ 对于直接地址 direct，(direct)作为源操作数表示该地址单元的内容，作为目的操作数则表示该地址单元。例如，(direct)←(direct)+1 表示将 direct 单元的内容加 1 传送给 direct 单元。

3.1.2 寻址方式与寻址空间

寻址方式就是寻找或获得指令中操作数的方式。

指令的一个重要组成部分是操作数，必须由寻址方式来指定参与运算的操作数或操作数所在单元的地址。

寻址方式是指令系统中最重要的内容之一，寻址方式越多，则指令系统的功能越强，灵活性越强。寻址方式需要解决的一个重要问题是：如何在整个存储范围内，灵活、方便地找到所需的数据单元。

由于 51 单片机特有的存储器地址空间，因此它有以下 7 种寻址方式。

1. 立即寻址

在立即寻址方式中，操作数直接出现在指令中。操作数前加"#"号表示立即寻址，此时的操作数也称立即数。立即数可以是 8 位数或 16 位数。

源操作数立即寻址指令示例：

```
MOV A, #26H          ;A←26H
```
指令执行结果：(A)=26H，即把立即数 26H 直接传送到 A 中。

```
MOV DPTR, #2000H     ;DPTR←2000H
```
指令执行结果：(DPTR)=2000H。DPTR 是数据存储器的地址指针，由两个特殊功能寄存器 DPH 和 DPL 组成。立即数的高 8 位送入 DPH，低 8 位送入 DPL，因此，(DPH)=20H，(DPL)=00H。

在立即寻址方式中，立即数作为指令的一部分，同操作码一起存放在程序存储器中。

2．直接寻址

在直接寻址方式中，操作数所在的存储单元地址直接出现在指令中，这一寻址方式可访问片内存储单元。片内存储单元包括特殊功能寄存器地址空间和片内 RAM 的低 128B 存储单元。

（1）特殊功能寄存器地址空间的直接寻址

在指令中使用特殊功能寄存器符号表示数据的存储地址，这也是唯一可寻址特殊功能寄存器（SFR）的寻址方式。

源操作数直接寻址指令示例：

```
MOV TCON, ACC                    ;ACC 经汇编后就是累加器的直接地址 E0H
```

指令执行结果：源操作数地址 E0H 单元（累加器 A）的内容传送给寄存器 TCON。

```
MOV A, P1
```

指令执行结果：源操作数 P1 的内容传送给 A。

其中，TCON、P1 是特殊功能寄存器，其对应的直接地址是 88H 和 90H。

注意　　　　P0 端口的直接地址是 80H，指令"MOV A, P0"与"MOV A, 80H"是等价的。

（2）片内 RAM 的低 128B 存储单元的直接寻址

源操作数直接寻址指令示例：

```
MOV A, 76H
```

指令执行结果：片内 RAM 地址 76H 单元的内容传送给 A。

```
ADD A, 43H
```

指令执行结果：A 的内容与片内 RAM 地址 43H 单元的内容相加后传送给 A。

3．寄存器寻址

在寄存器寻址方式中，寄存器中的内容就是操作数。

源操作数寄存器寻址指令示例：

```
MOV A, R1                    ;A← (R1)
```

指令执行结果：把寄存器 R1 中的内容传送给累加器 A。

寄存器寻址方式可用于访问如下几种寄存器。

① 当前工作寄存器 Rn（n=0～7，机器语言码的低 3 位指明所用的寄存器）。

② 累加器 A（隐含在机器语言操作码中，下同）。

③ 寄存器 B（以 A、B 寄存器对出现）。

④ 位累加器 C。

⑤ 数据指针寄存器 DPTR。

需要说明，指令中对累加器的操作，使用"A"和"ACC"的执行结果是一样的。但使用"ACC"属于直接寻址，使用"A"则属于寄存器寻址（因为"A"不表示累加器的地址，而是累加器的符号）。

4．寄存器间接寻址

在寄存器间接寻址方式中，指定寄存器中的内容是源操作数的地址，该地址对应存储单元的内容才是源操作数。可见，这种寻址方式中，寄存器中存放的实际是地址指针。寄存器名前用间址符"@"表示寄存器间接寻址。该方式可用于编程时操作数单元地址并不明确、在汇编时才能明确的场合。

对片外 RAM 进行读取操作时，必须采用寄存器间接寻址方式。

例如，操作数 45H 存放在片内 RAM 的 3FH 单元中，地址信息 3FH 存放在 R0 寄存器中，则执行如下指令：

```
MOV A, @R0
```

其功能是将 R0 所指的 3FH 单元中的内容 45H 传送给 A，指令执行结果：(A)=45H。

寄存器间接寻址使用方法规定如下。

① 访问片内数据存储器时，用当前工作寄存器 R0 和 R1 作为间址寄存器，即@R0、@R1，在堆栈操作中则用堆栈指针 SP 作为间址寄存器。

源操作数以寄存器间接寻址方式访问片内数据存储器指令示例：

```
MOV @R1, 76H
XCHD A, @R0
```

② 访问片外数据存储器时，对 0 页内的 256B 存储单元（地址为 0000H～00FFH）用 R0 和 R1 工作寄存器进行间接寻址。使用 16 位数据指针寄存器 DPTR 进行间接寻址时，可以访问片外 RAM 64KB（地址为 0000H～FFFFH）的任一存储单元。

以寄存器间接寻址方式访问片外数据存储器指令示例：

```
MOVX A, @R1
MOVX @DPTR, A
```

5. 变址寻址

变址寻址方式是以程序指针 PC 或数据指针 DPTR 为基址寄存器，以累加器 A 作为变址寄存器，两者内容相加（即基址+偏移量）形成 16 位的操作数地址。变址寻址方式主要用于访问固化在程序存储器中的某个字节。

变址寻址方式有以下两类。

① 用程序指针 PC 作为基址，A 作为偏移量，形成操作数地址：@A+PC。

例如，执行下列指令：

```
地址          目标代码         汇编指令
2100         7406            MOV  A, #06H
2102         83              MOVC A, @A+PC
2103         00              NOP
2104         00              NOP
...          ...             ...
2109         32              DB  32H
```

当执行到 MOVC A, @A+PC 时，当前 PC=2103H，A=06H，因此@A+PC 指示的地址是 2109H，该指令的执行结果是(A)=32H。

② 用数据指针 DPTR 作为基址，A 作为偏移量，形成操作数地址：@A+DPTR。

例如，执行下列指令：

```
        MOV      A, #01H
        MOV      DPTR, #TABLE
        MOVC     A, @A+DPTR
TABLE:  DB       41H
        DB       42H
```

程序中，变址偏移量(A)=01H，基址为表的首地址 TABLE，指令执行后将地址为 TABLE+01H 的程序存储器单元的内容传送给 A，因此执行结果是(A)=42H。

6. 相对寻址

相对寻址方式是以 PC 的当前值作为基址，与指令中的第二字节给出的相对偏移量 rel 相加，所得和作为程序的转移地址。

在相对转移指令中，相对偏移量 rel 是一个用补码表示的 8 位有符号数，程序的转移范围为相对 PC 当前值的-128～127B。

例如，相对寻址转移指令示例：

```
SJMP  08H                  ;双字节指令
```

设本指令的地址为 PC=2000H，则 PC 的当前值为 2002H，转移目标地址为：(2000H+02H)+08H=200AH。

相对寻址条件转移指令示例：

```
JZ    30H                  ;若(A)=0，跳转 PC←(PC)+2+rel
                           ;若(A)≠0，则程序顺序执行
```

这是一个条件转移（累加器 A 为 0）跳转指令，是双字节指令。

指令执行完后，PC 当前值为该指令首字节所在单元地址加 2，因此：

$$目的地址=当前 PC 的值+rel$$

在程序中，目的地址常以标号表示，汇编时，由汇编程序将标号汇编为相对偏移量，但标号的位置必须保证程序的转移范围为相对 PC 当前值的-128～127B。

例如，以标号表示的相对寻址转移指令：

```
JZ    LOP                  ;若(A)=0，跳转到标号 LOP 处执行，即 PC←(LOP=((PC)+2+rel))
```

7. 位寻址

51 单片机中有独立、性能优越的布尔处理机，包括位变量操作运算器、位累加器和位存储器，可对位地址空间的每个位进行位变量传送、状态控制、逻辑运算等操作。

位地址包括片内 RAM 地址空间的可进行位寻址的 128 位和 SFR 地址空间的可进行位寻址的 11 个 8 位寄存器的 88 位。位寻址给出的是直接地址。

位寻址指令示例：

```
MOV  C, 07H                ;C←(07H)
```

07H 是片内 RAM 的位地址空间的 1 个位地址，该指令的功能是将 07H 内的位操作数传送给位累加器 C。若(07H)=1，则指令执行结果为 C=1。

以符号表示的位寻址指令示例：

```
SETB EX0                   ;EX0←1
```

EX0 是 IE 寄存器的 D0 位，相应的位地址是 A8H，该指令的功能是将 EX0 置位 1，指令执行的结果是 EX0=1。

若需要对累加器进行位寻址，则必须使用 ACC。例如，ACC.7 表示累加器的 D7 位，而不能使用 A.7 表示。

由以上 7 种寻址方式可以看出，不同的寻址方式所寻址的存储空间是不同的。使用哪一种寻址方式不仅取决于寻址方式的形式，而且取决于寻址方式所对应的存储空间。

51 单片机的 7 种寻址方式与所涉及的存储器空间的对应关系如下。

① 立即寻址：立即数在 ROM 中。

② 直接寻址：操作数的地址在寄存器中，操作数在片内 RAM 的低 128B 和 SFR 中。

③ 寄存器寻址：操作数在工作寄存器 R0～R7、A、B、Cy、DPTR 中。

④ 寄存器间接寻址：操作数的地址在寄存器中，操作数在片内 RAM 的低 128B 中［以@R0、@R1、SP（仅对 PUSH、POP 指令）形式寻址］；操作数在片外 RAM（以@R0、@R1、@DPTR 形式寻址）。

⑤ 变址寻址：操作数在 ROM 中。

⑥ 相对寻址：操作数范围为程序存储器 PC 当前值的-128～127B。

⑦ 位寻址：操作数为片内 RAM 的 20H～2FH 中的所有位（位地址为 00H～7FH）和部分 SFR 的位。

3.1.3　指令系统及应用实例

本小节分别介绍指令系统中各类指令的格式、功能、寻址方式及应用实例。

1. 数据传送类指令

（1）片内数据存储器传送指令

① 以累加器 A 为目的操作数的指令有以下形式。

```
MOV   A,  Rn           ;A←(Rn)，源操作数通过寄存器寻址获得
MOV   A,  @Ri          ;A←((Ri))，源操作数通过寄存器间接寻址获得
MOV   A,  direct       ;A←(direct)，源操作数通过直接寻址获得
MOV   A,  #data        ;A←data，源操作数通过立即寻址获得
```

该组指令的功能：将源操作数传送至累加器 A。

【例 3-1】 数据传送指令。

```
MOV   A,  R1           ;将 R1 的内容传送至 A
MOV   A,  #16H         ;将立即数 16H 传送至 A
MOV   R0, #20H         ;将立即数 20H 传送至 R0
MOV   A,  @R0          ;将 R0 指示的内存单元 20H 的内容传送至 A
MOV   A,  30H          ;将内存单元 30H 的内容传送至 A
```

② 以工作寄存器 Rn 为目的操作数的指令有以下形式。

```
MOV   Rn, A            ;Rn←(A)
MOV   Rn, direct       ;Rn←(direct)
MOV   Rn, #data        ;Rn←data
```

该组指令的功能：将源操作数传送给寄存器 Rn。

【例 3-2】 将 A 的内容传送至 R1；30H 单元的内容传送至 R3；立即数 80H 传送至 R7。

```
MOV   R1, A            ;R1←(A)
MOV   R3, 30H          ;R3←(30H)
MOV   R7, #80H         ;R7←80H
```

③ 以直接地址为目的操作数的指令有以下形式。

```
MOV   direct, A
MOV   direct, Rn
MOV   direct, direct
MOV   direct, @Ri
MOV   direct, #data
```

该组指令的功能：将源操作数传送给直接地址指定的存储单元。

【例 3-3】 将 A 的内容传送至 30H 单元；R7 的内容传送至 20H 单元；立即数 0FH 传送至 27H 单元；40H 单元的内容传送至 50H 单元。

```
MOV   30H, A           ;(30H)←(A)
MOV   20H, R7          ;(20H)←(R7)
MOV   27H, #0FH        ;(27H)←0FH
MOV   50H, 40H         ;(50H)←(40H)
```

④ 以间接地址为目的操作数的指令有以下形式。

```
MOV   @Ri, A
MOV   @Ri, direct
MOV   @Ri, #data
```

该组指令的功能：将源操作数所指定的内容传送至以 R0 或 R1 为地址指针的片内 RAM 单元中。

源操作数通过寄存器寻址、直接寻址和立即寻址 3 种方式获得，目的操作数通过寄存器间接寻址方式获得。

【**例 3-4**】 将从 20H 开始的 32 个单元全部清 0。

用以下指令完成：

```
     MOV   A,    #00H        ;A←00H
     MOV   R0,   #20H        ;R0←20H，以 R0 作为地址指针
     MOV   R7,   #20H        ;R7 计数，R7←20H
LP1: MOV   @R0,  A           ;将 R0 指示的单元清 0
     INC   R0                ;R0←(R0)+1，R0 指向下一单元
     DJNZ  R7,   LP1         ;R7←(R7)-1，若 R7 不为 0，则转 LP1
```

⑤ 16 位数据传送指令有以下唯一形式。

```
MOV   DPTR,  #data16
```

该指令的功能：把 16 位立即数传送至 16 位数据指针寄存器 DPTR。

当要访问片外 RAM 或 I/O 端口时，一般用于将片外 RAM 或 I/O 端口的地址赋给 DPTR。

（2）片外数据存储器传送指令

片外数据存储器传送指令有以下形式。

```
MOVX  A,    @Ri             ;A←((Ri))，为寄存器间接寻址
MOVX  A,    @DPTR           ;A←((DPTR))，为寄存器间接寻址
MOVX  @Ri,  A               ;(Ri)←(A)
MOVX  @DPTR, A              ;(DPTR)←(A)
```

单片机片内与片外数据存储器是通过累加器 A 进行数据传送的。

片外数据存储器的 16 位地址只能通过 P0 端口和 P2 端口输出，低 8 位地址由 P0 端口输出，高 8 位地址由 P2 端口输出，在地址输出有效且低 8 位地址被锁存后，P0 端口作为数据总线进行数据传送。

CPU 对片外 RAM 的访问只能采用寄存器间接寻址方式。以 DPTR（16 位）作为间接寻址寄存器时，寻址范围达 64KB；以 Ri（8 位）作为间接寻址寄存器时，仅能寻址 256B 的范围。而且片外 RAM 的数据只能和累加器 A 之间进行数据传送。

必须指出的是，51 单片机指令系统中没有设置访问外设的专用 I/O 指令，且片外扩展的 I/O 端口与片外 RAM 是统一编址的，即 I/O 端口可看作独占片外 RAM 的一个地址单元，因此对片外 I/O 端口的访问均可使用 MOVX 类指令。

【**例 3-5**】 设片外 RAM 的 2000H 单元中的数为 61H，读取该单元的数据，传送到片外 RAM 的 3FFFH 单元中。

用以下指令完成：

```
MOV   DPTR,  #2000H         ;DPTR←2000H
MOVX  A,     @DPTR          ;A←(2000H)，即 A←61H
MOV   DPTR,  #3FFFH         ;DPTR←3FFFH
MOVX  @DPTR, A              ;(3FFFH)←(A)
```

执行结果：片外 RAM 地址 3FFFH 单元内的内容为 61H。

【**例 3-6**】有一输入设备，其端口地址为 20A0H，该端口的数据为 30H，将此数据存入片内 RAM 的 20H 单元中。

用以下指令完成：

```
MOV   DPTR,  #20A0H         ;DPTR←20A0H
MOVX  A,     @DPTR          ;A←(20A0H)，即 A←30H
MOV   20H,   A              ;(20H)←(A)
```

执行结果：片内 RAM 地址 20H 单元内的内容为 30H。

（3）程序存储器数据传送指令

程序存储器数据传送指令有以下两种形式。

```
MOVC    A,  @A+PC         ;A←(A+PC)，即基址寄存器 PC 的当前值与变址寄存器 A 的内容之和作为操作数的地址
                          （可在程序存储器当前指令下面的 256 个单元内）
MOVC    A,  @A+DPTR       ;A←(A+DPTR)，即基址寄存器 DPTR 的内容与变址寄存器 A 的内容之和作为操作数的
                          地址（可在程序存储器 64KB 的任何空间内）
```

51 单片机指令系统中，这两条指令主要用于查表，使用时应注意以下几点。

① A 的内容为 8 位无符号数，即表格的变化范围为 0～255B。

② PC 的内容为执行该指令时刻的当前值。因为本指令为单字节指令，PC 的内容为该指令的首地址加 1。

③ "MOVC   A, @A+PC" 与 "MOVC   A, @A+DPTR" 两条指令的区别如下。

● 表格所在位置不同。前者表格中的所有数据必须放在该指令之后的 256B 以内，而后者可以通过改变 DPTR 的内容将表格放到程序存储器 64KB 的任何地址开始的 256 个单元之内。

● 表格首地址的指示不同。前者 PC 指示的表格基址与表格的实际地址存在指令的字节差值，后者 DPTR 的值就是表格基址。

④ 表格数据只能供查表指令查找，不能作为指令执行，因此表格之前必须设有控制转移类指令，以避免 PC 指向表内地址。

⑤ 将要查表的数据字作为偏移量送入累加器 A 中，通过改变变址寄存器 A 的内容即可改变表格中的位置，执行该指令即可获得所需的内容（即将该位置单元的内容传送给 A）。因此，可以根据需要设计表格的内容，将 A 的内容实现换码操作。

【例 3-7】 在程序存储器中，有一个表示数字字符的 ASCII 码的数据表格，表格的起始地址为 7000H。

```
7000H:   30    (字符 "0" 的 ASCII 码)
7001H:   31H   (字符 "1" 的 ASCII 码)
7002H:   32H   (字符 "2" 的 ASCII 码)
7003H:   33H   (字符 "3" 的 ASCII 码)
7004H:   34H   (字符 "4" 的 ASCII 码)
7005H:   35H   (字符 "5" 的 ASCII 码)
...
```

将 A 中的数字 2 转换为字符 "2" 的 ASCII 码，可用以下指令完成。

```
1004H:  MOV  A, #02H            ;A←02H
1006H:  MOV  DPTR, #7000H       ;DPTR←7000H
1009H:  MOVC A, @A+DPTR         ;A←(7000H+02H)，即 A←32H
```

执行结果：A=32H，PC=100AH。

（4）数据交换指令

数据交换指令有以下形式。

① 字节交换指令：

```
XCH   A, Rn                    ;A 的内容与 Rn 的内容交换
XCH   A, @Ri                   ;A 的内容与(Ri)的内容交换
XCH   A, direct                ;A 的内容与(direct)的内容交换
```

② 低半字节交换指令：

```
XCHD  A, @Ri                   ;A 的低 4 位与(Ri)的低 4 位交换
```

③ 累加器 A 的高、低半字节交换指令：

```
SWAP  A                        ;A 的低 4 位与高 4 位互换
```

由以上数据传送类指令可以看出，指令的功能主要由助记符和寻址方式体现，只要掌握了助记

符的含义和与之相对应的操作数的寻址方式，指令是很容易理解的。

必须注意，无论 A 是作为目的寄存器还是源寄存器，CPU 对它都有专用指令。正确选择指令操作可以提高指令的执行速度。例如：

```
MOV  A, R1        ;单字节指令，目的操作数通过寄存器寻址获取，指令执行需一个机器周期（见附录A中的表A-1）
MOV  E0H, R1      ;双字节指令，目的操作数通过直接寻址获取，指令执行需两个机器周期
```

上面两条指令的执行结果都是将 R1 的内容传送至累加器 A 中。

由此可以看出，采用不同的指令完成某一功能，其占用存储单元的数量及指令执行的时间（尤其在循环结构程序中）有较大的差别。因而，在程序设计过程允许的情况下，应尽可能地使用含有累加器 A 的指令，以减少程序在存储器中存储单元的占有量，提高程序的运行速度。

（5）堆栈操作指令

堆栈操作指令有以下形式。

```
PUSH  direct           ;SP←(SP)+1（指针先加 1）
                       ;(SP)←(direct)（再压栈）
POP   direct           ;(SP)←(direct)（先弹出）
                       ;SP←(SP)-1  （指针再减 1）
```

在 51 单片机中，堆栈只能设定在片内 RAM 中，由 SP 指向栈顶单元。

PUSH 是入栈（或称压栈或进栈）指令，其功能是先将堆栈指针 SP 的内容加 1，然后将直接寻址 direct 单元中的内容压入 SP 所指示的单元。

POP 是出栈（或称弹出）指令，其功能是先将堆栈指针 SP 所指示的单元内容弹出到直接寻址 direct 单元中，然后将 SP 的内容减 1，SP 始终指向栈顶。

使用堆栈时，一般需重新设定 SP 的初始值。因为系统复位或上电时，SP 的值为 07H，而 07H 是 CPU 的工作寄存器区的一个单元地址。为了不占用寄存器区的 07H 单元，一般应在使用堆栈前，由用户给 SP 设置初值（栈底），但应注意不能超出堆栈的深度。SP 的值一般可以设置为 1FH 以上的片内 RAM 单元。

堆栈操作指令一般用于中断服务或子程序中，若需要保护现场数据（如片内 RAM 单元的内容），首先执行现场数据的入栈指令，用于保护现场；中断服务或子程序结束前再使用出栈指令恢复现场数据。

2. **算术运算类指令**

算术运算类指令包括带进位加法、带借位减法、乘、除、加 1、减 1 及十进制调整指令，其指令助记符有 ADD、ADDC、SUBB、INC、DEC、DA、MUL 和 DIV 等。

（1）加法、减法指令

① 不带进位的加法指令有以下形式。

```
ADD   A, #data         ;A←(A)+data
ADD   A, direct        ;A←(A)+(direct)
ADD   A, Rn            ;A←(A)+(Rn)
ADD   A, @Ri           ;A←(A)+((Ri))
```

该组指令的功能：将累加器 A 中的数与源操作数指定的内容按二进制运算相加，其和送入目的操作数的累加器 A 中。

若参加运算的数为两个无符号数，其数值范围为 0~255，运算结果超出此范围，则 CPU 自动置进位标志位，即 Cy=1（否则 Cy=0），由此可判断运算结果是否溢出。

若参加运算的数为两个补码表示的有符号数，其数值范围为-128~127，运算结果超出此范围，则 CPU 自动置溢出标志位，即 OV=1（否则 OV=0），由此可判断运算结果是否溢出。另外，还可通

过溢出表达式来判断运算结果是否溢出：

$$OV=D_{6\to7} \oplus D_{7\to c}$$

式中，$D_{6\to7}$ 表示 D6 位向 D7 位有进位，$D_{7\to c}$ 表示 D7 位向 Cy 有进位，运算结果是否溢出可以通过这两种情况进行异或来判断。

【例 3-8】 已知 A=B5H，R1=96H，执行指令：

```
ADD  A, R1
```

$$
\begin{array}{rl}
A & 10110101 \\
+\ R1 & 10010110 \\
\hline
& 01001011
\end{array}
$$

执行结果：A=4BH。OV= $D_{6\to7} \oplus D_{7\to c}$=0 $\oplus$ 1=1，其和产生溢出。

则标志位：Cy=1，AC=0，OV=1。

② 带进位的加法指令有以下形式。

```
ADDC  A, Rn         ;A←(A)+(Rn)+Cy
ADDC  A, @Ri        ;A←(A)+((Ri))+Cy
ADDC  A, direct     ;A←(A)+(direct)+Cy
ADDC  A, #data      ;A←(A)+data+Cy
```

该组指令的功能：将指令中指出的源操作数与累加器 A 的内容及进位标志位 Cy 的值相加，结果送入累加器 A 中。此组指令常用于多字节加法运算中。

【例 3-9】 设 A=0AEH，(20H)=81H，Cy=1，求两数的和及对标志位的影响。

```
ADDC  A, 20H
```

执行结果：A=0AEH+81H+1=30H，Cy=1，AC=1，OV=1。

③ 带借位的减法指令有以下形式。

```
SUBB  A, Rn         ;A←(A)-(Rn)-Cy
SUBB  A, @Ri        ;A←(A)-((Ri))-Cy
SUBB  A, direct     ;A←(A)-(direct)-Cy
SUBB  A, #data      ;A←(A)-data-Cy
```

该组指令的功能：从累加器 A 中减去源操作数指定的内容和标志位 Cy，将结果存入累加器 A 中。

指令执行后影响 Cy、AC、OV 及 P 等标志位，根据这些标志位可分析两个数的差值情况。

当两个无符号数相减时，若 Cy=1，表明被减数小于减数，此时必须将累加器 A 中的值连同借位一并考虑才是正确结果。

当两个有符号数相减时，若同号相减，则不发生溢出，OV=0，结果正确。异号相减时，若 OV=0，表明没有发生溢出；若 OV=1，表明发生溢出，从而导致运算结果发生错误。

【例 3-10】 设 A=0DBH，R1=73H，Cy=1。

执行指令：

```
SUBB   A, R1
```

执行结果：A=67H，Cy=0，AC=0，OV=0。

综上所述，利用加法、减法指令可实现的主要功能如下。

① 对 8 位无符号二进制数进行加、减运算。

② 借助 OV 标志位，对有符号的二进制整数进行加、减运算。

③ 借助 Cy 标志位，可以实现多字节数的加、减运算。

（2）加 1、减 1 指令

① 加 1 指令有以下形式。

```
INC  A              ;A←(A)+1
```

```
INC    Rn                      ;Rn←(Rn)+1
INC    direct                  ;(direct)←(direct)+1
INC    @Ri                     ;(Ri)←((Ri))+1
INC    DPTR                    ;DPTR←(DPTR)+1
```

该组指令的功能：将操作数指定的单元或寄存器的内容加 1。

② 减 1 指令有以下几种形式。

```
DEC    A                       ;A←(A)-1
DEC    Rn                      ;Rn←(Rn)-1
DEC    @Ri                     ;(Ri)←((Ri))-1
DEC    direct                  ;(direct)←(direct)-1
```

该组指令的功能：将操作数指定的内容减 1。若操作数为 00H，则减 1 后下溢为 0FFH，不影响标志位 P，只有指令"DEC　A"会影响标志位 P。

（3）十进制调整指令

十进制调整指令的形式如下。

```
DA    A                        ;A←(A)，BCD 码调整
```

该指令的功能：对存放于累加器 A 中的两个 BCD 码（十进制数）的和进行十进制调整，使寄存器 A 中的结果为正确的 BCD 码。

由于 ALU 只能用作二进制运算，如果进行 BCD 码运算的结果超过 9，则必须对结果进行修正。此时只需在加法指令之后紧跟一条这样的指令，即可根据标志位 Cy、AC 和累加器的内容对结果自动进行修正，使之成为正确的 BCD 码形式。

【例 3-11】 若有 BCD 码：A=56H，R3=67H。两数相加仍用 BCD 码的两位数表示，求相加结果。指令如下。

```
ADD    A, R3                   ;A←56H+67H，即(A)=0BDH
DA     A                       ;A←23H
```

执行结果：A=23H，Cy=1。

注意　　　　"DA　A"指令只能用在加法指令（ADD、ADDC 或 INC）之后，"DA　A"指令影响 Cy，不影响 OV。

（4）乘法、除法指令

乘法指令的形式如下。

```
MUL    AB                      ;A←(A×B)低字节，B←(A×B)高字节
```

该指令的功能：将累加器 A 和寄存器 B 中的两个 8 位无符号数相乘，乘积又送回 A、B 内，A 中存放低位字节，B 中存放高位字节。若乘积大于 255，即 B 中非 0，则溢出标志 OV=1，否则 OV=0，而 Cy 总为 0。

除法指令的形式如下。

```
DIV    AB                      ; A←(A)/(B)（商），B←(A)/(B)（余数）
```

该指令的功能：将累加器 A 中的 8 位无符号数除以寄存器 B 中的 8 位无符号数，商存放在 A 中，余数存放在 B 中。Cy 和 OV 均清 0。若除数为 0，执行该指令后结果不定，并将 OV 置 1。

【例 3-12】 设 A=0FAH（250），B=14H（20），执行指令：

```
DIV    AB
```

执行结果：A=0CH（商为 12），B=0AH（余数为 10），OV=0，Cy=0。

算术运算类指令对 PSW 中的 Cy、AC、OV 这 3 个标志位都有影响，根据运算的结果可将它们

置 1 或清 0。

3. 逻辑运算类指令

逻辑运算（操作）类指令包括双操作数的逻辑与、或、异或指令，以及单操作数的取反（即非逻辑）、清 0 和循环移位指令，所有指令均对 8 位二进制数按位进行逻辑运算。

（1）双操作数的逻辑运算（与、或、异或）指令

① 逻辑与指令有以下形式。

```
ANL  A,  Rn              ;A←(A)∧(Rn)
ANL  A,  @Ri             ;A←(A)∧((Ri))
ANL  A,  direct          ;A←(A)∧(direct)
ANL  A,  #data           ;A←(A)∧data
ANL  direct, A           ;(direct)←(direct)∧(A)
ANL  direct, #data       ;(direct)←(direct)∧data
```

该组指令的功能：将源操作数和目的操作数按对应位进行逻辑与运算，并将结果存入目的地址（前 4 条指令为累加器 A，后 2 条指令为直接寻址的 direct 单元）中。

与运算的规则是：与"0"相与，本位为 0（即屏蔽）；与"1"相与，本位不变。

逻辑与指令常用于屏蔽操作数中的某些位。

【例 3-13】 设 A=0AAH，将 A 的低 4 位保持不变，高 4 位屏蔽，然后将其经 P1 端口输出。

可执行以下指令：

```
ANL  A,  #0FH
MOV  P1,  A
```

执行结果：A=0AH（高 4 位清 0，低 4 位不变），P1←(A)。

② 逻辑或指令有以下形式。

```
ORL  A,  Rn              ;A←(A)∨(Rn)
ORL  A,  @Ri             ;A←(A)∨((Ri))
ORL  A,  direct          ;A←(A)∨(direct)
ORL  A,  #data           ;A←(A)∨data
ORL  direct, A           ;(direct)←(direct)∨(A)
ORL  direct, #data       ;(direct)←(direct)∨data
```

该组指令的功能：将源操作数和目的操作数按对应位进行逻辑或运算，并将结果存入目的地址中。

或运算的规则是：与"1"相或，本位为 1；与"0"相或，本位不变。

③ 逻辑异或指令有以下形式。

```
XRL  A,  Rn              ;A←(A)⊕(Rn)
XRL  A,  @Ri             ;A←(A)⊕((Ri))
XRL  A,  direct          ;A←(A)⊕(direct)
XRL  A,  #data           ;A←(A)⊕data
XRL  direct, A           ;(direct)←(direct)⊕(A)
XRL  direct, #data       ;(direct)←(direct)⊕data
```

该组指令的功能：将源操作数和目的操作数按对应位进行逻辑异或运算，并将结果存入目的地址中。

异或运算的规则是：与"1"异或，本位为 0（即求反）；与"0"异或，本位不变。

【例 3-14】 设累加器 A=0D4H，执行指令：

```
XRL  A,  #0FH
```

$$
\begin{array}{cc}
1101 & 0100 \\
\oplus\,0000 & 1111 \\
\hline
1101 & 1011
\end{array}
$$

执行结果：A=0DBH（高位不变，低位求反）。

对于两个相等的数，异或结果为 0，由此可判断两数是否相等。

（2）单操作数的逻辑运算指令

① 累加器 A 清 0 指令的形式如下。

```
CLR     A                       ;A←0
```

② 累加器 A 求反指令的形式如下。

```
CPL     A                       ;A←( A̅ )
```

【例 3-15】利用求反指令，对片内 RAM 的 40H 单元内容求补（即求反加 1）。

可执行以下指令：

```
MOV     A,  40H
CPL     A
INC     A
MOV     40H,  A
```

（3）循环移位指令

① 累加器 A 循环移位指令有以下形式。

```
RL      A               ;A 的各位依次左移一位, A.0←A.7
RR      A               ;A 的各位依次右移一位, A.7←A.0
```

当 A 的最高位（D7）为 0 时，执行一次 RL 指令相当于对 A 进行一次乘 2 操作。

当 A 的最低位（D0）为 0 时，执行一次 RR 指令相当于对 A 进行一次除 2 操作。

② 带进位标志位 Cy 的累加器 A 循环移位指令有以下形式。

```
RLC     A               ;A 的各位依次左移一位, Cy←A.7, A.0←Cy
RRC     A               ;A 的各位依次右移一位, Cy←A.0, A.7←Cy
```

4. 位操作类指令

位操作类指令即对位单元的一位数据进行操作的指令。位指令包含 2 个对象类别，即 C（位累加器）和 bit（包含可位寻址区 00H～7FH 和 SFR 中允许位寻址的位单元）。

在汇编指令中，位地址可用以下 4 种方式表示。

① 直接位地址方式。例如，0E0H 为累加器 A 的 D0 位的位地址，用户标志位 F0 的位地址为 0D5H。

② "点"操作符表示方式。用操作符 "." 将具有位操作功能单元的字节地址或寄存器名与所操作的位序号（0～7）分隔开。例如，PSW.5 说明是 PSW 的第 5 位，即 F0。

③ 位名称方式。对于可以位寻址的特殊功能寄存器，在指令中直接采用位名称。例如，EA 为中断允许寄存器的 D7 位。

④ 用户定义方式。如用伪指令 "OUT BIT P1.0" 定义后，允许在指令中用 OUT 代替 P1.0。

（1）位传送指令

位传送指令有以下形式。

```
MOV     C, bit          ;Cy←(bit)
MOV     bit, C          ;(bit)←(Cy)
```

指令中其中一个操作数必须是进位标志位 Cy，bit 可表示任意的直接位地址。

【例 3-16】将累加器 ACC 中的最高位送入 P1.0 输出。

可执行以下指令。

```
MOV     C,  ACC.7
```

```
MOV      P1.0,   C
```

（2）位置位、位复位及位逻辑非指令

① 位置位指令有以下形式。

```
SETB     C                          ;Cy←1
SETB     bit                        ;(bit)←1
```

② 位复位指令有以下形式。

```
CLR      C                          ;Cy←0
CLR      bit                        ;(bit)←0
```

采用上述指令可以将布尔累加器 C 和指定位置 1 或清 0，例如：

```
SETB     P1.0                       ;可使 P1.0 置 1
CLR      P1.0                       ;可使 P1.0 清 0
```

③ 位逻辑非指令有以下形式。

```
CPL      C                          ;Cy←(\overline{Cy})
CPL      bit                        ;(bit)←(\overline{bit})
```

（3）位逻辑运算（与、或）指令

① 位逻辑与指令有以下形式。

```
ANL      C,   bit                   ;C←(C)∧(bit)
ANL      C,   /bit                  ;C←(C)∧(\overline{bit})
```

该组指令的功能：将进位标志位 Cy 与直接寻址位的布尔值进行位逻辑与运算，结果送入 Cy。

注意　　　bit 前的斜线表示对（bit）求反，求反后再与 Cy 的内容进行逻辑操作，但并不改变 bit 原来的值。

② 位逻辑或指令有以下形式。

```
ORL      C,   bit                   ;C←(C)∨(bit)
ORL      C,   /bit                  ;C←(C)∨(\overline{bit})
```

该组指令的功能：将进位标志位 Cy 与直接寻址位的布尔值进行位逻辑或运算，结果送入 Cy。

【例 3-17】 由 P1.0、P1.1 输入两个位数据（0 或 1）存放在位地址 X、Y 中，使 Z 满足数字电路的逻辑关系式：$Z = X\overline{Y} + \overline{X}$，Z 经 P1.3 输出。

可执行以下指令。

```
X     BIT     20H.0
Y     BIT     20H.1
Z     BIT     20H.2
MOV C,        P1.0
MOV X,        C
MOV C,        P1.1
MOV Y,        C
MOV C,        X
ANL C,        /Y
ORL C,        /X
CPL C
MOV Z,        C
MOV P1.3,     C
```

5. 控制转移类指令

程序一般是顺序执行的（由 PC 自动递增指向要执行指令的存放地址），但有时因为操作的需要或程序比较复杂，需要改变程序的执行顺序，即将程序跳转到某一指定的地址（即将该地址赋给 PC）后再执行，此时就要使用控制转移类指令。

51 单片机的控制转移类指令共有 17 条，可分为 3 类：无条件转移指令、条件转移指令及子程序调用与返回指令。

（1）无条件转移指令

不受任何条件限制的转移指令称为无条件转移指令。具体有以下几种。

① 长转移指令的形式如下。

```
LJMP  addr16
```

该指令的功能：把 16 位地址（addr16）送给 PC，从而实现程序转移。允许转移的目标地址在整个程序存储器空间中。

实际使用时，addr16 常用标号表示，该标号即为程序要转移的目标地址，汇编时把该标号汇编为 16 位地址。

【例 3-18】 某单片机的监控程序存放在地址为 0800H 的 ROM 中，要求单片机开机后自动执行监控程序。

单片机开机后 PC 为复位状态，即(PC)=0000H。为使开机后自动转向 0800H 处执行，则必须在 0000H 单元内存放一条转移指令。

```
ORG   0000H
      LJMP   LOP
      …
ORG   0800H
LOP:   …              ;监控程序的起始地址
```

② 绝对转移指令形式如下。

```
AJMP  addr11      ;PC10～0←addr10～0 , PC15～11不变
```

该指令的功能：把 PC 当前值（加 2 修改后的值）的高 5 位与指令中的 11 位地址拼接在一起，共同形成 16 位目标地址送给 PC，从而使程序转移。允许转移的目标地址在程序存储器现行地址的 2KB（即 2^{11}B）的空间内。

实际使用时，addr11 常用标号表示，注意：所引用的标号必须与该指令的下面第一条指令处于同一个 2KB 范围内，否则会发生地址溢出错误。该标号即为程序要转移的目标地址，汇编时把该标号汇编为 16 位地址。

③ 相对转移指令（也叫短转移指令）的形式如下。

```
SJMP  rel          ;PC←(PC)+2+rel
```

该指令的功能：根据指令中给出的相对偏移量 rel（相对于当前 PC=(PC)+2），计算出程序将要转移的目标地址(PC)+2+rel，把该目标地址送给 PC。

注意，相对偏移量 rel 是一个用补码形式表示的有符号数，其范围为-128～127，所以该指令控制程序转移的空间不能超出这个范围，故称为短转移指令。

实际使用时，rel 常用标号来表示，该标号即为程序要转移的目标地址。

【例 3-19】 在程序存储器 0100H 单元开始存储下列程序段，则程序执行完 SJMP 指令后，自动转向 LOOP 处执行。分析标号 LOOP 的地址是怎样形成的，并计算相对转移指令 SJMP 中的偏移量 rel。

```
0100H            SJMP   LOOP
0102H            MOV    A, #10H
…
0130H            ADD    A, R0
0131H    LOOP:   MOV    A, #40H
…
```

分析：程序中标号 LOOP 所代表的指令地址是 0131H，在取出 0100H 单元的 SJMP 指令后，PC 的当前值为(PC)+2=0100H+2=0102H，目标地址为 PC 的当前值加 rel，即 LOOP=(PC)+2+rel。

求得相对偏移量为：rel=LOOP-(PC)-2=0131H-0100H-2=2FH。

实际应用中常使用该指令完成程序的"原地踏步"功能，调试程序和等待中断事件的发生。例如：

```
LOOP: SJMP  LOOP
```

或

```
SJMP  $                    ;$表示当前指令的首地址
```

以上两条指令的执行结果是相同的。

④ 间接长转移指令的形式如下。

```
JMP      @A+DPTR        ;PC←(A)+(DPTR)
```

该指令也称为散转指令，其功能是把累加器 A 中的 8 位无符号数与数据指针 DPTR 的 16 位数相加，将结果作为下一条指令地址送入 PC 中，指令执行后不改变 A 和 DPTR 中的内容，也不影响标志位。

该指令可根据累加器 A 的内容进行跳转，而 A 的内容又可随意改变，故可形成程序分支。本指令的跳转范围为 64KB。

例如，下面的程序段可根据累加器 A 的数值决定转移的目标地址，形成多分支散转结构。

```
        ...
        MOV     A, #DATA        ;数据 DATA（可取 0、1、2）决定程序的转移目标
        MOV     DPTR, #TABLE    ;设置基址寄存器的初值
        CLR     C               ;进位标志清 0
        RLC     A               ;对(A)进行乘 2 操作
        JMP     @A+DPTR         ;PC←(A)+(DPTR)
...
TABLE:  AJMP    ROUT0           ;若(A)=0, 转标号 ROUT0
        AJMP    ROUT1           ;若(A)=2, 转标号 ROUT1
        AJMP    ROUT2           ;若(A)=4, 转标号 ROUT2
...
```

该程序段中累加器 A 的内容需要预先处理为偶数，以保证指令的可靠执行，这是因为 AJMP 为双字节指令。

（2）条件转移指令

条件转移指令主要用于单分支转移程序设计中，根据指令中给定的判断条件决定程序是否转移。当条件满足时，就按照指令给定的相对偏移量进行转移，否则，程序顺序执行。

51 单片机的条件转移指令中的目标地址采用相对寻址方式获取，其指令的转移范围、偏移量的计算及目标地址标号的使用均同 SJMP 指令。

① 累加器判零转移指令有以下形式。

```
JZ      rel         ;若(A)=0, 则 PC←(PC)+2+rel（满足条件, 作相对转移）
                    ;否则, PC←(PC)+2（顺序执行）
JNZ     rel         ;若 A≠0, 则 PC←(PC)+2+rel（满足条件, 作相对转移）
                    ;否则, PC←(PC)+2（顺序执行）
```

这两条指令均为双字节指令，以累加器 A 的内容是否为 0 作为转移条件。本指令在执行前，累加器 A 应有确定的值。

② 位状态判断转移指令有以下形式。

累加器 Cy 状态判断转移指令如下。

JC	rel	;若 Cy=1，则 PC←(PC)+2+rel（满足条件，作相对转移）
		;否则，PC←(PC)+2（顺序执行）
JNC	rel	;若 Cy=0，则 PC←(PC)+2+rel（满足条件，作相对转移）
		;否则，PC←(PC)+2（顺序执行）

该组指令通常与 CJNE 指令一起使用，可以比较两个数的大小，从而形成大于、小于、等于 3 个分支。

位状态判断转移指令如下。

JB	bit, rel	;若(bit)=1，则 PC←(PC)+3+rel（满足条件，作相对转移）
		;否则，PC←(PC)+3（顺序执行）
JNB	bit, rel	;若(bit)=0，则 PC←(PC)+3+rel（满足条件，作相对转移）
		;否则，PC←(PC)+3（顺序执行）
JBC	bit, rel	;若(bit)=1，则 PC←(PC)+3+rel 且 bit←0（满足条件，作相对转移）
		;否则，PC←(PC)+3（顺序执行）

该组指令为三字节指令。

【例 3-20】　测试 P1 端口的 P1.7 位，若该位为 1，则将片内 RAM 30H 单元的内容输出到 P2 端口，否则，读入 P1 端口的状态存入片内 RAM 20H 单元中。

可执行以下指令。

```
        JB    P1.7, LOOP    ;P1.7 为 1，转 LOOP
        MOV   P1,   #0FFH   ;读取 P1 端口的数据前，先置该端口状态为全"1"
        MOV   20H,  P1
        …
LOOP:   MOV   P2,  30H
```

③ 比较不相等转移指令有以下形式。

```
CJNE   A,  #data, rel
CJNE   A,  direct, rel
CJNE   Rn, #data, rel
CJNE   @Ri, data, rel
```

该组指令为三字节指令。

该指令的功能：对两个操作数进行减法操作并影响标志位 Cy，用来比较两个操作数（无符号数）的大小，若两数不相等为条件满足，则作相对转移，由偏移量 rel 指定地址；若两数相等为条件不满足，则顺序执行下一条指令。

④ 减 1 不为 0 转移指令有以下形式。

DJNZ	Rn, rel	;Rn←(Rn)-1
		;若(Rn)≠0，条件满足则转移，PC←(PC)+2+rel
		;否则，PC←(PC)+2
DJNZ	direct, rel	;(direct)←(direct)-1
		;若(direct)≠0，则 PC←(PC)+3+rel
		;否则，PC←(PC)+3

该组指令中的第一条指令为双字节指令，第二条指令为三字节指令。

该组指令对控制已知循环次数的循环过程十分有用，在应用程序中需要多次重复执行某程序段时，可指定任何一个工作寄存器 Rn 或 RAM 的 direct 单元为循环计数器，对计数器赋初值以后，每完成一次循环，执行该指令使计数器减 1，直到计数器的值为 0 时结束循环。

（3）子程序调用与返回指令

程序设计时，常常有一些程序段被多次反复执行。为了缩短程序，节省存储空间，可把需要多次使用且逻辑上相对独立的某些程序段编写成子程序。当某个程序（可以是主程序或子程序）需要引用该子程序时，可通过子程序调用指令转向该子程序，当子程序执行完毕后，可通过子程序返回指令返回到子程序调用指令的下一条指令继续执行原来的程序。

51 单片机的子程序调用与返回指令有以下形式。

① 子程序绝对调用指令形式如下。

```
ACALL    addr11          ;PC←(PC)+2
                         ;SP←(SP)+1, SP←PC0~7
                         ;SP←(SP)+1, SP←PC8~15
                         ;PC0~10←addr11
```

该指令和绝对转移指令非常相似，主要区别是该指令在子程序执行结束后要返回断点。

② 子程序长调用指令形式如下。

```
LCALL    addr16          ;PC←(PC)+3
                         ;SP←(SP)+1, (SP)←PC0~7
                         ;SP←(SP)+1, (SP)←PC8~15
                         ;PC←addr16
```

该指令和长转移指令非常相似，主要区别是该指令在子程序执行结束后要返回断点。

③ 子程序返回指令形式如下。

```
RET                      ;PC8~15←((SP)), SP←(SP)-1
                         ;PC0~7←((SP)), SP←(SP)-1
```

当程序执行到本指令时，自动从堆栈中取出断点地址送给 PC，程序返回断点（即调用 ACALL 或 LCALL 指令的下一条指令处）继续往下执行。

RET 指令为子程序的最后一条指令。

④ 中断子程序返回指令形式如下。

```
RETI                     ;PC8~15←((SP)), SP←(SP)-1
                         ;PC0~7←((SP)), SP←(SP)-1
```

该指令除具有 RET 指令的功能外，还要在返回断点的同时，释放中断逻辑以接收新的中断请求。中断服务程序（中断子程序）必须用 RETI 指令返回。

RETI 指令为中断子程序的最后一条指令。

（4）空操作指令

空操作指令形式如下。

```
NOP                      ;PC←(PC)+1
```

NOP 指令是唯一的一条不使 CPU 产生任何操作控制的指令，该指令的功能是使 PC 加 1，在执行时间上消耗 12 个时钟周期，因此常用 NOP 指令实现等待或延时。

3.2 汇编语言程序设计基础

汇编语言是一种采用助记符和标识符表示的机器语言，即用助记符代表指令的操作码和操作数，用标识符代表地址、常数或变量。

3.2.1 汇编语言的特征

汇编语言是学习单片机应用编程的重要内容，其主要特征如下。

1. 汇编语言程序与汇编程序

汇编语言程序是用户编写的应用程序，它必须被翻译成机器语言表示的目标代码（也叫目标程序）后才能被计算机执行。翻译工作可由汇编（编译）程序自动完成，汇编程序的功能就是将用助记符编写的源程序翻译成用机器语言表示的目标程序，如图 3-1 所示。

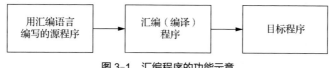

图 3-1　汇编程序的功能示意

2. 汇编语言与 C51 程序设计

汇编语言仍然是单片机应用的基本编程语言，在熟悉汇编语言的基础上再学习 C51 编程，是学习单片机 C51 程序设计的极佳途径。汇编语言的特点如下。

（1）汇编语言是直接面向单片机硬件编程的，它反映了单片机指令执行的工作流程。学习汇编语言可以深刻理解单片机的工作原理，有助于编写高效率的程序。

（2）在功能相同的条件下，汇编语言生成的目标程序所占用的存储单元比较少，而且执行速度比较快。

（3）由于单片机应用的许多场合主要是 I/O、检测及控制，而汇编语言具有直接针对 I/O 端口的操作指令，便于自控系统及检测系统中数据的采集与发送。

（4）单片机资源的控制字等参数设置，在汇编语言程序和 C51 程序中是相同的。汇编语言是直接对单片机资源进行操作的；C51 程序对单片机资源的操作是通过自定义变量的设置来完成的，这些变量需要说明单片机内部资源的实际地址才有意义。

因此，汇编语言是学习单片机的重要组成部分，也是学习 C51 程序设计的基础。

3. 汇编语言语句

汇编语言语句可分为指令性语句（即汇编指令）和指示性语句（即伪指令）。

（1）汇编指令是进行汇编语言程序设计的可执行语句，每条指令都产生相应的机器语言的目标代码。源程序的主要功能是由汇编指令完成的。

（2）伪指令又称为汇编控制指令，它是控制汇编（翻译）过程的一些命令，程序员通过伪指令要求汇编程序在汇编时进行一些定位、运算及符号转换操作。因此，伪指令不产生机器语言的目标代码，是汇编语言程序设计中的不可执行语句。

必须说明的是，汇编过程和程序的执行过程是两个不同的概念。汇编过程是将源程序翻译成机器语言的目标代码，将此代码按照伪指令的安排存入存储器。程序的执行过程是由 CPU 从程序存储器中逐条取出目标代码并逐条执行，完成程序设计的功能。

3.2.2　伪指令

伪指令主要用于指定源程序存放的起始地址、定义符号、指定暂存数据的存储区，以及将数据存入存储器、结束汇编等。一旦源程序被汇编成目标程序后，伪指令就不再出现，即它并不生成目标程序，而仅仅在对源程序的汇编过程中起作用。因此，伪指令给程序员编制源程序带来了较多的方便。下面仅介绍 51 单片机汇编语言中常用的伪指令。

1. 汇编起始地址伪指令 ORG

格式：

```
ORG  16 位地址
```

功能：规定紧跟在该伪指令后的源程序经汇编后产生的目标程序在程序存储器中存放的起始地址。例如：

```
ORG   3000H
```

```
START:    MOV   A, R1
          ...
```

汇编结果：ORG 3000H 下面的程序或数据存放在程序存储器 3000H 开始的单元中，标号 START 为符号地址，其值为 3000H。

2. 结束汇编伪指令 END

格式：

```
END 或 END   标号
```

功能：汇编语言程序的结束标志，即通知汇编程序不再继续向下进行汇编。

如果源程序是一段子程序，则 END 后不加标号。

如果是主程序，加标号时，所加标号应为主程序模块的第一条指令的符号地址，汇编后程序从标号处开始执行。若不加标号，汇编后程序从 0000H 单元开始执行。

3. 赋值伪指令 EQU

格式：

```
标识符   EQU   数或汇编符号
```

功能：把数或汇编符号赋给标识符，且只能赋值一次。例如：

```
LOOP   EQU  20H             ;LOOP 等价于 20H
LP     EQU  R0              ;LP 可表示 R0
MOV    A,   LOOP            ;20H 单元的内容送入 A
```

4. 定义字节伪指令 DB

格式：

```
[标号:]   DB  项或项表
```

功能：将项或项表中的字节（8 位）数据依次存入标号所指示的存储单元中。

使用时注意：项与项之间用 "," 分隔；字符型数据用 " " 标注；数据可以采用二进制、十六进制及 ASCII 码等形式表示；省去标号不影响指令的功能；负数必须转换成补码表示；可以多次使用 DB 定义字节。例如：

```
      ORG  2000H
TAB:  DB  12H, 0AFH, 00111001B, "9"
```

汇编结果：将 12H 存放在 TAB（即 2000H）单元，0AFH 存放在 TAB+1 单元，00111001B 存放在 TAB+2 单元，"9"存放在 TAB+3 单元。

5. 定义字伪指令 DW

格式：

```
[标号:]   DW  项或项表
```

功能：将项或项表中的字（16 位）数据依次存入标号所指示的存储单元中。例如：

```
      ORG  3000H
TAB:  DW  0102H, 0304H, 0506H
```

汇编结果：将 0102H 存入 TAB（3000H、3001H）单元，将 0304H 存入 TAB+2（3002H、3003H）单元，将 0506H 存入 TAB+4（3004H、3005H）单元。

6. 位单元定义伪指令 BIT

格式：

```
标识符  BIT  位地址
```

功能：将位地址赋给标识符（注意，不是标号）。例如：

```
A1   BIT  P1.0            ;位地址 P1.0 赋给 A1
```

```
A2  BIT  20H.1          ;位地址 20H.1 赋给 A2
```

经以上定义后，A1 和 A2 就可当作位地址使用。

```
MOV  C,  A1             ;C←P1.0
MOV  A2, C              ;20H.1←C
```

7. 定义存储单元伪指令 DS

格式：

```
标号:DS  数字
```

功能：从标号所指示的单元开始，根据数字的值保留一定数量的字节存储单元，留给以后存储数据用。例如：

```
SPACE: DS 10            ;从 SPACE 开始保留 10 个存储单元
                       ;下一条指令将从 SPACE+10 处开始汇编
```

3.2.3　汇编语言程序设计及应用

汇编语言是面向 CPU 进行编程的语言。汇编语言程序设计除了应具有一般程序设计的特征外，还具有其自身的特殊性。

1. 程序设计步骤

汇编语言程序设计一般经过以下几个步骤。

① 分析问题，明确任务要求，对于复杂的问题，还要将要解决的问题抽象成数学模型，即用数学表达式来描述。

② 确定算法，即根据实际问题和指令系统的特点确定完成这一任务需经历的步骤。

③ 根据算法，确定寄存器和内存单元（存储器）的分配，确定解决问题的步骤和顺序，画出程序的流程图。

④ 根据流程图，编写源程序。

⑤ 上机对源程序进行汇编、调试。

2. 程序设计技术

程序的基本结构包括顺序结构、选择结构和循环结构 3 种，而实现基本结构的指令语句也有多种不同的形式，因而在执行速度、所占内存空间、易读性和可维护性等方面就有所不同。

因此，程序设计时，应注意以下事项和技巧。

① 把要解决的问题分解成一个个具有一定独立性的功能模块，各模块尽量采用子程序完成其功能。

② 力求少用无条件转移指令，尽量采用循环结构。

③ 在实时控制中，注意选择执行周期短的指令，尤其在执行循环结构（如重复执行 200 次）中，如果每次循环多执行了 2 个机器周期，则整个程序就将多执行 200 个机器周期。

④ 能用 8 位数据解决问题的就不要使用 16 位数据。

⑤ 在中断服务程序中，要保护好现场（包括标志寄存器的内容），中断结束前要恢复现场。

⑥ 为了保证程序运行的安全可靠，应考虑使用软件抗干扰技术，如数字滤波技术、指令冗余技术、软件陷阱技术等。用汇编语言程序实现这些技术，不需要增加硬件成本，可靠性高，稳定性好，方便灵活。

3. 汇编语言程序设计实例

（1）顺序程序

顺序程序是按程序编写的顺序逐条依次执行的。

【例 3-21】 将片内 RAM 的 30H 和 31H 单元的内容相加，结果存入 32H 单元中。假设整个程序存放在存储器以 0100H 为起始地址的单元内。

程序如下。

```
ORG    0100H
MOV    A, 30H                  ;取第一个操作数
ADD    A, 31H                  ;两个操作数相加
MOV    32H, A                  ;存放结果
END
```

【例 3-22】 将片外数据存储器 3000H 和 3001H 单元的低 4 位取出拼成一个字，送到 3002H 单元中。
程序如下。

```
ORG    2000H
MOV    DPTR, #3000H            ;DPTR←3000H
MOVX   A, @DPTR               ;读取 3000H 单元的数据送入 A
ANL    A, #0FH               ;屏蔽高 4 位
SWAP   A                      ;将 A 的低 4 位与高 4 位互换
MOV    R1, A                  ;暂存于 R1
INC    DPTR                   ;指向下一单元
MOVX   A, @DPTR               ;读取 3001H 单元的数据送入 A
ANL    A, #0FH               ;屏蔽高 4 位
ORL    A, R1                  ;拼成一个字节
INC    DPTR                   ;指向下一单元
MOVX   @DPTR, A               ;拼字结果送入 3002H 单元
SJMP   $                      ;自循环"停机"
END
```

（2）分支程序

分支程序是根据程序中给定的条件进行判断，然后根据条件的"真"与"假"决定程序是否转移。

【例 3-23】 把片外 RAM 首地址为 10H 开始的单元中存放的数据块，传送到片内 RAM 首地址
为 20H 开始的单元中去，如果数据为 0，就停止传送。

程序如下。

```
       ORG    2000H
       MOV    R0, #10H
       MOV    R1, #20H
LOOP:  MOVX   A, @R0     ;A←片外 RAM 数据
HERE:  JZ     HERE       ;数据=0 则终止，程序"原地踏步"
       MOV    @R1, A     ;片内 RAM←A
       INC    R0
       INC    R1
       SJMP   LOOP       ;循环传送
       END
```

【例 3-24】 求符号函数。

$$Y = \begin{cases} 1 & X > 0 \\ 0 & X = 0 \\ -1 & X < 0 \end{cases}$$

设 X、Y 分别为 30H、31H 单元。

分析：有 3 条路径可选择，因此需要采用分支程序设计，其流程图如图 3-2 所示。
程序如下。

```
       ORG    2000H
       X      EQU    30H
       Y      EQU    31H
```

```
        MOV     A,   X              ;A←(X)
        JZ      LOOP0               ;A 为 0，转 LOOP0
        JB      ACC.7, LOOP1        ;最高位为 1，则为负数
        MOV     A,   #01H           ;A←1
        SJMP    LOOP0
LOOP1:  MOV     A,   #0FFH          ;A←-1(补码)
LOOP0:  MOV     Y,   A              ;(Y)←A
        SJMP    $
        END
```

（3）循环程序

在程序执行过程中，当需要多次反复执行某段程序时，可采用循环程序。循环程序可以简化程序的编制，大大缩短程序所占用的存储单元，是程序设计中常用的方法之一。循环程序一般由 3 个部分组成。

① 初始化。初始化用于确定循环开始的初始状态，如设置循环次数（计数器）、地址指针及其他变量的起始值等。

② 循环体。这是循环程序的主体，即循环处理需要重复执行的部分。

③ 循环控制。循环控制是指修改计数器和指针，并判断循环是否结束。

对于比较复杂的问题，需要采用多重循环，即在循环体内又嵌套内层的循环程序。可根据问题的需要，实现循环嵌套。

【例 3-25】 有 20 个数存放在片内 RAM 从 41H 开始的连续单元中，试求其和，并将结果存放在 40H 单元中（和数是一个 8 位二进制数，不考虑进位问题）。

求和程序流程图如图 3-3 所示。

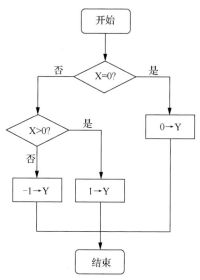

图 3-2 符号函数流程图

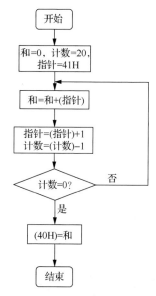

图 3-3 求和程序流程图

程序如下。

```
        ORG     2000H
        MOV     A,   #00H           ;累加器 A 清 0
        MOV     R7,  #14H           ;建立循环计数器 R7 的初值
        MOV     R0,  #41H           ;建立内存数据指针
LOOP:   ADD     A,   @R0            ;累加
        INC     R0                  ;指向下一个内存单元
        DJNZ    R7,  LOOP           ;修改循环计数器，判定循环结束条件
```

```
        MOV       40H, A              ;将累加结果存于 40H 单元中
        SJMP      $
        END
```

（4）延时子程序设计

【例 3-26】 较长时间的延时子程序，可以采用多重循环来实现。

利用 CPU 中每执行一条指令都有固定的时序这一特征，令其重复执行某些指令从而达到延时的目的。子程序如下。

源程序			机器周期数
DELAY:	MOV	R7, #0FFH	1
LOOP1:	MOV	R6, #0FFH	1
LOOP2:	NOP		1
	NOP		1
	DJNZ	R6, LOOP2	2
	DJNZ	R7, LOOP1	2
	RET		2

内循环一次所需机器周期数为 1+1+2 =4 个。内循环共循环 255 次，所需机器周期数为 4×255 = 1020 个。外循环一次所需机器周期数为 4×255+1+2 =1023 个。外循环共循环 255 次，因此该子程序总的机器周期数为 255×1023+1+2 =260868 个。

因为 51 单片机的一个机器周期为 12 个时钟周期，所以该子程序最长延时=260868×12/f_{osc}。

注意

用软件实现延时时，不允许有中断，否则会严重影响定时的准确性。如果需要更长的延时，可采用更多重循环，如延时为 1min，可采用三重循环。

程序中所用标号 DELAY 为该子程序的入口地址，以便由主程序或其他子程序调用。最后一句的 RET 指令可实现子程序返回。

（5）代码转换子程序设计

【例 3-27】 编写一个子程序，将 8 位二进制数转换为 BCD 码。

设要转换的二进制数存放在累加器 A 中，子程序的入口地址为 BCD1，转换结果存入 R0 所指示的 RAM 中。

子程序如下。

```
BCD1:   MOV     B, #100
        DIV     AB                  ;A←百位数，B←余数
        MOV     @R0, A              ;(R0)←百位数
        INC     R0
        MOV     A, #10
        XCH     A, B
        DIV     AB                  ;A←十位数，B←个位数
        SWAP    A
        ADD     A, B                ;十位数和个位数组合到 A 中
        MOV     @R0, A              ;结果存入(R0)
        RET
```

（6）查表程序

查表是程序设计中使用的基本方法。只要适当地组织表格，就可以十分方便地利用表格进行多种代码转换和算术运算等。

【例 3-28】 用查表法将累加器 A 中的低 4 位（十六进制数）转换成 ASCII 值，且保留在 A 中。程序如下。

```
HASC:   ANL     A, #0FH             ;取 A 的低 4 位
```

```
          INC       A
          MOVC      A,    @A+PC          ;单字节指令
          RET                            ;单字节指令
          DB        30H, 31H, 32H, …, 39H
          DB        41H, 42H, …, 46H
```

【例 3-29】利用表格计算片内 RAM 的 40H 单元中一位 BCD 数的平方值,并将结果存入 41H 单元中。首先要组织平方表,且把它作为程序的一部分。程序如下。

```
ORG       2000H
          MOV       A, 40H
          MOV       DPTR, #SQTAB
          MOVC      A, @A+DPTR
          MOV       41H, A
          SJMP      $
SQTAB:    DB        0, 1, 4, 9, 16, 25, 36, 49, 64, 81
```

程序说明如下。

① 本例因为将平方表作为程序的一部分,因此采用程序存储器访问指令 MOVC。

② 用 MOVC A,@A+DPTR 指令查表,必须事先为基址寄存器 DPTR 赋值。使用本查表指令,平方表可以安放在程序存储器 64KB 空间的任何地方。

③ 查表所需的执行时间较少,但需较多的存储单元。

（7）运算程序

【例 3-30】 编写一个子程序,实现多字节加法。

两个多字节数分别存放在起始地址为 FIRST 和 SECOND 的连续单元中(从低位字节开始存放),两个数的字节数存放在 NUMBER 单元中,最后求得的和存放在 FIRST 开始的区域中。使用 51 单片机的字节加法指令进行多字节的加法运算,可用循环程序实现。

程序如下。

```
SUBAD:    MOV       R0,   #FIRST
          MOV       R1,   #SECOND     ;送起始地址
          MOV       R2,   NUMBER      ;送计数初值
          CLR       C                 ;Cy清 0
LOOP:     MOV       A,    @R0
          ADDC      A,    @R1         ;进行一次加法运算
          MOV       @R0, A            ;存结果
          INC       R0
          INC       R1                ;修改地址指针
          DJNZ      R2,   LOOP        ;计数及循环控制
          RET
```

（8）数据排序程序

【例 3-31】 设 N 个数据依次存放在片内 RAM 以 BLOCK 开始的存储单元中,编写程序实现 N 个数据按升序排列,结果仍存放在原存储单元中。

对数据进行排序是程序设计中常用的数据处理方式。排序的算法有选择法、冒泡法、比较法等。本程序采用冒泡法排序。

冒泡法排序的基本步骤是:N 个数排序,从数据存放单元的一端(如起始单元)开始,将相邻两个数依次进行比较,如果相邻两个数的大小次序和排序要求一致,则不改变它们的存放次序,否则交换两个数的位置,使其符合排序要求,这样依次比较,直至将最小(降序)或最大(升序)的数移至最后。然后,再将 N-1 个数继续比较,重复上面操作,直至比较完毕。

可采用双重循环实现冒泡法排序,外循环控制进行比较的次数,内循环实现依次比较、交换数据。程序如下。

```
        ORG     0000H
BLOCK   EQU     20H                 ;设 BLOCK 为 20H 单元
N       EQU     10
        MOV     R7,  #N-1           ;设置外循环计数器
NEXT:   MOV     A,   R7
        MOV     80H, A
        MOV     R6,  A              ;设置内循环计数器
        MOV     R0,  #20H           ;设置数据指针
COMP:   MOV     A,   @R0
        MOV     R2,  A
        INC     R0
        CLR     C
        SUBB    A,   @R0
        JC      LESS
        MOV     A,   R2
        XCH     A,   @R0
        DEC     R0
        MOV     @R0, A
        INC     R0
LESS:   DJNZ    R6,  COMP           ;(R6)-1 不等于 0，转 COMP 继续进行内循环
        MOV     R0,  #20H
        DEC     80H
        MOV     R6,  80h
        DJNZ    R7,  COMP
        RET
        END
```

（9）输入、输出程序

【例 3-32】 编写一个数据输入程序。每当 P0.0 由高电平变为低电平时，外部设备的模拟量经 A/D 转换后的 8 位数据由 P1 端口读入 1 次，连续读入 N（10）次。读入数据分别存入片内 RAM 以 BLOCK 开始的存储单元中。

程序如下。

```
        ORG     0000H
BLOCK   EQU     20H
N       EQU     0AH
        MOV     R2,  #N
        MOV     R0,  #BLOCK
LOOP:   MOV     P1,  #0FFH
        JB      P0.0,  $            ;等待，直到 P0.0 输入为低电平时，执行下一指令
        MOV     A,   P1             ;读取 P1 端口的数据
        JNB     P0.0,  $            ;等待，直到 P0.0 输入为高电平时，执行下一指令
        MOV     @R0, A
        INC     R0
        DJNZ    R2,  LOOP
        RET
        END
```

【例 3-33】 编写一个 LED 循环闪烁程序。用 P1 端口的 P1.0～P1.7 分别控制 8 个 LED 的阴极（共阳极接高电平），每次其中某个 LED 闪烁点亮 10 次，依次右移循环。程序如下。

```
        ORG     0000H
        MOV     A,   #0FEH          ;A←点亮第 1 个 LED 的代码
SHIFT:  LCALL   FLASH               ;调用闪烁 10 次的子程序
        RR      A                   ;右移 1 次
        SJMP    SHIFT               ;循环
```

```
FLASH:    MOV     R2, #0AH            ;闪烁 10 次
FLASH1:   MOV     P1, A               ;点亮某个 LED
          LCALL   DELAY               ;调用延时子程序 DELAY
          MOV     P1, #00H            ;熄灭
          LCALL   DELAY               ;调用延时子程序
          DJNZ    R2, FLASH1          ;循环 10 次
          RET
DELAY:    MOV     R3, #8FH            ;延时子程序入口
    L1:   MOV     R4, #0F8H
    L2:   NOP
          NOP
          DJNZ    R4, L2
          DJNZ    R3, L1
          RET
          END
```

（10）数字滤波程序

在单片机控制系统和智能仪表测量过程中，需要通过单片机的 I/O 端口读取外部设备的数据，为了克服这些数据的随机误差，可用程序实现数字滤波，抑制有效信号中的干扰成分，消除随机误差。常用的滤波算法有限幅滤波法、算术平均值滤波法、递推平均值滤波法等。

【例 3-34】 限幅滤波子程序可以有效抑制脉冲干扰。

设 D1、D2 为片内 RAM 单元，分别存放某一输入端口在相邻时刻采样的两个数据，如果它们的差值过大，超出了相邻采样值之差允许的最大值 M，则认为发生了干扰，此次输入数据予以剔除，并用 D1 单元的数据取代 D2 单元的数据。

限幅滤波汇编语言子程序如下。

```
          ORG     0000H
PT:       MOV     A, D2
          CLR     C
          SUBB    A, D1
          JNC     PT1
          CPL     A
          INC     A
PT1:      CJNE    A, #M, PT2
          AJMP    DONE
PT2:      JC      DONE
          MOV     D2, D1
DONE:     RET
          END
```

算术平均值滤波法连续读取 N 个数据求其平均值，对滤除被测信号上的随机干扰非常有效。当输入数据的振荡频率较高时，可采用递推平均值滤波法，这里不详述。

3.2.4　汇编语言上机及 Proteus 仿真

本节在 Keil 单片机集成开发环境（简称 Keil）和 Proteus 电路仿真环境下，通过 51 单片机的 I/O 端口电路及汇编语言程序的典型应用实例，介绍单片机汇编语言程序的上机、调试及仿真过程。

1．设计要求

本例要求使用单片机实现 8 位流水灯左移循环点亮，其关键技术是程序循环及延时的设计。

2．电路设计

（1）设计技术

以 8 个 LED 模拟流水灯（共阳极连接电路形式），由于 LED 驱动电流仅为 10mA 左右，以单片

机端口输出低电平为有效驱动信号，其输出负载能力完全满足驱动要求（输出接口不需要驱动电路）。

（2）Proteus 电路设计（Proteus 使用简介见本书电子资源）

① 建立设计文件。在桌面双击 ISIS 7 Professional 快捷方式图标，打开 ISIS 7 Professional 窗口。选择 "File" → "New Design" 命令，在设计文件模板选择窗口选择 "Default" 模板，单击 "OK" 按钮后选择 "Save Design" 命令，输入文件名（这里取 IO1.DSN）保存文件。

② 放置元件。单击器件选择按钮 "P"，选择电路需要的元件（包括单片机、LED、电阻、电容、晶振，其单片机型号必须与 Keil 中选择的型号一致），见表 3-1。

表 3-1 仿真电路元件清单

元件名称	参数/型号	数量/个	关键字
单片机	AT89C51	1	89C51
晶振（时钟频率）	12MHz	1	Crystal
瓷片电容	30pF	2	Cap
电解电容	10～20μF	1	Cap-Pol
电阻	10kΩ	1	Res
电阻	270Ω	8	Res
LED-YELLOW		8	LED-Yellow

在 ISIS 原理图编辑窗口放置元件后，单击窗口左侧工具箱中 "Terminals Mode"（元件终端）图标，选择 "POWER" "GROUND" 放置电源和地。

③ 用鼠标对元件连接布线，双击元件进行元件参数设置，包括对单片机时钟频率的设置等操作。

> **注意**　在 Proteus 仿真电路中，单片机时钟频率是在单片机属性中设置的，外接晶振频率不影响单片机的时钟频率。在实际电路中，单片机时钟频率是由外接晶振频率决定的，本书各电路默认为 12MHz，也可根据实际情况选择晶振频率。

单片机流水灯仿真电路的设计如图 3-4 所示。

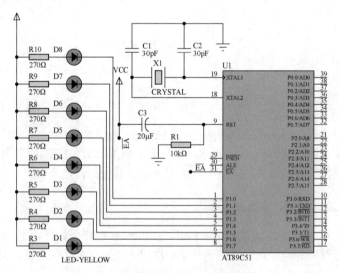

图 3-4　单片机流水灯仿真电路的设计

3. 程序设计

51 单片机汇编语言程序（.asm）的代码如下。

```
        ORG  0000H
        MOV  A, #0FEH              ;FEH 为点亮第一个 LED 的代码
```

```
START:    MOV  P1,  A              ;点亮 P1.0 位控制的 LED
          LCALL  DELAY            ;调用延迟一段时间的子程序
          RL     A                ;左移一位
          SJMP     START          ;不断循环
DELAY:    MOV  R0,  #0FFH         ;延时子程序入口（循环嵌套实现延时）
LP:       MOV  R1,  #0FFH
LP1:      NOP                     ;微调整延时
          NOP
          NOP
          DJNZ  R1, LP1
          DJNZ  R0, LP
          RET                     ;返回子程序
          END
}
```

4. 建立 Keil 51 工程及仿真

Keil 51 使用简介见 3.4 节。

① 启动 Keil 程序，在 μVision4 启动窗口，单击 "Project" → "New μVision Project"，在打开的新建工程对话框中输入工程文件名 "IO1"，保存工程。

② 选择 CPU 类型。本例选择 "AT89C51"。

③ 选择 "File" → "New" 命令，在窗口代码编辑区输入源程序代码，将其保存为 .asm 文件，编辑汇编源程序如图 3-5 所示。

④ 添加源程序文件到工程中。在窗口 "Project" 栏中将工程展开，右击 "Source Group1"，在弹出的快捷菜单中选择 "Add Existing Files to 'Source Group1'" 命令，然后选择保存过的源程序文件（.asm 文件）即可完成源程序文件的添加。

⑤ 设置环境。右击 "Project" 窗口的 "Target1"，选择 "Options for Target 'Target1'" 命令，在弹出的窗口单击 "Output" 选项，选择 "Create HEX File"（建立目标文件）→ "Debug" → "Use Simulator" 命令，设置仿真调试。

⑥ 编译源程序。选择 "Project" → "Build target" 命令对源程序进行编译，生成 .hex 文件。

⑦ 程序仿真。在工具栏中单击按钮@或者按 Ctrl + F5 组合键，进入 Keil 调试环境。仿真调试命令包括全速运行（F5 键）、停止、单步跟踪（跟踪子程序，F11 键）、单步跟踪（F10 键）、跳出子程序（Ctrl + F11 组合键）和运行到当前行（Ctrl + F10 组合键）。汇编语言程序仿真调试结果如图 3-6 所示。

图 3-5　在 Keil 环境中编辑汇编源程序

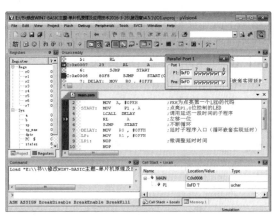

图 3-6　Keil 环境汇编语言程序仿真调试结果

5. Proteus 仿真调试

① 加载目标程序。在 Proteus 中打开已经设计好的原理图，双击单片机 AT89C51 图标，在弹出的 "Edit Component" 对话框的 "Program File" 栏中选择需要加载的目标文件（.hex），单击 "OK" 按钮，完成目标程序的加载。

② Proteus 仿真调试。单击窗口的命令按钮 "Play"（仿真运行）、"Step"（单步）、"Pause"（暂停）和 "Stop"（停止），可以对电路进行仿真调试。仿真调试结果如图 3-7 所示。

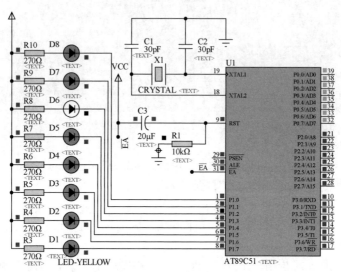

图 3-7 仿真调试结果

3.3 C51 程序设计及应用

可以对 51 单片机进行程序设计的 C 语言，通常称为 C51。
本节从应用的角度详细介绍 C51 编程基础和程序设计。

3.3.1 C51 简介

C51 运行于 51 单片机平台，C 语言则主要运行于普通的计算机平台。C51 不仅具有 C 语言结构清晰、便于功能描述和实现、易于阅读/移植及实现模块化程序设计的优点，而且具有汇编语言的硬件操作能力，使用 C51 编写单片机控制程序，越来越受到广大单片机程序设计者的推崇。

C51 建立在 C 语言基础上，并根据 51 单片机内核编程需要进行扩展。但 C51 应用程序必须在计算机上运行的 Keil 环境下进行开发。

1. C 语言的标识符

标识符是用来标识源程序中某个对象的名字的，这些对象可以是语句、数据类型、函数、变量、常量、数组等。一个标识符由字符串、数字和下画线等组成，第一个字符必须是字母或者下画线，C 编译程序区分大小写英文字母。

为便于阅读和理解程序，标识符应该以含义清晰的字符组合命名。

2. 关键字

关键字是编程语言保留的特殊标识符，又称为保留字，它们具有固定名称和含义。C 语言的关键字见表 3-2。

表 3–2　ANSI C 标准规定的 32 个关键字

关键字	用途	说明
auto	存储种类声明	用以声明局部变量，默认值为此
break	程序语句	退出最内层循环体
case	程序语句	switch 语句中的选择项
char	数据类型声明	单字节整型或字符型
const	存储类型声明	在程序执行过程中不可更改的常量值
continue	程序语句	转向下一次循环
default	程序语句	switch 语句中的失败选择项
do	程序语句	构成 do-while 循环结构
double	数据类型声明	双精度浮点型
else	程序语句	构成 if-else 选择结构
enum	数据类型声明	枚举类型
extern	存储种类声明	在其他程序模块中声明的全局变量
float	数据类型声明	单精度浮点型
for	程序语句	构成 for 循环结构
goto	程序语句	构成 goto 转移结构
if	程序语句	构成 if-else 选择结构
int	数据类型声明	基本整型
long	数据类型声明	长整型
register	存储种类声明	使用 CPU 内部寄存器的变量
short	数据类型声明	短整型
signed	数据类型声明	有符号数，二进制数据的最高位为符号位
sizeof	运算符	计算表达式或数据类型的字节数
static	存储种类声明	静态变量
struct	数据类型声明	结构类型
switch	程序语句	构成 switch 选择结构
typedef	数据类型声明	重新进行数据类型定义
union	数据类型声明	联合类型
unsigned	数据类型声明	无符号型
void	数据类型声明	无类型数据
volatile	数据类型声明	该变量在程序执行中可被隐含地改变
while	程序语句	构成 while 和 do-while 循环结构

3. C51 的扩展

C51 编译器兼容了 ANSI C 标准，又扩展支持了与 51 单片机（微处理器）相关联的存储区、存储区类型、变量数据类型、位变量、SFR、指针及函数属性等编程资源。

C51 增加以下关键字对 51 单片机（微处理器）进行支持，见表 3-3。

表 3–3　C51 增加的关键字

关键字	说明
_at_	为变量定义存储空间的绝对地址
alien	声明与 PL/M51 兼容的函数
bdata	可位寻址的片内 RAM
bit	位类型

续表

关键字	说明
code	声明 ROM
compact	声明使用片外分页 RAM 的存储模式
data	声明直接寻址的片内 RAM
idata	声明间接寻址的片内 RAM
interrupt	声明中断函数
large	声明使用片外 RAM 的存储模式
pdata	声明分页寻址的片外 RAM
priority	声明 RTX51 的任务优先级
reentrant	声明再入函数
sbit	声明可位寻址的特殊功能位
sfr	8 位的特殊功能寄存器
sfr16	16 位的特殊功能寄存器
small	片内 RAM 的存储模式
task	实时任务函数
using	选择工作寄存器组
xdata	片外 RAM

3.3.2 存储区、存储类型及存储模式

51 单片机支持程序存储器和数据存储器分别独立编址。

存储器根据读写情况可以分为程序存储器（ROM）、快速读写存储器（片内 RAM）及随机读写存储器（片外 RAM）。

C51 编译器实现了 C 语言与 51 单片机内核的软件接口，即在 C51 程序中，任何类型的数据（变量）必须以一定的存储方式定位在 51 单片机的某个存储器内，否则，变量没有相应的存储空间，便没有任何意义。

C51 存储类型与 51 单片机存储空间的对应关系如图 3-8 所示。

1. 程序存储器

code 存储类型：在 8051 单片机中程序存储器是 ROM，其空间为 64KB，在 C51 中用 code 关键字来声明、访问程序存储器中的变量。

2. 片内数据存储器

在 51 单片机中，片内数据存储器属于快速可读写存储器，与 51 兼容的扩展型单片机最多有 256B 片内数据存储器。其中，低 128B（0x00~0x7F，0x 是十六进制数前缀）可以直接寻址，高 128B（0x80~0xFF）只能间接寻址。其存储类型有以下 3 种。

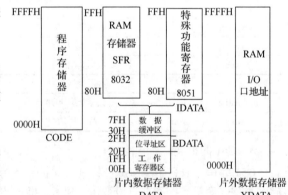

图 3-8　C51 存储类型与 51 单片机存储空间的对应关系

（1）data 存储类型

使用 data 存储类型声明的变量可以对片内 RAM 低 128B（0x00~0x7F）直接寻址。在 data 空间中的低 32B 又可以分为 4 个寄存器组（同单片机结构）。

（2）idata 存储类型

使用 idata 存储类型声明的变量可以对片内 RAM 256B（0x00~0xFF）间接寻址，访问速度与 data

存储类型相比略慢。

（3）bdata 存储类型

使用 bdata 存储类型声明的变量可以对片内 RAM 16B（0x20～0x2F）的 128 位进行位寻址，允许位与字节混合访问。

3．片外数据存储器

片外数据存储器又称随机读写存储器，可访问的存储空间为 64KB。其访问速度要比访问片内 RAM 慢。访问片外 RAM 的数据要使用数据指针进行间接寻址。

在 C51 中使用 xdata 存储类型声明的变量可以访问片外存储器 64KB 的任何单元（0x0000～0xFFFF）。

在 C51 中，存储模式可以确定变量的存储类型。

在 SMALL 模式中，程序中所有的变量位于单片机的片内 RAM 数据区，这和用 data 存储类型标识符声明的变量是相同的。由于 SMALL 模式中变量的访问速度最快且效率高，因此经常使用的变量应置于片内 RAM 中。

SMALL 模式是 C51 编译器默认的存储模式。

3.3.3　数据类型及变量

在 C51 中不仅支持所有的 C 语言标准数据类型，而且对其进行了扩展，增加了专用于访问 8051 单片机硬件的数据类型，使其对单片机的操作更加灵活。C51 数据类型见表 3-4。

表 3-4　C51 数据类型

数据类型	位	字节	取值范围
bit（C51）	1		0 或 1
bdata（C51）	8	1	可位寻址 RAM 的 0x20～0x2F
char	8	1	−128～127
unsigned char	8	1	0～255
enum	8/16	1/2	−128～127 或−32768～32767
short	16	2	−32768～32767
unsigned short	16	2	0～65536
int	16	2	−32768～32767
unsigned int	16	2	0～65535
long	32	4	−2147483648～2147483647
unsigned long	32	4	0～4294967295
float	32	4	±1.175494E−38～±3.402823E+38
sbit（C51）	1		0 或 1
sfr（C51）	8	1	0～255
sfr16（C51）	16	2	0～65535

由表 3-4 可以看出，bit、sbit、bdata、sfr、sfr16 是 C51 中特有的数据类型。此外，unsigned char 是 C51 程序中常用的数据类型。

C51 程序中使用的常量和变量都要归属为一定的数据类型。因此，程序中的任何变量必须先定义数据类型后才能使用。必须清楚地认识到，所谓变量，实际上就是存储器的某一指定数据存储单元，由于该单元可以被赋予相应数据类型的不同数值，因此称为变量。

1. bit 类型及变量

bit 类型用于声明位变量，其值为 1 或 0。编译器对于用 bit 类型声明的变量会自动将其分配到位于片内 RAM 的位寻址区。通过单片机存储结构可以看出，可进行位寻址的区域只有片内 RAM 中地址为 0x20～0x2F 的 16 个字节单元，对应的位地址为 0x00～0x7F，因此在一个程序中只能声明 16×8=128 个位变量。例如：

```
bit bdata flag;              //说明位变量 flag 定位在片内 RAM 位寻址区
bit KeyPress;                //说明位变量 KeyPress 定位在片内 RAM 位寻址区
```

但是位变量不能声明为指针类型或者数组类型，下列的变量声明都是非法的。

```
bit *bit_t;
bit  bit_t[2];
```

bit 类型也可以声明为一个函数的返回值类型。

2. sbit 类型及变量

sbit 类型用于声明可以进行位寻址的字节变量（8 位）中的某个位变量（注意与 bit 的区别），其值为 1 或 0。51 单片机片内 RAM 及 SFR 中，可以进行位寻址的字节单元包括 RAM 中 0x20～0x2F 的 16 个字节单元及 SFR 中地址能够被 8 整除的寄存器。例如，P0 端口（字节地址为 80H），P0^0～P0^7（P0.0～P0.7）相应的位地址为 80H～87H。

例如，声明位变量：

```
sbit  LED = P1^7;            //声明字节地址 P1 中的第 7 位为 LED
sbit  LED = 0x87;            //声明位地址 0x87 表示 LED 的位地址
char bdata bobject;          //声明可位寻址的字节变量 bobject
sbit bobj3=bobject^3;        //声明位变量 bobj3 为 bobject 的第 3 位
sbit CY=0xD0^7;              //声明字节地址 0xD0（PSW）中的第 7 位为 CY
sbit CY=0xD7;                //声明位地址 0xD7 表示 CY 的位地址
```

3. bdata 类型及变量

bdata 类型用于声明可位寻址的字节变量（8 位）。同样编译器对于用 bdata 类型声明的变量会自动将其分配到位于片内 RAM 的位寻址区。由于单片机片内的可进行位寻址的区域只有片内 RAM 中地址为 0x20～0x2F 的 16 个字节单元，因此在程序中只能声明 16 个可位寻址的字节变量。如果已经声明了 16 个该类型的变量，就不能声明位变量，否则会提示超出位寻址地址空间。例如：

```
bdata stat                   //声明可位寻址字节变量 stat
sbit stat_1 = stat^1;        //声明字节变量 stat 的第 1 位为位变量 stat_1
```

4. sfr 类型及变量

sfr 类型用于声明单片机中特殊功能寄存器（8 位），位于片内 RAM 地址为 0x80～0xFF 的 128B 存储单元，这些存储单元一般作为计时器、计数器、串行 I/O 端口、并行 I/O 端口和外部设备，在这 128B 中有的区域未定义，是不能使用的。

注意

> sfr 类型的值只能是与单片机特殊功能寄存器对应的字节地址。

例如，定义 TMOD 位于 0x89、P0 位于 0x80、P1 位于 0x90、P2 位于 0xA0、P3 位于 0xB0。

```
sfr  TMOD = 0x89H;           //声明 TMOD（定时器/计数器工作模式寄存器）的地址为 89H
sfr   P0 = 0x80;             //声明 P0 为特殊功能寄存器，地址为 80H
sfr   P1 = 0x90;             //声明 P1 为特殊功能寄存器，地址为 90H
```

```
sfr    P2 = 0xA0;                //声明 P2 为特殊功能寄存器，地址为 A0H
sfr    P3 = 0xB0;                //声明 P3 为特殊功能寄存器，地址为 B0H
```

例如，使用 sbit 类型的变量访问 sfr 类型变量中的位，可声明如下。

```
sfr    PSW=0xD0;                 //声明 PSW 为特殊功能寄存器，地址为 D0H
sbit   CY=PSW^7;                 //声明 CY 为 PSW 中的第 7 位
```

5. sfr16 类型及变量

sfr16 类型用于声明两个连续地址的特殊功能寄存器（可定义地址范围为 0x80～0xFF，即特殊功能寄存器区）。例如，在 8052 中用两个连续地址 0xCC 和 0xCD 表示计时器/计数器 2 的低字节和高字节计数单元，可用 sfr16 声明如下。

```
sfr16 T2 = 0xCC;                 //声明 T2 为 16 位特殊功能寄存器，地址 0CCH 为低字节，0CDH 为高字节
T2 = 0x1234;                     //将 T2 载入 0x1234，低地址 0CCH 存放 0x34，高地址 0CDH 存放 0x12
```

6. char 类型及变量

char 类型（字符型）用于声明长度是一个字节的字符变量，所能表示的数值范围是-128～127。
例如：

```
char data var ;                  //声明位于片内数据存储器 data 区的变量 var
```

7. unsigned char 类型及变量

unsigned char 类型（无符号字符型）用于声明长度是一个字节的无符号字符型变量，所能表示的数值范围是 0～255。
例如：

```
unsigned char xdata exm;  //在片外 RAM 区声明一个无符号字符型变量 exm
```

8. int 类型及变量

int 类型（整型）用于声明长度是两个字节的整型变量，所能表示的数值范围是-32768～32767。
例如：

```
int  count1;                     //声明一个整型变量 count1，默认位于片内数据存储区
```

在 C51 程序中，数值范围为-128～127 时，不宜使用该类型变量。

9. unsigned int 类型及变量

unsigned int 类型（无符号整型）用于声明长度是两个字节的无符号整型变量，所能表示的数值范围是 0～65535。
例如：

```
unsigned int count2;             //声明一个无符号整型变量 count2，默认位于片内数据存储区
```

3.3.4　C51 运算符及表达式

C51 在数据处理时，可以兼容 C 语言的所有运算符。

由运算符和操作数组成的符号序列称为表达式，表达式是程序语句的重要组成部分。在 C51 中，除了控制语句及输入、输出操作外，其他所有的基本操作都可以使用表达式来处理，这不仅可以使程序功能清晰、易读，还可以大大简化程序结构。

1. 算术运算符与表达式

（1）C51 算术运算符与表达式

① 加法或取正运算符 "+"。例如，2+3（=5）、2.0+3（=5.0）。

② 减法或取负运算符 "-"。例如，5-3（=2）。

③ 乘法运算符 "*"。例如，2*3（=6）、2.0*3（=6.0）。

④ 取整除法运算符"/"。例如，6/3（=2）、7/3（=2）、12/10（=1）。

⑤ 取余除法运算符"%"。例如，7%3（=1）、12/10（=2）。

（2）使用算术运算符的注意事项

① 加、减、乘、除为双目运算符，需要有两个运算对象。

② 运算符"%"两侧的运算对象的数据类型为整型、无符号整型、字符型、无符号字符型。

③ "*""/""%"为同级运算符，其优先级高于"+""-"。

2. 关系运算符与表达式

关系表达式是由关系运算符连接表达式构成的。

（1）关系运算符

关系运算符都是双目运算符，共有如下 6 种。

① ">"（大于）。

② "<"（小于）。

③ ">="（大于或等于）。

④ "<="（小于或等于）

⑤ "=="（等于）。

⑥ "!="（不等于）。

前面 4 种关系运算符的优先级高于后面的两种。关系运算符具有自左至右的结合性。

（2）关系表达式

由关系运算符组成的表达式称为关系表达式。关系运算符两边的运算对象，可以是 C 语言中任意合法的表达式或数据。

例如，关系表达式 x>y（表示比较 x 大于 y 吗？）；关系表达式(x=5)<=y（表示首先将 5 赋给变量 x，然后比较 x<=y 吗？）。

关系表达式的值是整数 0 或 1，其中 0 代表逻辑假，1 代表逻辑真。在 C 语言中不存在专门的逻辑值，请读者务必注意。

例如，关系表达式 7>4，其值为 1；7<4，其值为 0。

例如，表达式 a=(7>4)表示把比较结果 1 赋给变量 a。

关系运算符、算术运算符和赋值运算符之间的优先级次序是：算术运算符优先级最高，关系运算符次之，赋值运算符最低。

例如：

```
char  x=3, y=4, a;          //定义变量并令 x=3, y=4
a=x+1<=y-1;                 //按运算符优先级，等价于 a =((x+1)<=(y-1))，结果 a=0
```

关系表达式常用在条件语句和循环结构中。

3. 逻辑运算符与表达式

逻辑表达式是由逻辑运算符连接表达式构成的。

（1）逻辑运算符

C 语言中提供了以下 3 种逻辑运算符。

① 单目逻辑运算符："!"（逻辑非）。

② 双目逻辑运算符："&&"（逻辑与）。

③ 双目逻辑运算符："||"（逻辑或）。

其中逻辑与"&&"的优先级大于逻辑或"||"，它们的优先级都小于逻辑非"!"。逻辑运算符具有自左至右的结合性。

逻辑运算符、赋值运算符、算术运算符、关系运算符之间优先级的次序由高到低为：

"!"（逻辑非）→算术运算符→关系运算符→"&&"（逻辑与）→"||"（逻辑或）→赋值运算符。

（2）逻辑表达式

由逻辑运算符组成的表达式称为逻辑表达式。逻辑运算符两边的运算对象可以是 C 语言中任意合法的表达式。

逻辑表达式的结果为 1（结果为"真"时）或 0（结果为"假"时）。

表达式 a 和表达式 b 进行逻辑运算时，其运算规则见表 3-5。

表 3-5 逻辑运算的规则

a	b	!a	!b	a && b	a || b
非0	非0	0	0	1	1
非0	0	0	1	0	1
0	非0	1	0	0	1
0	0	1	1	0	0

例如，逻辑表达式有以下代码：

```
ch >='A' && ch <= 'Z'                   //ch 是大写字母时，表达式值为1，否则为0
(year%4==0 && year%100!=0) || year%400==0   //在万年历中，如果 year 为闰年，表达式值为1，
                                             //否则为 0
```

4. 赋值运算符与表达式

（1）赋值运算符

"="是赋值运算符（不同于数学符号"等于"），构成赋值表达式的格式如下。

〈变量名〉=表达式

① 赋值表达式的功能是把表达式的值赋给变量。

例如，a=3，表示把 3 赋给变量 a；P0=0xFF，表示把 0FFH 赋给 P0 端口。

② 赋值运算符为双目运算符，即"="两边的变量名和表达式均为操作数，一般情况下变量与表达式的值的类型应一致。

③ 运算符左边只能是变量名，而不能是表达式。

例如，a=a+3，表示把变量 a 的值加 3 后赋给 a。

（2）复合赋值运算符

在赋值运算符"="前面加上双目或单目运算符，如"<<"">>""+""-""*""%""/""&""~"等即构成复合赋值运算符。部分复合赋值运算符的说明如下。

① "+="为加法赋值运算符；

② "*="为乘法赋值运算符；

③ "%="为求余赋值运算符；

④ ">>="为右移位赋值运算符；

⑤ "&="为逻辑与赋值运算符；

⑥ "|="为按位或赋值运算符。

例如，表达式 b+= 4 等价于 b = b + 4，a>>=4 等价于 a = a >> 4。

所有复合赋值运算符的级别相同，且与赋值运算符处于同一优先级，都具有右结合性（所谓右结合性，是指表达式中如果操作数两边都有相同的运算符，操作数首先和右边的运算符结合执行运算）。例如：表达式 a=b+=4 等价于 a=(b+=4)，等价于 a=(b=b+4)。

5. 自增和自减运算符与表达式

（1）自增和自减运算符组成的表达式

自增运算符"++"和自减运算符"--"组成的表达式如下。

表达式 1：

```
i++（i--）
```

功能：程序中先使用 i 的值，然后，变量 i 的值增加（减少）1，即 i = i+1（i=i-1）。

表达式 2：

```
++i（--i）
```

功能：程序中变量 i 先增加（减少）1，即 i = i+1（i=i-1），然后使用 i 的值。

（2）表达式应用

自增和自减运算符组成的表达式可以单独构成 C 语句（即在表达式后面加 ";"），也可以作为其他表达式或语句的组成部分。

例如：

```
int  a = 3,  b ;        //声明位于片内 RAM 区的整型变量 a 和 b，同时 a 的值为 3
a++;                    //a 的值为 4
b = a++ ;
```

上述语句执行后，则 b 的值为 4，a 的值为 5。

例如：

```
int  a = 3,  b ;
++a;                    //a 的值为 4
b = ++a ;
```

上述语句执行后，则 b 的值为 5，a 的值为 5。

在使用自增、自减运算符时应注意以下方面。

① 使用++i 或 i++单独构成语句时，其作用是等价的，均为 i=i+1。

② 运算对象只能是整型变量或实型（单精度浮点型、双精度浮点型）变量。

6. 位运算符与表达式

位运算是指对变量或数据按位进行的运算。在单片机控制系统中，位运算方式比算术方式使用更加频繁。例如，可以使用位控制某一电动机的启动和停止、将一个存储单元中的各二进制位左移或右移、进行位逻辑运算等操作。C 语言提供专用的位运算符及表达式，与其他高级语言相比，具有很大的优越性。

（1）位运算符

位运算符包括按位取反、左移位、右移位、按位与、按位异或、按位或 6 种，见表 3-6。

表 3-6　位运算符

运算符	名称	使用格式
～	按位取反	～ 表达式
<<	左移位	表达式 1 << 表达式 2
>>	右移位	表达式 1 >> 表达式 2
&	按位与	表达式 1 & 表达式 2
^	按位异或	表达式 1 ^ 表达式 2
|	按位或	表达式 1 | 表达式 2

（2）位逻辑运算符及表达式

位逻辑运算符包括取反、按位与、按位异或、按位或，其按位操作的情况见表 3-7，其中 a 和 b 分别表示一个二进制位。

表 3-7　按位逻辑运算

a	b	~a	a&b	a^b	a|b
0	0	1	0	0	0
0	1	1	0	1	1
1	0	0	0	1	1
1	1	0	1	0	1

位逻辑运算符有以下代码。

【例 3-35】

```
unsigned  char  x= 0xF0;          //声明无符号字符变量 x, x 值为 0xF0 (二进制数为 11110000)
x=~ x ;                           // x 取反后为 00001111, 赋予 x
```

（3）移位运算符及表达式

移位运算符是将一个数的二进制位向左或向右移若干位。

① 左移运算符构成的表达式如下。

表达式1 << 表达式2

左移运算符是将其操作对象向左移动指定的位数，每左移 1 位相当于乘 2，移 n 位相当于乘 2 的 n 次方。其中"表达式 1"是被左移对象，"表达式 2"给出左移的位数。

一个二进制位在左移时右边补 0，移几位右边补几个 0。

例如，将变量 a 的内容按位左移 2 位：

```
unsigned  char  a = 0x0f ;        //声明无符号字符变量 a, a 值为 15 (二进制数为 00001111)
a = a << 2 ;                      //a 左移 2 位后, a 的值变为 00111100
```

② 右移运算符构成的表达式如下。

表达式1 >> 表达式2

其中"表达式 1"是被右移对象，"表达式 2"给出右移的位数。

在进行右移时，右边移出的二进制位被舍弃。例如，表达式 a =(a >> 4) 的执行结果是将变量 a 右移 4 位后赋给 a。

7. 条件运算符与表达式

条件运算符构成的表达式如下。

表达式1 ? 表达式2 : 表达式3

其执行过程：首先判断表达式 1 的值是否为真，如果为真，将表达式 2 的值作为整个条件表达式的值；如果为假，将表达式 3 的值作为整个条件表达式的值。例如：

```
max = (a > b) ? a : b    //当 a > b 成立时, max=a; 当 a > b 不成立时, max=b
```

该语句等价于如下条件语句。

```
if(a > b)
    max=a;
else
    max=b;
```

必须指出，以上所有表达式在程序中单独使用时，必须以语句的形式出现，即在表达式后面加一个分号";"。

例如，赋值表达式"a=a+1"，在程序中作为一条赋值语句的形式为"a=a+1;"。

表达式"max =(a > b)? a :b"在程序中作为一条语句的形式为"max =(a > b)? a: b;"。

3.3.5　控制语句及应用实例

本节仅介绍在控制程序中使用频繁的 C51 控制语句。

1. 条件语句

条件语句又称为分支语句，由关键字 if 构成，有以下 3 种基本形式。

（1）单分支条件语句

单分支条件语句格式如下。

```
if(条件表达式) 语句
```

执行过程：如果括号里条件表达式结果为真，则执行括号后的语句。例如：

```
int a=3, b;
if(a>5)
    a=a+1;
b=a;
```

因为表达式 a>5 的逻辑值为 0，所以不执行 a=a+1 语句，结果为 a=3，b=3。

（2）两分支条件语句

两分支条件语句格式如下。

```
if(条件表达式) 语句1
else  语句2
```

执行过程：如果括号里条件表达式结果为真，则执行语句 1，否则（也就是括号里的条件表达式结果为假）执行语句 2。例如：

```
int  a=3,  b;
if(a>5)    a=a+1;
else       a=a-1;
```

结果为 a=2。

（3）多分支条件语句

多分支条件语句格式如下。

```
if(条件表达式1)语句1
    else if (条件表达式2) 语句2
    else if (条件表达式3) 语句3
        …
    else if (条件表达式n) 语句m
    else 语句n
```

多分支条件语句常用来实现多方向的条件分支，其实，它是由 if-else 语句嵌套而成的，在此种结构中，else 总是与最邻近的 if 配对。例如：

```
int  sum,  count;
if(count<=100)
{
     sum=30;
}
else if(count<=200)
{
     sum=20;
}
else
{
     sum=10;
}
```

该程序段可以根据变量 count 的值对变量 sum 赋不同的值，当 count<100 时，sum=30；当 100<count<=200 时，sum=20；当 count>200 时，sum=10。

必须指出，在进行程序设计时，经常要用到条件分支嵌套。所谓条件分支嵌套就是在选择语句的任一个分支中嵌套一个选择结构子语句。例如，单分支条件 if 语句内还可以使用 if 语句，这样就构成了 if 语句的嵌套。内嵌的 if 语句既可以嵌套在 if 子句中，也可以嵌套在 else 子句中，完整的嵌套格式如下。

```
if(表达式1)
    if(表达式2)      语句序列1 ;
    else            语句序列2 ;
else
    if(表达式3)      语句序列3 ;
    else            语句序列4 ;
```

需要注意：以上 if-else 语句嵌套了两个子语句，但整个语句仍然是一条 C 语句。

在编程时，可以根据实际情况使用上面格式中的一部分。

C 编译程序还支持 if 语句的多重嵌套。

2. switch 语句

switch 语句是一种多分支选择语句，其格式如下。

```
switch(表达式)
{
case 常量表达式1:{语句1;} break;
case 常量表达式2:{语句2;} break;
...
case 常量表达式n:{语句n;} break;
default:{语句m;} break;
}
```

执行过程如下。

① 当 switch 后的表达式的值与 case 分支的常量表达式的值相等时，就执行 case 后相应的语句。

② 每个 case 分支的常量表达式的值必须不同，否则程序在编译时会出错。

③ 当 switch 后的表达式的值与所有 case 分支的常量表达式的值都不相同时，则执行 default 后的语句。

④ 每个分支语句必须加 break 语句，否则，程序会移到下一个 case 分支继续执行。

【例 3-36】 下列程序根据变量 n 的值，分别执行不同的语句。

```
int  a=1,  n=1;                          /*声明整型变量a和n，假设n=1*/
switch(n)
{
    case 0 :      a=a+0;break;          /*n=0，执行a=a+0*/
    case 1:       a=a+1;break;          /*n=1，执行a=a+1*/
    case 2 :      a=a+2;break;          /*n=2，执行a=a+2*/
    default :     break;               /*n为其他值时，直接退出*/
}
```

3. 循环结构

（1）while 语句

while 构成循环结构的语句格式如下。

```
while(条件表达式) {循环体语句;}
```

执行过程：当条件表达式的值为真，即非 0 时，执行后边的循环体语句，然后继续对 while 后的条件表达式进行判断，如果还为真，则继续执行后边的循环体语句，周而复始，直到条件表达式的值为假时结束循环。循环结构流程图如图 3-9 所示。

例如，下列程序当 a 的值小于 5 时，重复执行语句 a=a+1。

```
while(a<5)
      a=a+1;
```

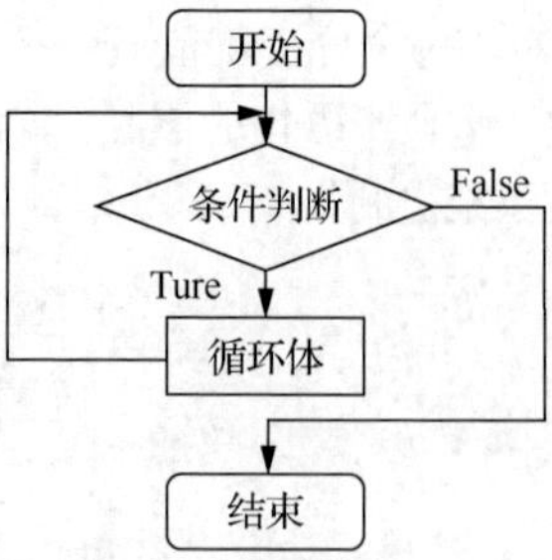

（2）do-while 语句

do-while 构成的循环结构的语句格式如下。

```
do
   {循环体语句;}
while(条件表达式);
```

图 3-9　循环结构流程图

执行过程：先执行给定的循环体语句，再检查条件表达式的结果。当条件表达式的值为真时，则重复执行循环体语句，直到条件表达式的值变为假时结束循环。

用 do-while 语句构成的循环结构，在任何条件下，循环体语句至少会被执行一次。

例如，下列程序中，当 a 的值小于 5 时，重复执行语句 a=a+1。

```
do
{
   a=a+1;
}
while(a<5);
```

（3）for 语句

for 构成的循环结构的语句格式如下。

```
for ([表达式1];[表达式2];[表达式3]) {循环体语句;}
```

for 语句的执行过程如下。

① 先求解表达式 1，表达式 1 只执行一次，一般是赋值语句，用于初始化变量。

② 求解表达式 2，若为假（0），则结束循环。

③ 当表达式 2 为真（非 0）时，执行循环体语句。

④ 执行表达式 3。

⑤ 转回②重复执行。

for 语句的使用说明如下。

① 一般情况下，表达式 1 用来设置循环初值，表达式 2 用来判断循环条件是否满足，表达式 3 用来修正循环条件，循环体语句是实现循环的语句。

② 表达式 1、表达式 2、表达式 3 和循环体语句均可省略。例如：

```
int i=1, sum=0 ;
for ( ; i<=100 ; )                    /*表达式1和表达式3均省略*/
     sum+=i++ ;
```

当表达式 2 省略时，表示循环条件为真。

③ 程序中常通过 for 语句实现延时，例如：

```
int i ;
for ( ; i<=10000 ; i++ ) ;           /*表达式1省略，循环体语句为空*/
```

【例 3-37】 编程实现求累加和 sum=1+2+3+…+100 的值。

```
void main( )
{
  int  i, sum ;
  for (i=1, sum=0;i<=100;i++)
           sum+=i ;
}
```

【例 3-38】 电子开关电路如图 3-10 所示，LED 共阳极接高电平，由 P1.0～P1.3 端口分别控制 4

个 LED D1～D4。要求第 1 次按下 K1，点亮 D1；第 2 次按下 K1，点亮 D2；第 3 次按下 K1，点亮 D3；第 4 次按下 K1，点亮 D4；第 5 次按下 K1，D1～D4 全部熄灭。

仿真电路如图 3-10（a）所示，仿真结果如图 3-10（b）所示。

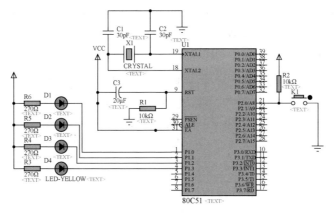

（a）仿真电路

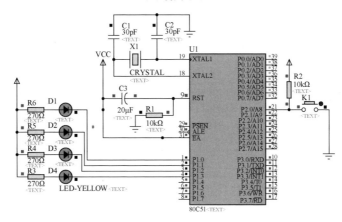

（b）仿真结果

图 3-10　电子开关电路

C51 程序如下（注意，在读取按键状态前，对要读数据的 I/O 端口的相应位写入 1，使其处于读取状态）。

```
#include<reg51.h>
sbit KEY=P2^0;
void main( )
{
  unsigned char i=1,k ;
  while(1)                   //无限循环执行下面的循环体
  {
    P2|=0x01;                //P2.0 置 1
    if(!KEY)                 //判断按键按下
    {
        while(!KEY);         //判断按键是否弹起
        P1 = ~i;             //将按键次数取反赋值给 P1
        i = (i<<1)+1;        //依次按下 K1，按序点亮 D1～D4
        if(i==0x3F)
            {P1=0xFF; i=1;}
```

```
                }
            }
        }
```

（4）循环结构嵌套

一个循环体内包含另一个完整的循环结构，称为循环嵌套。循环之中嵌套循环，称为多重循环。3 种循环结构（while 循环、do-while 循环和 for 循环）可以互相嵌套。

例如，下列函数通过循环嵌套程序实现延时。

```
void msec(unsigned int x)        /*秒延时函数*/
{unsigned char i;
 while(x--)                      /*外循环*/
 {for(i=0; i<125; i++)           /*嵌套内循环*/
        { ; }                    /*内循环体执行一条空语句*/
 }
}
```

本函数通过形参变量 x 的值可以实现较长时间的延时。根据底层汇编代码的分析表明，以变量 i 控制的内部 for 循环一次大约需要延时 8μs，循环 125 次约延时 1ms。若传递给 x 的值为 1000，则该函数的执行时间约为 1s，即产生约 1s 的延时。在程序设计时，要注意不同的编译器会产生不同的延时，可以改变内循环变量 i 细调延时、改变外循环变量 x 粗调延时。

3.3.6 数组及应用实例

数组是一种简单实用的数据结构。所谓数据结构，就是将多个变量（数据）人为地组成一定的结构，以便于处理大批量、有一定内在联系的数据。

在 C 语言中，为了确定各数据与数组中每一个存储单元的对应关系，用一个统一的名字来表示数组，用索引来指出各变量的位置。因此，数组单元又称为带索引的变量。

数组可分为一维数组和二维数组，本小节仅介绍 C51 中常用的一维数组的基本知识及其应用。

1. 一维数组的定义、引用及初始化

（1）一维数组的定义

定义一维数组的格式如下。

类型标识符　数组名[常量表达式] , … ;

例如：

char ch[10];

① 它表示定义了一个字符型一维数组 ch。

② 数组名为 ch，它含有 10 个元素。即 10 个带索引的变量，索引从 0 开始，分别是 ch[0]、ch[1]、…、ch[9]。注意，不能使用 ch[10]。

③ 类型标识符 char 规定数组中的每个元素都是字符型数据。

（2）一维数组的引用

使用数组必须先定义，后引用。引用时只能对数组元素进行引用，如 ch[0]、ch[i]、ch[i+1]等，而不能引用整个数组。

在引用时应注意以下几点。

① 由于数组元素本身等价于同一类型的一个变量，因此，对变量的任何操作都适用于数组元素。

② 在引用数组元素时，索引可以是整型常数或表达式，表达式内允许存在变量。在定义数组时索引不能使用变量。

③ 引用数组元素时索引的最大值不能出界。也就是说，若数组长度为 n，索引的最大值为 $n-1$；若出界，C 编译时并不给出错误提示信息，程序仍能运行，但会破坏数组以外其他变量的值，可能会

造成严重的后果。因此，必须注意数组边界的检查。

（3）一维数组的初始化

C 语言允许在定义数组时对各数组元素指定初始值，称为数组的初始化。

例如，将整型数据 0、1、2、3、4 分别赋给整型数组元素 a[0]、a[1]、a[2]、a[3]、a[4]的初始化定义如下。

```
int idata a[5]={0, 1, 2, 3, 4};        /*声明片内 RAM 区的整型数组 a[5]，同时初始化数组元素*/
```

在定义数组时，若未对数组的全部元素赋初值，C51 默认将数组的全部元素赋值为 0。

2. 一维数组的应用实例

（1）将 8 个开关的输入状态通过 8 个 LED 显示，并存入数组。

在 Proteus 下设计原理图，其中 RESPACK-8 为 8 个电阻封装在一起，作为 P0 端口的上拉电阻，如图 3-11（a）所示。

程序设计算法如下。

① 单片机读入由 P0 端口输入的 8 个开关的输入状态信息，读取 8 次，每次读取周期为 3s。

② P0 端口的开关状态（闭合为低电平 0、断开为高电平 1）立即传送给 P2 端口，以控制 8 个 LED（共阴极连接），当 P2 端口的某位为高电平时，则与其连接的 LED 点亮。

③ P0 端口的开关状态分别送入数组 unsigned char a[8]中存储，以便于系统根据需要进行数据处理。

④ 调用 delay 函数（形参为整型数据 3000），实现延时 3s。

C51 程序如下。

```
#include <reg51.h>
void delay(unsigned  int);          /*由于 delay 函数在 main 函数后，要先说明 delay 函数*/
void main( )
{ unsigned char a[8];                /*声明片内 RAM 区的无符号字符型数组 a[8]*/
 unsigned char i;                    /*声明片内 RAM 区的无符号字符型变量 i*/
 while(1)
  {   P0=0xFF;
      for(i=0; i<=7; i++)
        {
            a[i]=P2=P0 ;              /*P0 端口的开关状态送入 P2 端口，P2 端口送入数组元素 a[i]存储*/
            delay(3000);             /*调用延时函数 delay*/
        }
  }
}
void delay(unsigned  int  x)         /*delay 函数实现延时功能，形参 x 控制延时*/
{  unsigned  char j;
   While(x--)
    {                                /*利用循环程序的反复执行实现延时*/
      for(j=0; j<125;j++);           /*内循环*/
    }
}
```

在 Proteus 仿真调试中，可以随时改变开关状态（这里为 00110101），与输出显示一致，如图 3-11（b）所示。

（2）对一维数组数据实现冒泡排序。

冒泡排序算法：设要对 n 个数排序，将相邻两个数依次进行比较，将大的数移至前面，逐次比较，直至将最小的数移至最后，再将 n-1 个数继续比较，重复上面操作，直至比较完毕。

可采用双重循环实现冒泡排序，外循环控制进行比较的次数，内循环实现找出最小的数，并放在最后的位置上（即沉底）。

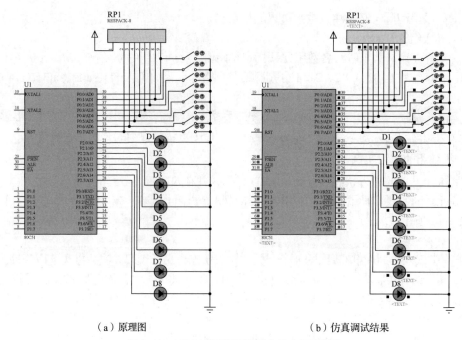

（a）原理图   （b）仿真调试结果

图 3-11　80C51 单片机开关输入状态显示电路

　　n 个数进行从大到小排序，外循环第一次循环控制中比较的次数为 n-1，内循环第一次循环找出 n 个数的最小值，放在最后的位置上，以后每次循环中的循环次数和参加比较的数依次减 1。若 n=5，即对 5 个数进行排序，冒泡排序过程如图 3-12 所示。

外循环	1 次				2 次			3 次		4 次
内循环	5 个数比较 4 次				4 个数比较 3 次			3 个数比较 2 次		2 个数比较 1 次
初值： 7 5 8 6 9	1 次	2 次	3 次	4 次	1 次	2 次	3 次	1 次	2 次	1 次
	7 5 8 9	7 8 5 6 9	7 8 6 5 9	7 8 6 9 5	8 7 6 9 5	8 7 6 9 5	8 7 9 6 5	8 7 9 6 5	8 9 7 6 5	9 8 7 6 5
	最小数 5 沉底 剩余 4 个数继续比较				次小数 6 沉底 剩余 3 个数继续比较			7 沉底 剩余 2 个数继续比较		排序结束

图 3-12　冒泡排序过程

　　根据以上算法，对一维数组中的 10 个元素数据从大到小排序的程序如下。

```
void main( )
{
  char  a[10] ={12,33,43,23,52,27,31,35,29,18};
  char  i , j , t ;
  for(j=0 ; j<9 ; j++)
    for(i=0 ; i<9-j ; i++)
      if(a[i]<a[i+1])
      { t=a[i] ; a[i]=a[i+1] ; a[i+1]=t ;}
}
```

3.3.7　函数及应用实例

函数是 C 程序的基本单元，几乎所有 C 程序都是由一个个函数组成的。

在结构化程序设计中，函数作为独立的模块存在，增加了程序的可读性，为解决复杂问题提供了便利。C51 中的函数包括主函数（main）、库函数、自定义函数、中断函数及再入函数。C 程序总是从主函数开始执行，然后调用其他函数，最终返回主函数，结束程序。

1. 库函数、文件包含及调用

（1）库函数及文件包含

C 语言提供了丰富的标准函数，即库函数（见附录 B）。库函数是由系统提供并定义好的，不必由用户编写，用户只需要了解函数的功能，并学会在程序中正确地调用库函数即可。

对每一类库函数，在调用该类库函数前，应该在源程序的 include 命令中包含该类库函数的头文件名（一般在程序的开始）。文件包含通常还包括程序中使用的一些定义和声明，常用的头文件包含如下。

```
# include  <string.h>        /*调用字符串处理函数需要包含的头文件*/
# include  <intrins.h>       /*调用本征函数（如移位函数）需要包含的头文件*/
# include  "stdio.h"         /*调用输入输出函数需要包含的头文件*/
# include  <reg51.h>         /*定义 51 单片机片内资源在程序中的符号表示*/
# include  <reg52.h>         /*定义 52 单片机片内资源在程序中的符号表示*/
# include  "math.h"          /*调用数学库函数需要包含的头文件*/
```

例如，库函数 float　sqrt(float x)，其功能是返回 x 的平方根，该函数的头文件是 math.h。

需要指出，绝大多数的 C51 程序开始的文件都包含 reg51.h 头文件。reg51.h 文件是 C51 特有的，该文件中定义了程序中符号所表示的单片机片内资源，采用汇编指令符号分别对应单片机片内资源的实际地址。例如，文件中含有 "sfr P1=0x90;"（0x90 为单片机 P1 端口的地址），C 编译程序就会认为程序中的 P1 是指 51 单片机中的 P1 端口。

① 文件 reg51.h 的内容如下。

```
#ifndef __REG51_H__
#define __REG51_H__
/*  BYTE Register  */
sfr P0   = 0x80;
sfr P1   = 0x90;
sfr P2   = 0xA0;
sfr P3   = 0xB0;
sfr PSW  = 0xD0;
sfr ACC  = 0xE0;
sfr B    = 0xF0;
sfr SP   = 0x81;
sfr DPL  = 0x82;
sfr DPH  = 0x83;
sfr PCON = 0x87;
sfr TCON = 0x88;
sfr TMOD = 0x89;
sfr TL0  = 0x8A;
sfr TL1  = 0x8B;
sfr TH0  = 0x8C;
sfr TH1  = 0x8D;
sfr IE   = 0xA8;
sfr IP   = 0xB8;
sfr SCON = 0x98;
```

```
sfr SBUF = 0x99;
/*  BIT Register  */
/*  PSW  */
sbit CY  = 0xD7;
sbit AC  = 0xD6;
sbit F0  = 0xD5;
sbit RS1 = 0xD4;
sbit RS0 = 0xD3;
sbit OV  = 0xD2;
sbit P   = 0xD0;
/*  TCON  */
sbit TF1 = 0x8F;
sbit TR1 = 0x8E;
sbit TF0 = 0x8D;
sbit TR0 = 0x8C;
sbit IE1 = 0x8B;
sbit IT1 = 0x8A;
sbit IE0 = 0x89;
sbit IT0 = 0x88;
/*  IE  */
sbit EA  = 0xAF;
sbit ES  = 0xAC;
sbit ET1 = 0xAB;
sbit EX1 = 0xAA;
sbit ET0 = 0xA9;
sbit EX0 = 0xA8;
/*  IP  */
sbit PS  = 0xBC;
sbit PT1 = 0xBB;
sbit PX1 = 0xBA;
sbit PT0 = 0xB9;
sbit PX0 = 0xB8;
/*  P3  */
sbit RD  = 0xB7;
sbit WR  = 0xB6;
sbit T1  = 0xB5;
sbit T0  = 0xB4;
sbit INT1 = 0xB3;
sbit INT0 = 0xB2;
sbit TXD = 0xB1;
sbit RXD = 0xB0;
/*  SCON  */
sbit SM0 = 0x9F;
sbit SM1 = 0x9E;
sbit SM2 = 0x9D;
sbit REN = 0x9C;
sbit TB8 = 0x9B;
sbit RB8 = 0x9A;
sbit TI  = 0x99;
sbit RI  = 0x98;
#endif
```

如果程序开始没有"#include <reg51.h>"，使用单片机片内资源时必须在程序中包含上述声明。

② intrins.h 文件定义内部函数，其部分内容见表 3-8。

表 3-8　内部函数及其描述

内部函数	描述	内部函数	描述
crol	字符循环左移	_lrol_	长整数循环左移
cror	字符循环右移	_lror_	长整数循环右移
irol	整数循环左移	_nop_	空操作，相当于 8051 NOP 指令
iror	整数循环右移	_testbit_	测试并清 0 位，相当于 8051 JBC 指令

（2）库函数的调用

一般库函数的调用格式如下。

函数名(实参列表)

对于有返回值的函数，函数调用必须在需要返回值的地方使用；对于无返回值的函数，可以直接调用。

2. 自定义函数及其调用

（1）C51 自定义函数

① C51 具有自定义函数的功能，其自定义函数的格式如下。

返回值类型　函数名(形参列表) [编译模式] [reentrant] [using n]
{
　　函数体
}

② 格式说明如下。

- 当函数有返回值时，函数体内必须包含返回语句 return　x。
- 当函数无返回值时，返回值的类型应使用关键字 void 说明。
- 形参要分别说明类型，对于无形参的函数，则可在括号内填入 void。
- 其他参数可保持默认值，例如，using　n 用来指定所使用的寄存器组，默认为 0 组。

③ 自定义函数的调用格式同库函数的调用格式：

函数名(实参列表)

注意　　　　调用时的实参必须与函数的形参在数据类型、个数及顺序完全一致。

【例 3-39】　定义一个求和函数 sum，由主函数调用，将函数返回值赋给变量 res。

要求：sum 函数使用 data 空间的第 3 组寄存器。

```
char sum(char data a,char data b) using 3  /* 定义 sum 函数，形参为变量 a、b、using　n=3 */
  {
        return a+b;
  }
 void main(void)                 /*主函数*/
 {
   char data res;
   char data c_1;
   char data c_2;
   c_1=20;
   c_2=21;
```

```
   res=sum(c_1,c_2);              /*在表达式中调用 sum 函数，实参 20、21 分别对应传递给形参变量 a、b，函数
                                    返回值赋给变量 res*/

   while(1);
   return 0;
}
```

（2）函数的调用方式

按函数在程序中出现的位置来分，有 3 种函数调用方式。

① 函数语句。函数语句是指把被调函数作为一个独立的语句直接写在主调函数中。例如：

```
max(a, b) ;                    /*调用有参函数 max */
printstr() ;                   /*调用无参函数 printstr */
```

由函数语句直接调用的函数，一般不需要返回值。

② 函数表达式。被调函数出现在主调函数的表达式中，这种表达式称为函数表达式。在被调函数中，必须有一个函数返回值，返回主调函数以参加表达式的运算。例如：

```
c=5*max(a , b);
```

其中，max 函数的定义必须在调用之前。

③ 函数参数。被调函数作为另一个函数的参数，而另一个函数是被调函数的主调函数。例如：

```
main( )
{
  max1(c , max(a , b)) ;
}
```

此语句出现在 main 函数中，则函数调用关系为：首先，由 main 函数调用 max1 函数，而 max 函数作为 max1 函数的一个参数，由 max1 函数调用 max 函数，这种情况又称为嵌套调用。

（3）调用函数时的注意事项

调用函数时，应注意以下几点。

① 被调函数必须是已存在的函数，可以是自定义函数，也可以是前面介绍的库函数。

② 在主调函数中，要先对被调函数进行声明。如果被调函数在主调函数之前出现，则在主调函数中，被调函数可以不进行声明。

③ 如果被调函数的返回值的类型为整型，则不管被调函数的位置如何，均不需要在主调函数中声明。

函数声明的一般形式如下。

```
函数类型  函数名(参数类型 1,参数类型 2…);
```

或

```
函数类型  函数名(参数类型 1,参数名 1,参数类型 2,参数名 2…);
```

④ 如果被调函数的声明放在源文件的开头，则该声明对整个源文件都有效。

【例 3-40】 编制程序，求两个数的乘积。

```
   float mul(float x , float y )        /* 函数及形参类型的定义 */
   {
     float z ;                          /* 定义浮点型变量 */
     z=x*y ;                            /* 两个数相乘 */
     return(z) ;                        /* 返回结果 */
   }
   main( )
   {
     float mul( ) ;                     /* 声明求两个数乘积的函数 */
     float x ,y ,z ;                    /* 定义主函数内部的局部变量 */
```

```
    scanf("%f ,%f" ,&x ,&y) ;              /* 输入要相乘的两个数 */
    z=mul(x ,y) ;                          /* 调用函数，求两个数的乘积 */
    printf("The product is %f " , z) ;     /* 输出结果 */
}
```

（4）函数的返回值及其类型

函数的返回值通过函数体内的 return 语句实现。return 语句的格式如下。

```
return  表达式;
```

或

```
return  (表达式);
```

如果函数没有返回值，则上述格式中的左、右圆括号可以省略，即写为

```
return ;
```

函数的返回值的类型依赖于函数本身的类型，即函数的类型决定返回值的类型。

【例 3-41】 定义函数，其返回值的类型为 bit。

```
bit  func(unsigned char n)              //声明函数的返回值为 bit 类型
{
    if(n&0x01)
        return 1;
    else
        return 0;
}
```

如果被调函数中没有 return 语句，即不要求被调函数有返回值时，为了明确表示无返回值，可用 void 定义无返回值函数，只需在定义函数时，在函数名前加上 void 即可。 例如:

```
void  printstar ( ) ;                   /* 定义 printstr 为无返回值函数 */
{
 ...
}
```

3. 中断函数

在 C51 中，中断服务程序是以中断函数的形式出现的。单片机中断源以对应中断号（范围是 0～31）的形式出现在 C51 中断函数的定义中，常用的中断号描述见表 3-9（关于单片机中断功能的描述详见第 4 章）。

表 3-9 常用的中断号描述

C51 中断号	中断源	中断源地址
0	外部中断 0	0x0003
1	定时器/计数器 0	0x000b
2	外部中断 1	0x0013
3	定时器/计数器 1	0x001b
4	串行口中断	0x0023

中断函数的定义格式如下。

```
void  函数名 (void)  interrupt  n [using m]
{
    函数体
}
```

其中，关键字 interrupt 定义该函数为中断函数，n 表示中断号，m 表示使用的寄存器组号。例如，定义名为 int0 的外部中断 0 的中断函数如下。

```
void  int0 (void)  interrupt  0
```

```
{
    函数体
}
```

使用中断函数应注意以下问题。

① 在中断函数中不能使用参数。

② 在中断函数中不能存在返回值。

③ 中断函数是在中断源发出中断请求后由系统调用的。

④ 中断函数中的中断号数量在不同型号的 51 单片机中可能有所不同，读者可以查看相关的处理器手册。

4. 再入函数

C51 在调用函数时，函数的形参及函数内的局部变量将会动态地存储在固定的存储单元中，一旦函数在执行过程中被中断，再次调用该函数时，函数的形参及函数内的局部变量将会被覆盖，导致程序不能正常运行。为此，可在定义函数时用 reentrant 关键字声明再入函数。

再入函数可以被递归调用，也可以被多个程序调用。

例如，声明再入函数 fun，其功能是求两个参数的乘积。

```
int fun(int a, int b) reentrant
{
    int z;
    z=a*b;
    return z;
}
```

3.3.8 指针及应用实例

指针可使 C 语言编程具有高度的灵活性和特别强的控制能力。

1. 指针和指针变量

指针就是地址，是一种数据类型。

变量的指针就是变量的地址，存放地址的变量就是指针变量。经 C51 编译后，变量的地址是不变的量。而指针变量可根据需要存放不同变量的地址，它的值是可以改变的。

（1）定义指针变量

定义指针变量的一般格式如下。

```
类型标识符  * 指针变量名
```

例如，定义两个指向整型变量的指针变量 p1、p2：

```
int  *p1, *p2 ;
```

在定义指针变量时应注意以下方面。

① p1 和 p2 前面的*，表示该变量（p1、p2）被定义为指针变量，不能理解为*p1 和*p2 是指针变量。

② 类型标识符规定了 p1、p2 只能指向该标识符所定义的变量，上面例子中的 p1、p2 所指向的变量只能是整型变量。

（2）指针变量的赋值

一般可用运算符 "&" 求变量的地址，用赋值语句使一个指针变量指向一个变量。例如：

```
p1=&i ;
p2=&j ;
```

上述语句表示将变量 i 的地址赋给指针变量 p1，将变量 j 的地址赋给指针变量 p2。也就是说，p1、p2 分别指向了变量 i、j。

也可以在定义指针变量的同时对其赋值，例如：

```
int  i=3 , j=4 , *p1=&i , *p2=&j ;
```

等价于：

```
int  i , j , *p1, *p2 ;
i=3 ; j=4 ;
p1=&i ;  p2=&j ;
```

指针变量 p1、p2 的指向如图 3-13 所示。

注意

指针变量只能存放变量的地址，不能存放数据。

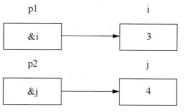

图 3-13　指针变量 p1、p2 的指向

（3）指针变量的引用

可以通过指针运算符"*"引用指针变量，指针运算符可以理解为指向的含义。

【例 3-42】　指针变量的应用。

```
# include <stdio.h>
void main(void )
{
  int a , b ;
  int *p1 ,*p2 ;              /*定义指针变量 p1、p2 */
  a=10,b=20 ;
  p1=&a ,p2=&b ;             /*变量 a、b 的地址分别赋给 p1、p2 */
  (*p1)++, (*p2)++ ;        /*通过 p1、p2 指向变量 a、b，实现变量 a、b 的数据自增 1*/
}
```

2. 通用指针与存储区指针

在 C51 编译器中，指针可以分为两种类型：通用指针（以上所述均为通用指针）和存储区指针。

（1）通用指针

通用指针是指在定义指针变量时未说明其所在的存储空间。通用指针可以访问 51 单片机的存储空间中与位置无关的任何变量。通用指针的使用方法和 ANSI C 中的使用方法相同。例如，下列程序定义了指向片外 RAM 存储单元的通用指针 p1。

```
int main(void)
{
  char *p1;                  /*定义指向字符变量的指针变量 p1*/
  char data c1;
  char xdata c2;
  c1='a';
  c2='b';
  p1=&c2;                    /*p1 指向片外 RAM 的变量 c2*/
}
```

（2）存储区指针

存储区指针是指在定义指针变量的同时说明其存储器类型。存储区指针在 C51 编译器编译时已获知其存储区域，在程序运行时系统直接获取指针；而通用指针在程序运行时才能确定存储区。因此，程序中使用存储区指针的执行速度要比通用指针快，尤其在实时控制系统中，应尽量使用指定存储区的指针进行程序设计。

例如，下列程序定义了字符型存储区指针，并使其指向相应存储区的数组。

```
void  main (void)
{
  char data *pd_c;           /*定义指向字符变量（片内 RAM）的指针变量 pd_c*/
```

```
    char xdata *px_c;           /*定义指向字符变量（片外 RAM）的指针变量 px_c*/
    char data a[10];
    char xdata b[10];
    pd_c=&a[0];                 /*指针变量 pd_c 指向片内 RAM 区的数组元素 a[0]*/
    px_c=&b[0];                 /*指针变量 px_c 指向片外 RAM 区的数组元素 b[0]*/
}
```

3. 一维数组与指针

一维数组中，数组名可以表示第 1 个元素的地址，即该数组的起始地址。因此，可以用数组名方式，通过指针运算符"*"引用数组元素。

指针变量是存放地址的变量，也可以将指针变量指向一维数组，通过指针变量引用数组元素。例如：

```
int  a[10], *p ;                /* 定义 a 数组和指针变量 p */
p=a ;                           /* 数组首地址赋予 p */
```

以上语句定义了数组 a 和指针变量 p，p 为指向整型变量的指针变量，p=a 表示把数组的首地址 &a[0] 赋予指针变量 p，称为 p 指向一维数组的元素 a[0]。

【例 3-43】 用不同的方法将数组 a 中的元素赋给数组 b。

```
main( )
{ int a[10]={10,11,12,13,14,15,16,17,18,19},
       b[10],*p,i ;
  p=a;
  for(i=0 ;i<=9 ;i++)
     b[i]=a[i] ;                /*通过 a[i] 直接引用数组元素*/
  for(i=0 ;i<=9 ;i++)
     b[i]=*(a+i);               /*通过*(a+i)数组指针引用数组元素，a 是地址常量*/
  for(i=0 ;i<=9 ; i++)
     b[i]= *(p+i);              /*通过*(p+i)数组指针引用数组元素，p 没有改变*/
  for(i=0 ;i<=9; i++)
     b[i]= p[i];                /*通过 p[i] 数组指针引用数组元素，以上 4 条语句是等价的*/
  for(i=0;i<=9; i++ )
     b[i]=*p++;                 /*通过*p 引用数组元素，p++指向下一元素*/
     }                          /*指针变量 p 递增*/
/*程序中的 5 条 for 循环赋值语句是等价的，在实际程序中，只需要选择其中一条即可完成对数组的赋值*/
```

该程序分析如下。

① 首先定义数组 a，该数组有 10 个元素，即 a[0]、a[1]、a[2]、…、a[9]，它们均为整型元素，并给数组初始化赋值。

② 定义 p 为指向整型变量的指针变量，p=a 即令 p 指向数组 a 的第 1 个元素 a[0]，如图 3-14 所示。

必须强调，数组名 a 表示该数组的起始地址，即 &a[0]，它是一个常量，是不能改变的，而指针变量指向一维数组，它的值也是 &a[0]，但 p 是变量，它的值是可以改变的。

③ 引进 p=a 后，可用 p[i] 表示 p 所指向的第 i 个数组元素 a[i]，因此一维数组的第 i 个元素有以下 4 种表示形式：

```
a[i]     *(a+i)     *(p+i)     p[i]
```

④ *p++，先执行*p 引用数组元素，然后 p++ 移动指针指向下一个数组元素。

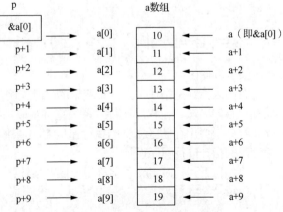

图 3-14 指向一维数组的指针变量

4. 指向数组的指针作为函数参数

数组名可以作为函数参数，实现函数间地址的传递。指向数组的指针也可以作为函数参数，数组名和指针都是地址。

必须强调：在实参向形参传递中，应保证其地址类型的一致性。如果实参表示字符型的数组名（地址），形参也必须定义字符型数组（地址），并以数组名作为形参。

【例 3-44】 由 P0 端口采样 10 次数据，存放在数组 a 中，调用函数（选择法排序）实现数组 a 的数据排序。

程序如下。

```
#define uchar unsinged char
sfr  P0 = 0x80;                    /*声明 P0 为特殊功能寄存器，地址为 80H*/
void sort(uchar x[ ] , char n)      /*定义选择法排序的 sort 函数*/
{uchar i , j , k , t ;
for (i=0 ; i<n-1 ; i++)
   { k=i ;
      for (j=i+1 ; j<n ; j++)
       if (x[j]>x[k])  k=j ;
      if (k!=i)
          {t=x[i] ; x[i]=x[k] ; x[k]=t ;}
   }
}
void main( )
{ uchar a[10] , *p=a , i, j ;
  for (i=0 ;  i<10 ;  i++)
    { *p++=P0 ;                     /*P0 端口采样 10 次数据分别存入数组 a 中*/
      for(i=0;i<200;i++)            /*每次采样延时*/
        for(j=0;j<255;j++);
    }
  p=a ;                            /*恢复指针指向 a[0]*/
  sort(p ,10) ;                     /*调用 sort 函数*/
}
```

程序分析如下。

① 在 main 函数中，通过 sort(p,10)调用 sort 函数，实参为指向 uchar（即 unsigned char）型的指针变量 p 和整型数据 10。

② 被调函数 sort 中，x 为形参数组名，它的类型与实参数组名的类型必须一致。

③ 由于数组名 a 又可以表示数组中第 1 个数组元素的地址(&a[0])，在调用 sort 函数时，通过指针变量 p 将实参数组的首地址传递给形参数组 x（不是值的单向传递），这样两个数组共用一段存储单元，即实参数组名和形参数组名共同指向数组的第一个元素，如图 3-15 所示。

④ 形参数组可以不指定大小，如形参数组的定义为 sort(char x[])。实参数组与形参数组的长度可以不一致，其大小由实参数组决定。

⑤ 虽然 sort 定义为无返回值函数，但在调用 sort 函数后，形参数组中各元素的值的任何变化，实际上就是实参数组 a 中各元素值的变化。在返回主函数后，数组 a 得到的是经 sort 函数处理过的结果。

⑥ 主函数在调用 sort 时还可以以数组名作为实参，如 sort(a,10)，其执行结果相同。

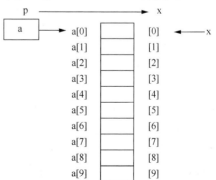

图 3-15　用指针变量作为函数参数进行地址传递

3.4 Keil 单片机集成开发环境

Keil 是 Keil 公司开发的 51 系列兼容单片机的软件开发平台。Keil 提供了包括 C 编译器、宏汇编、连接器、库管理和一个功能强大的仿真调试器等在内的完整开发方案，通过一个集成开发环境 μVision 将这些部分组合在一起，统称为 Keil μVision（以下简称 Keil），其中用于 C51 的开发环境简称 Keil C。

由于 Keil 集成开发环境同时支持 51 单片机汇编语言和 C51 两种语言的编程，特别是 Keil C 对 C51 的完美支持，它已经成为开发 51 单片机程序的首选平台。

3.4.1 单片机应用程序开发过程

单片机应用程序开发过程如图 3-16 所示。首先要在兼容 51 单片机的开发环境（如 Keil）下建立源代码文件（工程）。然后利用集成开发环境的编译器和连接器生成下载所需的目标文件，进行系统的仿真调试。仿真调试成功后将目标文件利用 ISP 或 IAP（In Application Programming，在应用编程）下载到单片机（应用系统）ROM 中，然后反复调试运行直至成功。

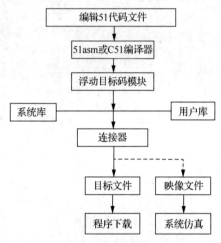

图 3-16 单片机应用程序开发过程

3.4.2 Keil 集成开发环境的安装

本节以 Keil μVision4 为例，说明 Keil 在 Windows 7 下的安装过程。

① 打开 Keil 安装文件所在的文件夹。双击安装文件，弹出图 3-17 所示的对话框。单击"Next"按钮进入下一步进入协议许可对话框。

② 协议许可对话框如图 3-18 所示，选择"I agree to all the terms of the preceding License Agreement"（同意协议），单击"Next"按钮进入安装路径选择对话框。

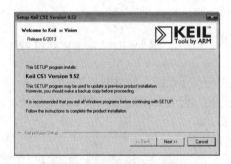

图 3-17 安装向导欢迎对话框

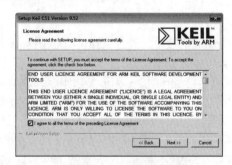

图 3-18 协议许可对话框

③ 安装路径选择对话框如图 3-19 所示。可以直接输入路径，也可以通过单击"Browse"按钮，通过资源管理器来选择安装路径。注意，路径要选在盘符根目录下，并且不能更改安装文件夹的名称，如 D:\Keil。如果更改了安装文件夹的名称，在编译工程时，可能会由于无法找到编译器而导致无法编译工程。选择好安装路径之后，单击"Next"按钮进入用户信息填写对话框。

④ 用户信息填写对话框如图 3-20 所示，输入正确的信息，电子邮箱（E-mail）一定要填写，否则"Next"按钮不被激活，则无法完成安装，填写正确之后，单击"Next"按钮进入软件安装状态对话框。

⑤ 软件安装状态对话框如图 3-21 所示，安装程序开始释放文件到指定的目录下，并显示进度。当安装结束之后，单击"Next"按钮进入安装完成对话框，如图 3-22 所示。

图 3-19　安装路径选择对话框

图 3-20　用户信息填写对话框

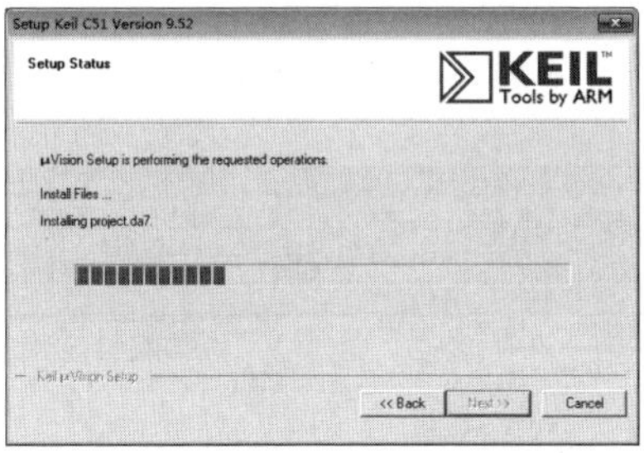

图 3-21　软件安装状态对话框

图 3-22　安装完成对话框

⑥ 安装完成对话框中有两个复选框，分别是"Show Release Notes."（显示版本说明）和"Add example projects to the recently used project list."（添加实例工程到工程列表），选择之后，单击"Finish"按钮完成软件安装，同时弹出网页浏览器显示版本信息，并添加实例。

3.4.3　Keil 工程的建立

本节介绍在 Keil 下编辑 51 单片机源程序的方法。

在启动 Keil 后，为单片机开发建立一个工程，其操作步骤如下。

1. 新建工程文件

在 Keil 启动后的工程窗口，单击菜单"Project"，选择"New μVision Project"命令，如图 3-23 所示。在打开的新建工程对话框中输入工程文件名（如"pro3"），单击"保存"按钮。

2. 选择 CPU 类型 s

单击"保存"按钮后弹出图 3-24 所示 CPU 选择对话框，选择"Atmel"→"AT89C51"（典型的 51 单片机）命令，在"Description"栏内会显示该款单片机的简单描述，单击"OK"按钮，弹出对话框，提示是否在工程中添加 STARTUP.A51 文件，可以根据需要来确定是否添加。STARTUP.A51 文件是启动文件，主要用于清理 RAM、设置堆栈、掉电保护等单片机的启动初始化工作，即执行完 STARTUP.A51 文件后跳转到.c 文件的 main 函数，一般情况下不要对其进行修改。

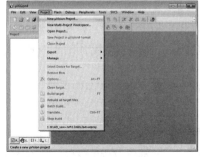

图 3-23　新建工程

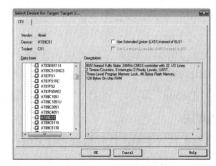

图 3-24　CPU 选择对话框

3. 添加源程序文件到工程中

完成上述操作后，建立了一个空的工程文件，弹出工程窗口如图 3-25 所示。

在该窗口可以向工程中添加源程序文件并对其进行编辑，其操作步骤如下。

① 单击菜单 "File" → "new"（或单击工具栏中的图标 □），新建一个空的文档文件。建议首先保存该文件，这样在输入代码时会有语法的高亮指示。如果输入 51 单片机汇编语言代码，则保存为.asm 文件；如果输入 C51 代码，则保存为.c 文件。这里选择保存为 pro3.c。

② 在工程窗口文档输入栏，编辑、输入相应的 C51 程序之后保存，建立 pro3.c 源程序文件。

③ 在窗口左侧 Project 栏中将工程展开，在 "Source Group1" 上右击并选择 "Add Existing Files to 'Source Group1'" 命令，即可完成源程序文件的添加。

添加源程序文件后的工程窗口如图 3-26 所示。

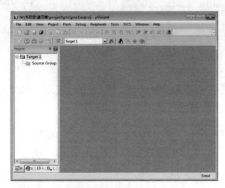

图 3-25　工程窗口

图 3-26　添加源程序后的工程窗口

4. 编译生成.hex 文件

编译生成.hex 文件的操作步骤如下。

① 对工程（源程序）文件进行编译，可以单击工具栏上的编译按钮 ，在信息栏会有编译的提示信息，若源程序有语法错误，则根据错误或者警告提示修改源程序直至提示错误或者警告为 0。

② 在工程窗口的 "Target1" 上右击选择 "Options for Target 'Target1'" 命令，或者单击工具栏中的按钮 ，打开.hex 文件生成设置对话框，选择 "Output" → "Create HEX File" 命令，单击 "OK" 按钮。然后进行编译，编译完成在信息栏就会提示已生成.hex 文件。

3.4.4　Keil 调试功能

在源程序编译成功之后可以对程序进行仿真功能验证及调试。Keil 内置的软件仿真模块可对 51 单片机的片内资源及 I/O 端口进行简单的仿真调试。

1. 设置调试环境

设置调试环境的操作步骤如下。

① 在图 3-27 所示的对话框中单击 "Target" 选项卡，打开仿真频率修改对话框，如图 3-28 所示。在这里可以设置仿真频率、单片机的主频（"Xtal(MHz)" 项设置为常用的 12MHz 或 24MHz）及编译程序时对内存的分配。

② 单击 "Debug" 菜单，选择 "Use Simulator" 命令，即可使用软件仿真器。

2. 仿真调试

在主界面的工具栏中单击按钮 或者按 Ctrl + F5 组合键，可进入 Keil 的仿真调试窗口（再次操作可以退出仿真调试）。这时可以观察寄存器、内存、I/O 端口、定时器等资源的变化，如图 3-29 所示。

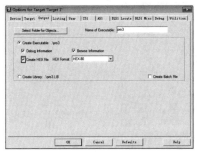

图 3-27　.hex 文件生成设置对话框

图 3-28　仿真频率修改对话框

图 3-29　仿真调试窗口

3. 仿真调试命令

仿真调试命令包含复位、全速运行（F5 键）、停止、单步跟踪（跟踪子程序，F11 键）、单步跟踪（不跟踪子程序，F10 键）、跳出子程序（Ctrl + F11 组合键）和运行到当前行（Ctrl + F10 组合键）。同时可以在源代码窗格或者反汇编窗格中设置断点，进行程序的调试。

4. 调试窗格的功能

在程序仿真调试时，能够通过窗口内各调试窗格按钮打开或关闭各功能调试窗格，如图 3-30 所示，主要窗格功能如下。

① 寄存器窗格（Register）：主要用于观察单片机片内的各个寄存器的变化，并且能够观察程序运行所消耗的时间和单片机片内状态。

② 反汇编窗格（Disassembly）：可以查看编译后程序的反汇编，并能观察到程序运行状态。也可以在该窗格设置断点或者删除断点，在需要设置断点的语句前双击或者右击选择 "Insert/Remove Breakpoint" 命令，设置成功之后在相应的行之前出现一个红色的圆点。调试程序时，连续运行程序到断点语句处，以便观察各寄存器和变量的变化。

③ 本地变量查看窗格（Call Stack + Local）：主要用于查看运行到程序段（函数）其内部所对应变量的变化。该窗格自动将本程序段（函数）内用到的变量集中，便于观察其变化。

④ 变量查看窗格（Watch）：如图 3-31 所示，主要用于查看变量变化，可以手动添加要观察的变量。添加变量的方法为：双击 "<Enter expression>"，在相应的文本框内输入变量名称，后面会显示该变量的值和类型，并且能够在线修改变量的值。Keil 在调试时可以同时打开两个变量查看窗格。

⑤ 调试命令窗格（Debug Command）：可以查看程序当前运行情况，同样可以在该窗格中设置程序断点。

⑥ 存储查看窗格（Memory）：如图 3-32 所示，主要用于观察内存单元的变化，需要手动输入要查看的内存单元地址。在 "Address" 文本框内输入不同的前缀可查看不同存储区域的值（d：片内直接寻址区。c：程序存储区。i：片内间接寻址区。x：片外数据存储区）。双击相应单元的数据可以进行修改。

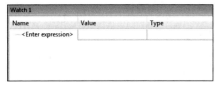

图 3-31　变量查看窗格

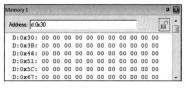

图 3-32　存储查看窗格

5. I/O 端口及单片机资源状态

调试过程中，单击 "Peripherals" 菜单，可以根据需要分别打开 Keil 内置的单片机外设资源仿真，如图 3-33 所示。

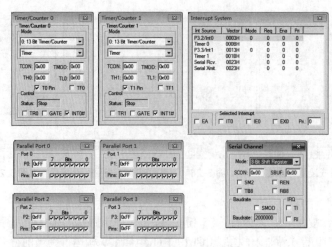

图 3-33　单片机资源窗格

在图 3-33 中，有定时器/计数器、中断系统、I/O 端口及串行口资源仿真状态，相关说明如下。

① 定时器窗格（Timer/Counter 0、1）：查看定时器的工作模式、计时器值及状态。

② 中断系统窗格（Interrupt System）：查看中断打开的状态及标志位的变化。

③ I/O 端口窗格（Parallel Port 0、1、2、3）：查看 P0～P3 端口的片内寄存器及引脚的状态。

④ 串行口窗格（Serial Channel）：查看串行口的工作模式、波特率及控制字的状态。

3.5　单片机 I/O 端口应用实例

本节在 Keil 及 Proteus 仿真环境下，通过单片机 I/O 端口的应用实例，介绍单片机软件和硬件的设计步骤及应用系统的仿真调试。

1. 设计要求

本例通过键盘开关（开关按下时接通，弹起时处于断开状态）控制 8 个共阳极连接的 LED，要求如下。

① 按下开关 K1 后弹起，LED 从左向右（或从右向左）依次点亮。

② 按下开关 K2 后弹起，LED 保持当前状态。

③ 按下开关 K3 锁住（未弹起），LED 从右向左依次点亮，K3 弹起，LED 从左向右依次点亮。

④ 按下开关 K4 锁住，LED 全部熄灭。

2. 仿真电路设计

（1）设计技术

单片机仿真电路设计需适应软件对键盘的检测要求，通过键盘开关控制连接输入端口的电平是高电平 1 还是低电平 0 来完成开关状态的检测，由于 P0 端口的输出极为场效应管漏极开路型，在使用时必须外接上拉电阻。而 P1～P3 端口则不需要上拉电阻。

LED（点亮时）驱动电流仅需要 10mA，采用单片机输出端口低电平完全满足驱动要求。

（2）Proteus 电路设计

① 建立设计文件。打开 ISIS 7 Professional 窗口。单击 "File" → "New Design"，选择 "Save Design" 命令，输入文件名（×××.DSN）后保存文件。

② 放置元件。单击对象选择按钮 "P"，选择电路需要的元器件，见表 3-10。在 ISIS 原理图编辑窗口放置元件、电源 "POWER" 和地 "GROUND"。

表 3-10 元器件清单

元器件名称	参数/型号	数量	关键字
单片机	80C51	1	80C51
晶振	12MHz	1	Crystal
瓷片电容	30pF	2	Cap
电解电容	10~20μF	1	Cap-Pol
电阻	10kΩ	5	Res
电阻	270Ω	8	Res
LED-YELLOW		8	LED-Yellow
按键		4	Button

③ 拖动鼠标对元件连接布线、双击元件进行元件参数设置等操作。

仿真电路如图 3-34 所示。

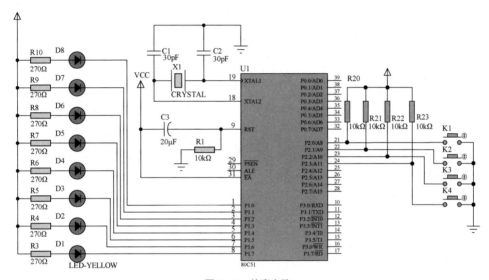

图 3-34 仿真电路

3. 程序设计

程序设计的关键技术是键盘识别、循环和软件延时,下面分别给出 51 单片机汇编语言程序和 C51 程序。

（1）汇编语言程序

汇编语言程序如下。

```
        ORG 0000H
START:
        MOV  A, #0FEH          ;FEH 为点亮第一个 LED 的代码
        JNB  P2.0, LP          ;判断 K1 是否按下
        JNB  P2.2, LPL
        JB   P2.3, NEXT
        MOV  P1, #0FFH
        SJMP START
NEXT:
        SJMP START
LP:     MOV  P1, A             ;点亮 P1.0 控制的 LED
        LCALL DELAY            ;调用延时子程序
```

```
                RR      A                       ; 0 右移一位
                JNB  P2.1, START                ;判断 K2 是否按下
                JNB  P2.2, START                ;判断 K3 是否按下
                JNB  P2.3, START                ;判断 K4 是否按下
                SJMP    LP                      ;不断循环

LPL:            MOV  P1, A                      ;点亮 P1.0 控制的 LED
                LCALL  DELAY                    ;调用延迟一段时间的子程序
                RL      A                       ; 0 左移一位
                JNB  P2.1, START
                JB   P2.2, LP                   ;判断 K3 是否锁定为低电平
                JNB  P2.3, START
                SJMP    LPL                     ;不断循环
DELAY:
                MOV  R0, #5FH                    ;延时子程序入口
LP1:
                MOV  R1, #0FFH
LP2:
                NOP
                NOP
                NOP
                DJNZ  R1 , LP2
                DJNZ  R0 , LP1
                RET                             ;子程序返回
                END
```

Keil 环境编辑汇编语言程序如图 3-35 所示。

（2）C51 程序

C51 程序如下。

```c
#include <intrins.h>
#include <reg51.h>
#define uchar unsigned char
void delay(uchar m);                        //声明延时函数 delay
sbit i1=P2^0;
sbit i2=P2^1;
sbit i3=P2^2;
sbit i4=P2^3;
void main()
{
  uchar s_data = 0xFE ;                      //FEH 为点亮第一个 LED 的代码
  while(1)
  {if(i1==0)
      while(1)
      { if(i3==0)
            {P1 =s_data;
             s_data = _crol_(s_data, 1);   //左移
             delay(2);                       //调用延时函数，实参可以调整时间
            }
        else
          {P1 =s_data;
           s_data = _cror_(s_data , 1);    //右移
           delay(2);
```

```
        }
        if(i2==0) break;
        if(i4==0) {P1=0XFF;break;}
    }
  }
}
void delay(uchar m)                           //延时函数
{
    uchar a, b, c;
    for(c=m;c>0;c--)
        for(b=255;b>0;b--)
            for(a=255;a>0;a--);               //三重循环
}
```

Keil 环境编辑 C51 程序如图 3-36 所示。

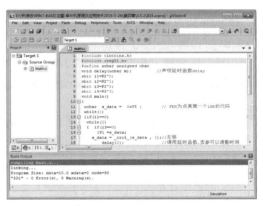

图 3-35　Keil 环境编辑汇编语言程序　　　　　图 3-36　Keil 环境编辑 C51 程序

4. Keil 工程建立及仿真

Keil 工程建立及仿真操作步骤如下。

① 启动 Keil 程序，在 Keil 窗口中，选择 "Project" → "New μVision Project" 命令，在打开的新建工程对话框中输入工程文件名 "IO2"，保存工程。

② 选择 CPU 类型。选择 "80C51" 命令。

③ 选择 "File" → "New" 命令，在窗口代码编辑区输入并编辑源程序，然后保存文件。如果输入汇编语言程序，则保存为.asm 文件；如果输入 C51 程序，则保存为.c 文件。

④ 添加源程序文件到工程中。在 "Project" 窗口中将工程展开，在 "Source Group1" 上右击并选择 "Add Existing Files to 'Source Group1'" 命令后，选择保存过的源程序文件（.c 或.asm 文件）即可完成源程序文件的添加。

⑤ 设置环境。在 "Project" 窗口的 "Target1" 上右击选择 "Options for Target 'Target1'" 命令后，在弹出的对话框中切换到 "Output" 选项卡，选择 "Create HEX File" 命令，切换到 "Debug" 选项卡，选择 "Use Simulator" 选项。

⑥ 编译源程序。选择 "Project" → "Build target" 命令对源程序进行编译，生成.hex 目标文件。需要指出的是，在一个含有工程的文件夹中，可以同时存在汇编和 C51 甚至多个源程序文件。但在编译时，只对当前添加到工程中的源程序文件进行编译，产生的目标文件名为工程文件名，而不是源程序文件名。

⑦ 程序仿真。在工具栏中单击按钮 或者按 Ctrl + F5 组合键，进入 Keil 调试环境。可进行全速运行（按 F5 键）、停止、单步跟踪（跟踪子程序，按 F11 键）、单步跟踪（不跟踪子程序，按 F10 键）、跳出子程序（按 Ctrl + F11 组合键）和运行到当前行（按 Ctrl + F10 组合键）等调试。Keil 环境下的汇编语言程序和 C51 程序仿真结果分别如图 3-37 和图 3-38 所示。

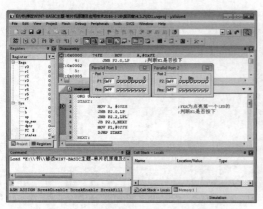 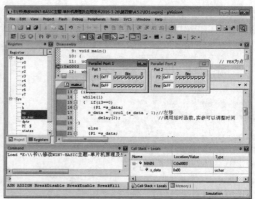

图 3-37　Keil 环境汇编语言程序仿真结果　　　图 3-38　Keil 环境 C51 程序仿真结果

5. Proteus 仿真调试

Proteus 仿真调试操作步骤如下。

① 加载目标程序。在 Proteus 窗口中打开已经建立的原理图，双击单片机 80C51 图标，在弹出的"Edit Component"对话框的"Program File"栏中选择需要加载的目标文件（.hex），单击"OK"按钮，完成目标程序的加载。

② Proteus 仿真调试。单击窗口左下角的"Play"（仿真运行）按钮、"Step"（单步）按钮、"Pause"（暂停）按钮、"Stop"（停止）按钮，可以对电路进行相应模式的仿真调试。Proteus 仿真调试结果如图 3-39 所示。

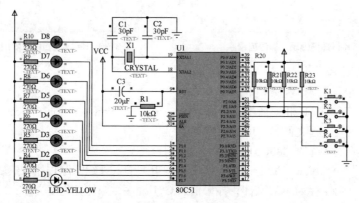

（a）左移位循环（K3 键按下）

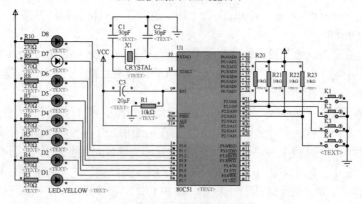

（b）右移位循环（K3 键弹起）结果

图 3-39　Proteus 仿真调试结果

3.6　Keil C 与 Proteus 联机调试实例

单片机应用系统已经广泛使用 C51 编程和 Proteus 仿真调试，但单片机集成开发环境 Keil C 在默认情况下并不支持与 Proteus 进行联机调试。

为了方便系统软硬件仿真调试（设计）同步，提高单片机系统设计效率，可以通过插件或者修改文件格式的方法建立 Keil C 与 Proteus 虚拟仿真联合调试环境。

3.6.1　通过插件实现 Keil C 与 Proteus 联机调试及实例

本节主要介绍通过安装插件的方法来实现 Keil C 与 Proteus 的联机调试。

1. 安装插件

能够实现 Keil C 与 Proteus 的联机调试的插件为 vdmagdi.exe。该插件与其他 Windows 应用程序安装过程基本相同，但在进行路径选择时必须选择 Keil C 的安装文件夹，如 D:\keil。

vdmagdi.exe 插件安装完成之后，可以通过以下两种方式检查安装是否成功。

① 直接运行 Keil C，打开"Options for Target 'Target1"对话框，切换到"Debug"选项卡，如图 3-40 所示。选择"Use"单选按钮，如果安装成功，在其右侧下拉列表中应该有"Proteus VSM Simulator"选项。

② 打开 Keil C 的安装文件夹，查看 Tools.ini 文件夹是否存在 BIN\VDM51.DLL（"Proteus VSM Simulator"），如果没有则说明安装失败，需重新安装。

2. 设置联机

插件安装成功之后，实现 Keil C 与 Proteus 两个平台的联机需要进行如下设置。

① Keil C 设置。打开图 3-40 所示的"Debug"（调试）选项卡，选择"Proteus VSM Simulator"（仿真器）选项，然后单击"Settings"（设置）按钮，打开"VDM51 Target Setup"对话框，可以设置"Host"（主机）的 IP（127.0.0.1）和相应的"Port"（端口，8000）及缓存，这里可以选择默认设置。注意，8000 不能进行修改，否则不能与 Proteus 联机。

联机调试还支持不同计算机之间的 Keil C 与 Proteus 联机，只需要将本机"Host"中的 IP（Internet Protocol，互联网协议）地址改为运行 Proteus 的计算机 IP 地址即可。

② Proteus 设置。打开 Proteus 之后，选择"Debug"（调试）→"Use Remote Debug Monitor"（使用远程调试监视窗口）命令，如图 3-41 所示，即可完成 Proteus 的设置。

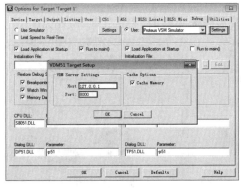

图 3-40　Keil 设置

图 3-41　Proteus 设置

3. 联机调试实例

要求实现不相邻的两个 LED 被点亮同时循环左移，进行 Keil C 与 Proteus 的联机调试，操作步骤如下。

① Proteus 仿真电路如图 3-34 所示。

② 将 C51 程序输入 Keil C 环境工程中，并进行编译。

C51 程序如下。

```c
#include <reg51.h>
#include <intrins.h>
#define uchar unsigned char
#define uint  unsigned int
#define led P1
void delay(uchar m);
void main()
{
  uchar s_data =  0x01 ;
  while(1)
    {
        led = ~s_data;                    //仅点亮一个 LED
        s_data = _crol_(s_data , 1);
        delay(200);
    }
}
void delay(uchar m)                       // 毫秒延时程序
{
  unsigned char a,b,c;
  for(c=m;c>0;c--)
      for(b=142;b>0;b--)
          for(a=2;a>0;a--);
}
```

③ 编译完成后，单击 Keil C 中的"Debug"菜单，选择"Debug"（调试）命令，Keil C 和 Proteus 会同时进入调试模式。

④ 进入调试模式之后，可以通过 Keil 设置单步跟踪或者断点，对程序进行调试，同步观察 Proteus 仿真电路的运行及单片机资源状态。在修改和完善程序后，必须在 Keil C 下重新编译，Proteus 仿真电路的状态便可同步跟踪程序的变化。

在调试过程中，发现只有一个 LED 被点亮同时循环移动，根据系统设计，需要在 Keil C 的本地变量查看窗口中，把源程序中变量 s_data 的值 0x01 修改为 0x05，如图 3-42（a）所示。修改后，在 Keil C 下重新编译。当程序再次执行到 led =~s_data 时，Proteus 窗口中 P1.2 和 P1.0 对应的两个 LED 同时点亮，然后循环移动，如图 3-42（b）所示。

可以看出，Keil C 与 Proteus 调试窗口中的寄存器及变量内容变化是一致的。

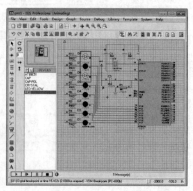

（a）Keil C　　　　　　　　　　　　　　　（b）Proteus

图 3-42　联机调试模式

3.6.2　通过.omf 文件实现 Keil C 与 Proteus 联机调试及实例

Keil C 与 Proteus 联机调试还可以通过.omf 文件实现，其调试窗口更方便用户查看。

1. 生成.omf 文件

生成.omf 文件操作步骤如下。

① 以图 3-34 为例，建立 Keil 工程，添加流水灯代码。

② 设置 Keil C 生成.omf 文件。在工程窗口的"Target1"上右击选择"Options for Target 'Target1'"→"Output"命令，如图 3-43 所示，选择"Create HEX File"选项，同时在"Name Of Executable"文本框内输入"pro.omf"，单击"OK"按钮，完成生成.omf 文件的设置。对工程进行编译则会同时生成 pro.omf 和 pro.hex 这两个文件，编译输出信息如图 3-44 所示。

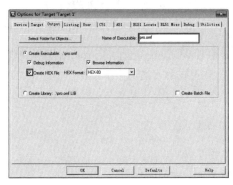

图 3-43　.omf 文件设置

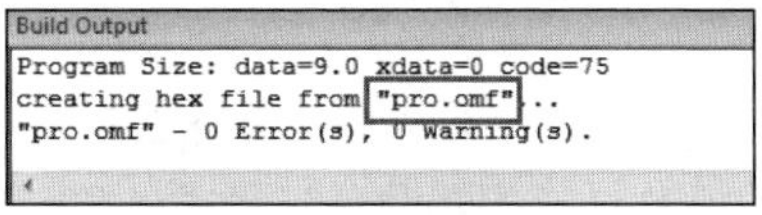

```
Build Output
Program Size: data=9.0 xdata=0 code=75
creating hex file from "pro.omf"..
"pro.omf" - 0 Error(s), 0 Warning(s).
```

图 3-44　编译输出信息

2. 将.omf 文件载入 Proteus 中

双击 Proteus 编辑区域的单片机图标，打开单片机属性设置窗口，在"Program File"框中选择 pro.omf 文件，单击"OK"按钮即可完成.omf 文件的载入，如图 3-45 所示。

3. 联机调试

选择 Proteus 的"Debug"→"Start/Restat Debuging"命令，Proteus 进入调试模式，如图 3-46 所示。在调试模式下，可以打开寄存器、存储器、SFR、程序代码和变量 5 个窗口，调试时可观察其存储单元的数据变化。

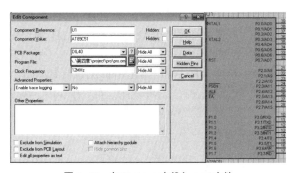

图 3-45　在 Proteus 中载入.omf 文件

在单片机图标上右击或者查看"Debug"菜单，可以看到图 3-46 中增加了"8051 CPU Source Code"（源代码）和"8051 CPU Variables"（变量）两个窗口。源代码窗口用于显示程序运行的位置，还可以设置断点进行程序调试；变量窗口可以自动列出变量及特殊功能寄存器的名称、地址及当前值。

在 Proteus 仿真调试中，可以实现程序的单步调试或者断点调试；在"8051 CPU Source Code"窗口中可以显示 C51 代码、指示程序运行的位置；在 Proteus 的"8051 CPU Variables"窗口能够观察到程序运行时各个变量值的变化；在光标所在行双击可以设置程序调试断点。

在修改和完善程序后，必须在 Keil C 下重新编译，Proteus 仿真电路状态便可同步跟踪程序的变化。例如，该程序功能修改为实现一个 LED 熄灭移动，其他 LED 全亮，则仅需在 Keil C 中将"led = ~ s_data;"改为"led = s_data;"，程序编译后重启 Proteus 调试功能，会自动加载新生成的.omf 文件进行调试。程序修改后的 Proteus 调试结果如图 3-47 所示。

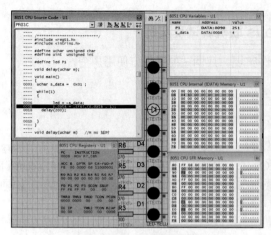

图 3-46　Proteus 调试模式

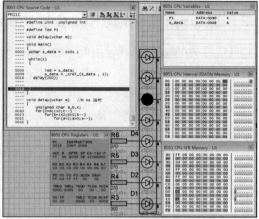

图 3-47　程序修改后的 Proteus 调试结果

需要指出，通过.omf 文件实现 Keil C 与 Proteus 联机调试时，必须将 Proteus 工程文件与 Keil C 工程文件存放在相同的文件夹中，否则源代码窗口是不能显示 C 程序代码的。

3.7　思考与练习

1. 汇编语言有什么特征？为什么要学习汇编语言？

2. 51 单片机有哪几种寻址方式？举例说明它们是怎样寻址的？

3. 如何区分位寻址和字节寻址？它们在使用时有何不同？

4. 什么是堆栈？其主要作用是什么？

5. 编程将片内数据存储器 20H～30H 单元内容清 0。

6. 编程查找片内 RAM 的 32H～41H 单元中是否有 0AAH 这个数据，若有则将 50H 单元置为 0FFH，否则将 50H 单元清 0。

7. 查找 20H～4FH 单元中出现 00H 的次数，并将查找结果存入 50H 单元。

8. 已知 A=83H、R0=17H、(17H)=34H，写出下列程序段执行完后 A 中的内容。

```
ANL     A, #17H
ORL     17H, A
XRL     A, @R0
CPL     A
```

9. 已知单片机的 f_{osc}=12MHz，分别设计延时为 0.1s、1s、1min 的子程序。

10. 51 单片机汇编语言中有哪些常用的伪指令？各起什么作用？

11. 比较下列各题中的两条指令有什么异同？

（1）MOV　A, R1　和　MOV　0E0H, R1

（2）MOV　A, P0　和　MOV　A, 80H

（3）LOOP: SJMP　LOOP　和　SJMP　$

12. 下列程序段汇编后，从 3000H 开始各有关存储单元的内容是什么？

```
        ORG  3000H
TAB1:   EQU  1234H
TAB2:   EQU  5678H
        DB   65,13,"abcABC"
        DW   TAB1,TAB2,9ABCH
```

13. 为了提高汇编语言程序的执行效率，在编写时应注意哪些问题？

14. 片内 RAM 的 20H 单元开始有一个数据块，以 0DH 为结束标志，试统计该数据块的长度，将该数据块传送到片外数据存储器 7E01H 开始的单元，并将长度存入 7E00H 单元。

15. 片内 RAM 的 DATA 开始的区域中存放着 10 个单字节十进制数，求其累加和，并将结果存入 SUM 和 SUM+1 单元。

16. 片内 RAM 的 DATA1 和 DATA2 单元开始存放着两个等长的数据块，数据块的长度在 LEN 单元中。请编程检查这两个数据块是否相等。若相等，将 0FFH 写入 RESULT 单元，否则将 0 写入 RESULT 单元。

17. 有一输入设备，其端口地址为 20H，要求在 1s 内连续采样 10 次，读取该端口数据，设计仿真电路，编程求其算术平均值，并将结果存放在片内 RAM 区的 20H 单元。

18. 编写子程序，将片内 RAM 区以 30H 为起始地址的连续 10 个存储单元中的数据，按照从小到大的顺序排序，排序结果仍存放在原数据区。

19. C51 扩展了哪些数据类型？举例说明如何定义变量。

20. 简述 C51 存储类型关键字与 8051 单片机存储空间的对应关系。

21. C51 程序常用的头文件有哪些？分别指出其主要内容或定义。

22. 什么是全局变量？什么是局部变量？

23. 在定义 int a=1,b=1 后，分别指出表达式 b=a、b=a++ 和 b=++a 执行后变量 a 和 b 的值。

24. 分别举例说明数组、指针、指针变量和地址的含义。

25. 文件包含#include<reg51.h>和#include<intrins.h>的作用是什么？

26. C51 中断函数如何定义？在使用时应注意哪些问题？

27. 用 C51 编程实现以下功能。

（1）当 P1.0 输入为高电平时，P1.2 输出控制信号灯点亮。

（2）当 P1.0 输入为低电平时，P1.2 输出控制信号灯点亮。

（3）P1.0 外接一按钮开关实现多路电子开关，当按钮开关第 1 次、第 2 次、第 3 次按下时，分别控制 P1.0、P1.1、P1.2 输出点亮信号灯。

（4）分别编写固定延时大约为 0.1s、1s、10s 的无形参函数。

（5）编写带有形参的延时函数，由主函数调用并传递参数控制延时。

28. 设置 P0.0～P0.3 分别连接 4 个输入按键，当按下连接输入端口某一位的按键时，分别对应调用函数 h0、h1、h2、h3。

29. 在主函数调用一个自定义函数，该函数实现在 1s 内连续 10 次读取 P0 端口（8 位字节）的数据，存放在数组 a 中，求取平均值后返回主函数，将值赋给变量 ave。

30. 编写函数 sum，求数组 a 中各元素的数据和。要求在 main 函数中分时读取 P0 端口的 10 个无符号二进制数据存入数组 a 中，调用 sum 函数并返回数据和。

31. 编写流水灯控制程序，要求由 8051 单片机的 P1 端口控制 8 个 LED（采用共阳极连接）左移依次轮流点亮，然后右移依次轮流点亮，循环不止。

32. 在 while(1)循环体中，使用选择结构编写程序，当 P0 端口通过键盘输入的数字为 01H、02H、04H、08H 时，分别调用函数 A、B、C、D，当输入数字"0"时，循环等待。

33. 要求用 P1 端口控制 8 个 LED，每一个 LED 实现左移循环点亮，紧接着右移循环点亮，循环不止。设计仿真电路，编写控制程序，进行仿真调试。

第4章　51单片机中断系统及应用

在 CPU 与外部设备交换信息时，存在着快速的 CPU 与慢速的外部设备的矛盾，系统内部也会发生一些需要紧急处理的随机事件。为了充分利用 CPU 资源，快速地处理突发事件，计算机系统通常采用中断技术进行 I/O 处理。

中断技术不仅解决了 CPU 和外部设备之间的速度匹配问题，极大地提高了计算机的工作效率，而且可以在执行正常程序的过程中实时处理控制现场的随机突发事件，特别适合用于实时控制系统。中断技术在单片机控制系统及 I/O 信息处理中得到广泛的应用。

本章主要介绍中断的概念、51 单片机中断系统的结构、中断控制、外部中断源扩展、中断应用技术、中断应用设计实例及仿真。

4.1　中断的概念

在主机和外设交换信息时，若采用程序控制（查询）传送方式，CPU 不能控制外设的工作速度，CPU 只能用等待的方式来解决与外设的速度匹配问题，计算机的工作效率很难提高。为了解决快速的 CPU 与慢速的外设之间的矛盾，在计算机系统中引入了中断技术。

4.1.1　中断及中断源

当 CPU 正在执行某一段程序的过程中，如果外界或内部发生了紧急事件，要求 CPU 暂停正在运行的程序转而去处理这个紧急事件，待处理完后再回到原来被停止执行程序的断点，继续执行原来的程序，这一过程称为中断。中断过程示意如图 4-1 所示。

产生中断请求的中断源，可以是外部设备，也可以是某种突发事件或系统故障，以及在实时控制系统中各种参数及状态超过限度的随机变化。

实现中断功能的机构称为中断系统。

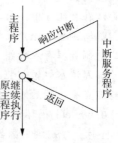

图 4-1　中断过程示意

在计算机系统中，大多数 I/O 操作都采用了中断技术进行数据传送。中断源是随机（或主动）向 CPU 提出信息交换请求的，CPU 在收到请求之前，执行本身的主程序（或等待中断），只有在收到中断源的中断请求之后，才中断原来主程序的执行，转而去执行中断服务程序，这样可大大提高 CPU 的工作效率。

在实时控制系统中,从现场采集到的数据可以通过中断方式及时地传送给 CPU,经过处理后 CPU 可以立即做出响应,实现现场控制。

4.1.2　中断嵌套及优先级

51 单片机和一般计算机系统一样允许有多个中断源。当几个中断源同时向 CPU 请求中断,要求 CPU 响应的时候,就存在 CPU 优先响应哪一个中断源的问题。一般 CPU 应优先响应最需紧急处理的中断请求。为此需要规定各个中断源的优先级,使 CPU 在多个中断源同时发出中断请求时能找到优先级最高的中断源,响应它的请求。在优先级高的中断请求处理完了之后,再响应优先级低的中断请求。

当 CPU 正在处理一个优先级低的中断请求的时候,如果其他中断源发出另一个优先级比当前中断请求高的中断请求,CPU 暂停正在处理的中断源的中断服务程序,转而处理优先级高的中断请求,待处理完之后,再回到原来处理的低级中断服务程序,这种高级中断源能中断低级中断源的中断处理称为中断嵌套。具有中断嵌套的系统称为多级中断系统,没有中断嵌套的系统称为单级中断系统。

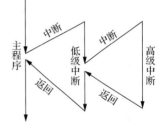

图 4-2　两级中断嵌套的中断过程

51 单片机内部有 5 个中断源,提供两个中断优先级,能实现两级中断嵌套。每一个中断源的优先级的高低都可以通过编程来设定。两级中断嵌套的中断过程如图 4-2 所示。

4.2　中断系统的结构及中断控制

在单片机进行中断操作时,必须熟悉单片机中断系统的结构,并根据所使用的中断源对相应的功能位实施编程或控制。

4.2.1　中断系统的结构

51 单片机的中断系统包括中断源、定时和外部中断控制寄存器 TCON、中断允许寄存器 IE、串行口控制寄存器 SCON 及中断优先级寄存器 IP 等功能部件。

51 单片机中断系统的结构如图 4-3 所示。

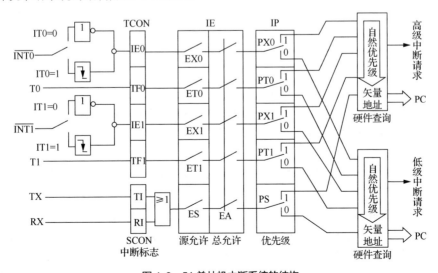

图 4-3　51 单片机中断系统的结构

4.2.2　中断源和中断请求标志

51 单片机有 5 个中断源，可以对其编程，以设置中断请求触发方式，以及在中断源请求中断时锁存相应的中断请求标志。

1. 中断源及中断请求触发方式

（1）中断源

51 单片机的 5 个中断源（2 个外部中断源和 3 个内部中断源）如下。

① 外部中断 0。来自 P3.2 引脚的中断请求输入信号 $\overline{INT0}$。

② 外部中断 1。来自 P3.3 引脚的中断请求输入信号 $\overline{INT1}$。

③ T0 溢出中断。定时器/计数器 0 溢出置位 TF0 中断请求。

④ T1 溢出中断。定时器/计数器 1 溢出置位 TF1 中断请求。

⑤ 串行口中断。串行口完成一帧数据的发送或接收中断请求 RI 或 TI。RI 和 TI 是经逻辑或以后作为内部的一个中断源使用的。

（2）中断请求触发方式

外部中断请求有两种触发方式，即电平触发方式和边沿触发方式。在每个机器周期的 S5P2 时刻检测 $\overline{INT0}$ 或 INT1 的信号。

① 电平触发方式。检测到中断请求信号为低电平有效。

② 边沿触发方式。两次检测中断请求，如果前一次为高电平，后一次为低电平，则表示检测到下降沿为有效请求信号。为了保证检测可靠，低电平或高电平的宽度至少要保持一个机器周期，即 12 个时钟周期。

51 系列单片机对每一个中断源都对应有一个中断请求标志位，它们设置在特殊功能寄存器 TCON 和 SCON 中。当这些中断源请求中断时，分别由 TCON 和 SCON 中的相应位来锁存中断请求标志。

2. TCON 寄存器

TCON 是定时器/计数器 0 和 1（T0、T1）的控制寄存器，同时也用来锁存 T0、T1 的溢出中断请求标志和外部中断请求标志。TCON 的格式如图 4-4 所示。

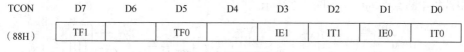

TCON	D7	D6	D5	D4	D3	D2	D1	D0
（88H）	TF1		TF0		IE1	IT1	IE0	IT0

图 4-4　TCON 的格式

（1）对外部中断 1 的控制

① IE1（TCON.3）：外部中断 1（P3.3）请求标志位。当 CPU 检测到在 $\overline{INT1}$ 引脚上出现的外部中断请求信号（低电平或下降沿）时，由硬件置位 IE1=1，申请中断。CPU 响应中断后，如果采用边沿触发方式，则 IE1 被硬件自动清 0；如果采用电平触发方式，IE1 是不能自动清 0 的（可以编程清 0）。

② IT1（TCON.2）：外部中断 1 触发方式控制位。由软件来置 1 或清 0，以确定外部中断 1 的触发类型。

IT1=0 时，外部中断 1 采用电平触发方式，当 $\overline{INT1}$（P3.3）输入低电平时置位 IE1=1，申请中断。采用电平触发方式时，外部中断源（输入 $\overline{INT1}$）必须保持低电平有效，直到中断被 CPU 响应。同时，在中断服务程序执行完之前，外部中断源低电平状态必须撤销，否则将产生另一次中断。

IT1=1 时，外部中断 1 采用边沿触发方式，CPU 在每个周期都采样 $\overline{INT1}$（P3.3）的输入电平。

如果相继的两次采样，前一个周期 $\overline{INT1}$ 为高电平，后一个周期 $\overline{INT1}$ 为低电平，则置 IE1=1，表示外部中断 1 向 CPU 提出中断请求，一直到该中断被 CPU 响应时，IE1 由硬件自动清 0。

③ TF1（TCON.7）：定时器/计数器 1（T1）的溢出中断请求标志位。当 T1 计数产生溢出时，由硬件将 TF1 置 1。当 CPU 响应中断后，由硬件将 TF1 清 0。

（2）对外部中断 0 的控制

① IE0（TCON.1）：外部中断 0（$\overline{INT0}$）请求标志位。当 $\overline{INT0}$ 引脚上出现中断请求信号时，由硬件置位 IE0，向 CPU 申请中断。当 CPU 响应中断后，如果采用边沿触发方式，则 IE0 被硬件自动清 0；如果采用电平触发方式，IE0 是不能自动清 0 的。

② IT0（TCON.0）：外部中断 0（$\overline{INT0}$）触发方式控制位，由软件置位或复位。IT0=1，外部中断 0 为边沿触发方式；IT0=0，外部中断 0 为电平触发方式。

③ TF0（TCON.5）：定时器/计数器 0（T0）的溢出中断请求标志位。当 T0 计数产生溢出时，由硬件将 TF0 置 1。当 CPU 响应中断后，由硬件将 TF0 清 0。

3. SCON 寄存器

SCON 为串行口控制寄存器，其中低两位用作串行口中断请求标志位。SCON 的格式如图 4-5 所示。

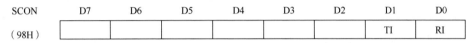

SCON	D7	D6	D5	D4	D3	D2	D1	D0
（98H）							TI	RI

图 4-5　SCON 的格式

RI（SCON.0）：串行口接收中断请求标志位。在方式 0 中，每当接收到第 8 位数据时，由硬件置位 RI；在其他方式中，当接收到停止位的中间位置时置位 RI。注意当 CPU 执行串行口中断服务程序时 RI 不复位，必须由软件将 RI 清 0。

TI（SCON.1）：串行口发送中断请求标志位。在方式 0 中，每当发送完 8 位数据时，由硬件置位 TI；在其他方式中，在发送到停止位时开始置位，TI 也必须由软件复位。

4.2.3　中断允许控制

在 51 单片机中断系统中，中断的允许或禁止是由片内的中断允许寄存器 IE 控制的，其格式如图 4-6 所示。

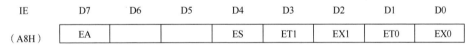

IE	D7	D6	D5	D4	D3	D2	D1	D0
（A8H）	EA			ES	ET1	EX1	ET0	EX0

图 4-6　IE 的格式

① EA（IE.7）：CPU 中断允许位。EA=0，表示 CPU 禁止所有中断；EA=1，表示 CPU 允许中断，但每个中断源的中断请求是允许还是被禁止，还需由各自的允许位确定。

② ES（IE.4）：串行口中断允许位。ES=0，禁止串行口中断；ES=1，允许串行口中断。

③ ET1（IE.3）：T1 溢出中断允许位。ET1=1，允许 T1 中断；ET1=0，禁止 T1 中断。

④ EX1（IE.2）：外部中断 1 中断允许位。EX1=1，允许外部中断 1 中断；EX1=0，禁止外部中断 1 中断。

⑤ ET0（IE.1）：T0 溢出中断允许位，其设置同 ET1。

⑥ EX0（IE.0）：外部中断 0 中断允许位，其设置同 EX1。

中断允许寄存器 IE 中各位的状态，可根据需要通过软件置位或清 0，从而实现对相应中断源中断允许或禁止的控制。当 CPU 复位时，IE 被清 0，所有中断被禁止。

4.2.4 中断优先级控制

1. IP 的格式

51 单片机的中断优先级是由中断优先级寄存器 IP 控制的，IP 的格式如图 4-7 所示。

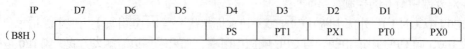

IP	D7	D6	D5	D4	D3	D2	D1	D0
（B8H）				PS	PT1	PX1	PT0	PX0

图 4-7　IP 的格式

① PS（IP.4）：串行口中断优先级控制位。PS=1，串行口为高优先级中断；PS=0，串行口为低优先级中断。

② PT1（IP.3）：T1 中断优先级控制位。PT1=1，T1 为高优先级中断；PT1=0，T1 为低优先级中断。

③ PX1（IP.2）：外部中断 1 中断优先级控制位。PX1=1，外部中断 1 为高优先级中断；PX1=0，外部中断 1 为低优先级中断。

④ PT0（IP.1）：T0 中断优先级控制位。PT0=1，T0 为高优先级中断；PT0=0，T0 为低优先级中断。

⑤ PX0（IP.0）：外部中断 0 中断优先级控制位。PX0=1，外部中断 0 为高优先级中断；PX0=0，外部中断 0 为低优先级中断。

IP 中的各个控制位，均可编程为 0 或 1。单片机复位后，IP 中各位都被清 0。

2. 中断系统优先级控制的基本准则

51 单片机的中断系统优先级控制，遵循以下基本准则。

① 低优先级中断可被高优先级中断请求中断，高优先级中断不能被低优先级中断请求中断。

② 同级的中断请求不能打断已经执行的同级中断。

③ 当多个同级中断源同时发出中断请求时，响应哪一个中断请求取决于内部规定的顺序。这个顺序又称为自然优先级。

中断源的自然优先级顺序见表 4-1。

表 4-1　中断源的自然优先级顺序

中断源	自然优先级
外部中断 0	最高
定时器/计数器 0	
外部中断 1	
定时器/计数器 1	
串行口	最低

4.3　中断响应过程

51 单片机的中断响应过程可分为中断响应、中断服务（执行中断服务程序）和中断返回 3 个阶段。

4.3.1　中断响应

CPU 获得中断源发出的中断请求后，在满足响应中断的条件下，CPU 进行断点保护，并将中断服务程序的入口地址送入程序计数器（PC），为执行中断服务程序做好准备。

1. CPU 响应中断的条件

CPU 响应中断要满足以下几个条件。

① 有中断源发出中断请求。

② EA=1，即 CPU 开中断。

③ 请求中断的中断源的中断允许位为 1。

CPU 在每个机器周期的 S5P2 时刻采样各中断源的中断请求信号，并将它们锁存于 TCON 或 SCON 中的相应位。在下一个机器周期对采样到的中断请求标志进行查询。如果查询到中断请求标志，则按优先级高低进行中断请求处理，中断系统将通过硬件自动将相应的中断矢量地址（中断服务程序的入口）装入 PC，以便进入相应的中断服务程序。

从产生外部中断到开始执行中断服务程序至少需要 3 个完整的机器周期。

在下列任何一种情况存在时，中断请求将被封锁。

① CPU 正在处理同级的或高一级的中断。

② 当前机器周期（即查询周期）不是执行当前指令的最后一个机器周期，即要保证把当前的一条指令执行完才会响应。

③ 当前正在执行的指令是中断返回指令（RETI）或对 IE、IP 寄存器进行访问的指令，执行这些指令后至少再执行一条指令才会响应中断。

中断查询在每个机器周期中重复执行，所查询到的状态为前一个机器周期的 S5P2 时刻采样到的中断请求标志。

注意　如果中断请求标志被置位，但因有上述情况之一而未被响应，或上述情况已不存在，但中断标志位也已清 0，则 CPU 不再响应原中断请求。

2. 中断矢量地址

CPU 执行中断服务程序之前，自动将 PC 内容（断点地址）压入堆栈保护，然后将对应的中断矢量地址（中断服务程序地址）装入 PC，使程序转向该中断矢量地址单元中，开始执行中断服务程序。5 个中断源的中断矢量地址见表 4-2。

表 4-2　5 个中断源的中断矢量地址

中断源	中断矢量地址
外部中断 0	0003H
定时器/计数器 0	000BH
外部中断 1	0013H
定时器/计数器 1	001BH
串行口	0023H

可以看出，每个中断源的中断矢量地址后的存储空间仅有 8 个字节。例如，外部中断 0 的中断矢量地址为 0003H，其地址空间为 0003H~000AH，紧接着定时器/计数器 0 的中断矢量地址为 000BH。在实际使用时，通常在中断矢量地址单元安排一条跳转指令，以转到实际的中断服务程序的起始地址。

中断服务程序的最后一条指令必须是中断返回指令 RETI。

3. 中断响应时间

在不同的情况下，CPU 响应中断的时间是不同的。以外部中断为例，$\overline{INT0}$ 和 $\overline{INT1}$ 引脚的电平在每个机器周期的 S5P2 时刻经反相器锁存于 TCON 的 IE0 和 IE1 标志位，CPU 在下一个机器周期才会查询到新置入的 IE0 和 IE1。

在一个单一中断的应用系统里，外部中断响应时间总是为 3~8 个机器周期。其响应中断需要的时间根据不同情况如下。

① 如果满足响应条件，CPU 响应中断时要用两个机器周期执行一条硬件长调用指令 LCALL，由硬件将中断矢量地址装入 PC 中，使程序转入中断矢量入口。因此，从产生外部中断到开始执行中断服务程序至少需要 3 个完整的机器周期。

② 如果正在处理的指令没有执行到最后的机器周期，所需的额外等待时间不会多于 3 个机器周期，因为最长的指令（乘法指令 MUL 和除法指令 DIV）也只有 4 个机器周期。

③ 如果正在处理的指令为 RETI 或访问 IE、IP 的指令，则额外的等待时间不会多于 5 个机器周期（执行这些指令最多需 1 个机器周期）。

④ 如果在申请中断时遇到前面所述中断请求被封锁的 3 种情况之一，则响应时间会更长。如果已经在处理同级或更高级中断，额外的等待时间取决于正在执行的中断服务程序的处理时间。

4.3.2 中断服务和中断返回

1. 中断服务

CPU 从执行中断服务程序第一条指令开始到中断返回指令 RETI 为止，这个过程称为中断处理或中断服务。中断服务一般包括如下部分。

（1）保护现场

如果主程序和中断服务程序都用到累加器、PSW 寄存器和其他 SFR，则在 CPU 进入中断服务程序后，就会破坏原来存在于上述寄存器中的内容，因而中断服务程序首先应将它们的内容通过软件编程（入栈）保护起来，这个过程称为保护现场。

（2）处理中断源的请求

中断源发出中断请求，在 CPU 响应此中断请求后，该中断源的中断请求在中断返回之前应当撤销，以免引起重复中断，被再次响应。

① 硬件直接撤销。对于边沿触发的外部中断，CPU 在响应中断后由硬件自动清除相应的中断请求标志 IE0 和 IE1。

对于电平触发的外部中断，CPU 在响应中断后其中断请求标志 IE0 和 IE1 是随外部引脚 $\overline{\text{INT0}}$ 和 $\overline{\text{INT1}}$ 的电平而变化的，CPU 无法直接控制，因此需在引脚处外接硬件（如触发器），使其及时撤销外部中断请求。

对于定时器溢出中断，CPU 在响应中断后就由硬件清除了相应的中断请求标志 TF0、TF1。

② 软件编程撤销。对于串行口中断，CPU 在响应中断后并不自动清除中断请求标志 RI 或 TI，因此必须在中断服务程序中用软件编程来清除。

（3）执行中断服务程序

中断服务的主要部分是根据中断源的需要，执行相应的中断服务程序。

（4）恢复现场

在中断服务程序结束、执行中断返回指令 RETI 之前，应通过软件编程（出栈）恢复现场原来的内容。

2. 中断返回

中断返回是指执行完中断服务程序最后的指令 RETI 之后，由硬件将保存在堆栈中的程序断点地址弹出到 PC 中，程序返回到断点，继续执行原来的程序，并等待中断源发出中断请求。

4.4 外部中断源扩展

前已述及，51 单片机仅有两个外部中断源 $\overline{\text{INT0}}$ 和 $\overline{\text{INT1}}$，但在实际的应用系统中，外部中断源往往比较多，下面讨论两种扩展外部多中断源的设计方法。

4.4.1　使用中断加查询方式扩展外部中断源

使用中断加查询方式扩展外部中断源的一般硬件电路结构如图 4-8 所示。每个中断源分别通过一个非门(集电极开路门)输出后实现线与，构成或非逻辑电路，其输出作为外部中断 $\overline{INT0}$ (或 $\overline{INT1}$)的请求信号。无论哪个外部装置提出中断请求（高电平或上升沿有效），都会使 $\overline{INT0}$ (或 $\overline{INT1}$)端产生低电平或下降沿变化。CPU 响应中断后，在中断服务程序中首先查询相应 I/O 端口引脚（这里为 P1.4~P1.7）的逻辑电平，然后判断是哪个外部装置的中断请求，进而转入相应的中断服务程序。

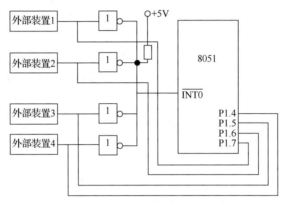

图 4-8　中断加查询方式扩展外部中断源

这 4 个中断源的优先级由软件排定，中断优先级按外部装置 1~4 由高到低顺序排列。汇编语言程序如下。

```
          ORG    0000H
          AJMP   MAIN
          ORG    0003H
          AJMP   INT0
MAIN:     CLR    IT0
          SETB   EX0
          SETB   EA
          AJMP   $
INT0:     PUSH   PSW         ;外部中断 0 的中断服务程序入口
          PUSH   ACC         ;保护现场
          JB     P1.7, DV1   ;查询中断源
          JB     P1.6, DV2
          JB     P1.5, DV3
          JB     P1.4, DV4
GB:       POP    ACC         ;恢复现场
          POP    PSW
          RETI               ;中断返回
DV1:                         ;外部装置 1 的中断服务程序
          ...
          AJMP   GB
DV2:                         ;外部装置 2 的中断服务程序
          ...
          AJMP   GB
DV3:                         ;外部装置 3 的中断服务程序
```

```
            ...
            AJMP    GB
DV4:                            ;外部装置 4 的中断服务程序
            ...
            AJMP    GB
            END
```

C51 程序如下。

```
include <reg51.h>
unsigned char acc_t, psw_t
sbit w1=P1^4;
sbit w2=P1^5;
sbit w3=P1^6;
sbit w4=P1^7;
void dv1( )                 //外部装置1的中断服务程序
     {...;}
void dv2( )                 //外部装置2的中断服务程序
     {...;}
void dv3( )                 //外部装置3的中断服务程序
     {...;}
void dv4( )                 //外部装置4的中断服务程序
     {...;}
void main( )
     {IT0=0;
      EX0=1;
      EA=1;
      while(1);
      }
void int0( ) interrupt 0    //外部中断0的中断服务程序
     {acc_t=ACC;            //保护现场
      psw_t=PSW;
      if(w4==1)  dv1( );
      if(w3==1)  dv2( );
      if(w2==1)  dv3( );
      if(w1==1)  dv4( );
      ACC= acc_t;           //恢复现场
      PSW = psw_t;
      }
```

多中断源查询方式具有较强的抗干扰能力。如果有干扰信号引起中断请求，多中断源查询方式则进入中断服务程序依次查询，找不到相应的中断源（请求）后又返回主程序。

使用中断加查询方式扩展外部中断源时应注意以下两点。

① 外部装置 1～4 的 4 个中断请求输入均为高电平有效，外部中断 0 采用电平触发方式。

② 当要扩展的外部中断源数目较多时，需要一定的查询时间。如果在时间上不能满足系统要求，可采用硬件优先编码器实现硬件排队电路。

4.4.2 使用定时器/计数器扩展外部中断源

使用 8051 单片机的两个定时器/计数器（T0 和 T1）的计数器工作方式，每当 P3.4（T0）或 P3.5（T1）引脚上发生负跳变时，T0 和 T1 加 1。利用这个特性，可以把 P3.4 和 P3.5 引脚作为外部中断源，计数器的初始值设置为 0FFH（加 1 即溢出），而定时器的溢出中断作为外部中断请求标志。

例如，设 T0 为模式 2 外部计数方式，计数器的初始值为 0FFH，允许中断。其初始化程序如下。

```
    MOV     TMOD, #06H              ;设 T0 为模式 2，以计数器工作方式工作
    MOV     TL0, #0FFH              ;时间常数 0FFH 分别送入 TL0 和 TH0
    MOV     TH0, #0FFH
    MOV     IE, #82H                ;允许 T0 中断
    SETB    TR0                     ;启动 T0 计数
    ...
```

当接到 P3.4 引脚上的外部中断请求输入线发生负跳变时，TL0 加 1 溢出，TF0 被置位，向 CPU 发出中断请求。同时 TH0 的内容自动送入 TL0，使 TL0 恢复初值 0FFH。这样，每当 P3.4 引脚上有一次负跳变时，就向 CPU 发出一次中断请求，则 P3.4 引脚就相当于边沿触发的外部中断源。

4.5　中断系统应用设计实例及仿真

本节在介绍中断系统应用设计步骤的基础上，通过实例详细描述 51 单片机外部中断的软硬件的设计过程。

4.5.1　中断系统应用设计

51 单片机中断系统应用的设计步骤一般包括以下几方面。

1. 硬件设计

根据 51 单片机系统实现的功能，确定需要使用的中断源、优先级及中断嵌套（在有多级中断时使用）。在使用外部中断的情况下，需要对作为中断源的外设进行信号变换、触发方式设置，以及进行中断系统的外部硬件电路设计。

2. 中断系统的初始化

51 单片机中断系统的实现可以通过与中断相关的特殊功能寄存器 TCON、SCON、IE 及 IP 的设置或状态进行统一管理。中断系统的初始化就是指用户对这些寄存器的相关功能位进行编程。中断系统的初始化步骤如下。

① 设置 CPU 开中断（等待中断）、关中断（禁止中断响应）。

② 中断源的中断请求允许及屏蔽（禁止）。

③ 设置中断源相应的中断优先级。

④ 在外部中断时，设置中断请求的触发方式（低电平触发还是下降沿触发）。

3. 中断服务程序设计

中断服务程序的设计要求如下。

① 汇编源程序中，ORG 指令定位相应中断源的中断服务程序的固定入口地址，并在其后安排一条跳转指令，转向中断服务程序。C51 程序中，interrupt 关键字根据中断源确定中断函数的中断号。

② 保护现场数据。

③ 进行中断处理（实现系统要求的功能）。

④ 恢复现场数据。

⑤ 中断返回。汇编源程序中，需安排一条 RETI 指令。在 C51 程序中，中断函数的类型为 void，因此，中断函数不能存在返回命令 return。

4. 系统仿真及调试

程序编译成功后，进行仿真调试。

5. 系统运行

仿真调试成功后，系统软硬件调试运行。

4.5.2　中断实现程序（指令）单步操作

在系统调试过程中，经常需要单步操作程序（指令），以观察实际电路的输出状态是否符合设计要求。

中断系统的一个重要特性是中断请求只有在当前指令执行完之后才会再次得到响应，并且正在响应中断时，同级中断将被屏蔽，利用这个特点即可实现当前指令的单步操作。

中断实现程序（指令）单步操作的设计原理为：设单步执行按键作为外部中断的中断源，当它被按下时，产生一个负脉冲送到单片机的外部中断引脚（$\overline{INT0}$或$\overline{INT1}$），51 单片机自动执行预先设计好的具有单步执行指令的中断服务程序，从而实现程序单步执行的功能。

例如，把外部中断 0 设置为电平触发方式，在中断服务程序的末尾加上以下程序段即可完成对主程序指令的单步操作。

```
JNB    P3.2, $        ;在 INT0 引脚变为高电平前原地等待
JB     P3.2, $        ;在 INT0 引脚变为低电平前原地等待
RETI                  ;返回并执行一条指令
```

执行过程分析如下。

① 如果$\overline{INT0}$引脚保持低电平，且允许外部中断 0 中断，则 CPU 进入外部中断 0 服务程序。由于 P3.2 引脚为低电平，就会停在 JNB 指令处，原地等待。

② 当$\overline{INT0}$引脚出现一个正脉冲（由低到高，再由高到低）时，程序就会往下执行，执行 RETI 指令后，将返回主程序。

③ 在主程序执行完一条指令后又立即响应中断，以等待$\overline{INT0}$引脚出现的下一个正脉冲。这样在$\overline{INT0}$引脚每出现一个正脉冲，主程序就执行一条指令，可以使用按键控制脉冲实现单步操作的目的。

需要注意，正脉冲的高电平持续时间不要小于 3 个机器周期，以保证 CPU 能采样到高电平值。

实现同样功能的 C51 程序如下。

```
sbit  a=P3^2;
while(! a);
while(a);
```

4.5.3　外部中断应用实例及仿真

本小节通过实例分别说明外部中断硬件电路、中断服务程序设计及仿真。

【例 4-1】　设计一个程序，能够实时显示$\overline{INT0}$引脚上出现的负跳变脉冲信号的累计数（设此数小于等于 255）。

（1）设计要求

分析：利用$\overline{INT0}$引脚上出现的负跳变作为中断请求信号，每中断一次，寄存器 R7 的内容加 1。设计主程序实现中断初始化及实时显示某一寄存器（R7）中的内容。

（2）硬件电路

如果外部负跳变脉冲信号满足单片机的逻辑电平要求（0～5V），可以将其直接接在 P3.2 引脚，P1 端口输出控制两个 LED 数码管显示脉冲累计数。为简化显示电路，Proteus 仿真电路中使用的 LED 数码管的输入为 4 位二进制码 0000～1111（内含硬件译码电路），对应显示十六进制数 0～F。在实际的 LED 数码管显示电路中需要配置十六进制硬件译码电路。外部中断仿真电路如图 4-9 所示。

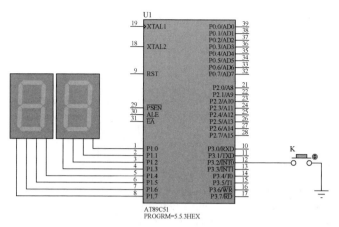

图4-9　外部中断仿真电路

（3）程序设计

汇编语言程序如下。

```
          ORG      0000H
          AJMP     MAIN           ;转主程序
          ORG      0003H
          AJMP     IP0            ;转中断服务程序
          ORG      0030H
MAIN:     MOV      SP, #60H       ;设堆栈指针
          SETB     IT0            ;设外部中断0采用边沿触发方式
          SETB     EA             ;CPU开中断
          SETB     EX0            ;允许外部中断0中断
          MOV      R7, #00H       ;计数器赋初值
LP:       ACALL    DISP           ;调用显示子程序
          AJMP     LP
IP0:      INC      R7             ;中断服务程序,计数器加1
          RETI                    ;中断返回
DISP:     MOV      P1,R7
          RET
          END
```

C51程序如下。

```
#include<reg51.h>
unsigned int COUNT=0;              /*定义全局变量COUNT（0～65535）*/
void main( )
{
    IE=0x81;                       /*启用CPU和外部中断0*/
    TCON=0x01;                     /*外部中断0采用边沿触发*/
    while(1)
    {
        P1=COUNT;                  /*输出计数结果*/
    }
}
void ex_int0(void)interrupt 0      /*定义外部中断0的中断函数*/
{
    COUNT++;                       /*完成计数功能*/
}
```

（4）Proteus 仿真调试

每按下一次开关 K，$\overline{\text{INT0}}$ 引脚上出现一次负跳变信号，中断函数执行一次 COUNT 加 1。
Proteus 仿真调试结果如图 4-10 所示。

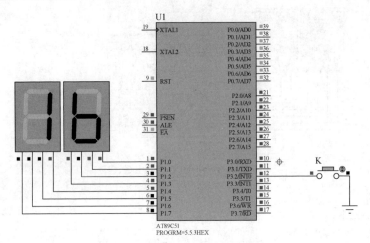

图 4-10   Proteus 仿真调试结果

【例 4-2】 利用中断设计控制 8 个 LED 闪烁。

要求：主程序实现依次左移循环形式；开关 K 按下实现外部中断请求，中断服务程序的功能是让 8 个 LED 同时闪烁 2 次，中断返回后，主程序恢复现场，仍然左移循环。

（1）中断设计

开关 K 控制 P3.2 引脚为低电平或下降沿触发作为外部中断 0 请求信号。

当 IT0=1 时，为下降沿触发，开关 K 按下后不管是否弹起，仅中断一次，中断服务程序执行完后返回主程序；当 IT0=0 时，为低电平触发，开关 K 按下后如果锁住（保持低电平），将连续执行中断操作，只有在开关弹起后并且最后一次的中断服务程序执行完后才返回主程序。

（2）硬件电路

外部中断 0 电路如图 4-11 所示。

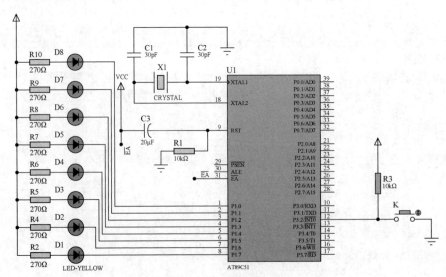

图 4-11   外部中断 0 电路

（3）程序设计

C51 程序如下。

```c
#include <reg51.h>
#include <intrins.h>
#define uint8 unsigned char
#define LED P1
void delay(uint8 m);
void init();
void main( )
{
 uint8 s_data = 0x01 ;
 init( );
 while(1)
  {
    LED = ~s_data;
    if(s_data == 0x100)
        P1 = 0x01;
    s_data = _crol_(s_data , 1);
    delay(250);
  }
}
void init()                        //中断初始化
{
    EX0 = 1;                       //允许外部中断 0 中断
    IT0 = 1;                       //外部中断采用下降沿触发
    EA = 1;                        //CPU 开中断
}
void delay(uint8 m)
{
    uint8 a,b,c;
    for(c=m;c>0;c--)
        for(b=142;b>0;b--)
            for(a=2;a>0;a--);
}
void ex0() interrupt 0 using 1     //外部中断 0 服务程序
{
    LED = 0x00;                    //8 个 LED 同时闪烁 2 次
    delay(200);
    LED = 0xFF;
    delay(200);
    LED = 0x00;
    delay(200);
    LED = 0xFF;
    delay(200);
}
```

（4）Proteus 仿真调试

① 外部中断 0 为下降沿触发。在程序中设置 IT0 = 1，仿真调试结果如图 4-12 所示。其中图 4-12（a）为按下开关 K 后弹起，图 4-12（b）为按下开关 K 后锁住，中断服务程序执行一次，均返回主程序执行 LED 左移循环。

② 外部中断 0 为低电平触发。将程序中的 IT0=1 修改为 IT0=0，重新编译程序，仿真调试结果如图 4-13 所示。可以看出，在开关 K 按下锁住后，将连续执行外部中断 0 服务程序，8 个 LED 同时闪烁。

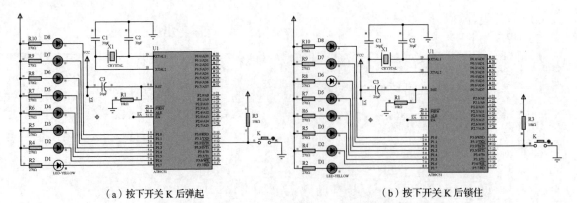

（a）按下开关 K 后弹起　　　　　　　　　　　（b）按下开关 K 后锁住

图 4-12　外部中断 0（下降沿触发）仿真调试结果

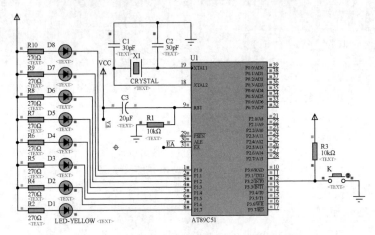

图 4-13　外部中断 0（低电平触发）仿真调试结果

注意，8 个 LED 同时闪烁时，其总电流可能会超过 P1 端口允许总电流（参阅 2.2.2 小节），在实际电路中应该添加 8 位驱动芯片（下同）。

【例 4-3】　由外部中断 0 控制的 I/O 端口操作应用实例。

利用单片机读 P1.0 的状态，该状态控制 P1.7 的 LED。当 P1.0 为高电平（开关断开）时，LED 亮；当 P1.0 为低电平（开关闭合）时，LED 不亮。

要求扳动开关 SW1 经 RS 触发器去抖动后请求外部中断 0 一次，控制这一过程。外部中断 0 仿真电路及结果如图 4-14 所示。

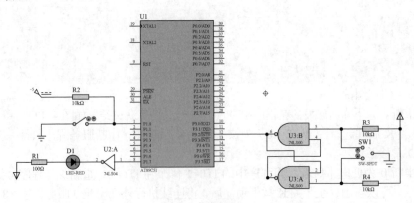

（a）仿真电路

图 4-14　外部中断实例

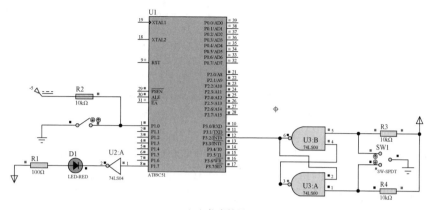

（b）仿真结果

图 4-14　外部中断实例（续）

汇编语言程序如下。

```
        ORG     0000H
        AJMP    MAIN            ; 转到主程序
        ORG     0003H           ; 外部中断 0 矢量地址
        AJMP    INT_0           ; 转往中断服务子程序
        ORG     0050H           ; 主程序
MAIN:   SETB    IT0             ; 选择边沿触发方式
        SETB    EX0             ; 允许外部中断 0 中断
        SETB    EA              ; CPU 开中断
HERE:   SJMP    HERE            ; 主程序 "踏步"
        ORG     0200H           ; 中断服务程序入口
INT_0:  MOV     A, #0FFH
        MOV     P1, A           ; 设输入状态
        MOV     A, P1           ; 读 P1 状态
        RR      A               ; 送 P1.0 到 P1.7
        MOV     P1, A           ; 驱动 LED 发光
        RETI                    ; 中断返回
        END
```

本例中，上电后，由 0000H 单元自动跳到主程序执行，主程序完成初始化程序之后，立即进入指令：

```
HERE:   SJMP    HERE
```

这是一条跳转指令，执行结果是跳回原处继续执行该指令，直到中断的到来。

C51 程序如下。

```
#include<reg51.h>
sbit P1_0=P1^0;
sbit P1_7=P1^7;
void main()
{
    IE=0x81;                    /*CPU 开中断和允许外部中断 0*/
    TCON=0x01;                  /*INT0 触发方式设置为负边沿触发*/
    while (1);
}

void ex_int0(void)interrupt 0
```

```
{
    if (P1_0==1)                      /*P1.0 为高电平时，LED 亮；P1.0 为低电平时，LED 不亮*/
            P1_7=1;
    else
            P1_7=0;
}
```

【例 4-4】 两个外部中断（$\overline{INT0}$、$\overline{INT1}$）同时存在的应用。

两个外部中断同时存在时，设置中断优先级寄存器 IP 有以下两种方法。

① $\overline{INT0}$、$\overline{INT1}$ 属于同一级中断：设置 IP=00000000B，优先级不分高低。

② 高低优先级中断：如设 $\overline{INT1}$ 为高优先级，$\overline{INT0}$ 为低优先级，则 IP=00000100B。当两个中断同时申请时（或 $\overline{INT0}$ 已产生中断），$\overline{INT1}$ 先响应（$\overline{INT0}$ 停止），执行外部中断 1 服务程序后，再响应 $\overline{INT0}$。

本例要求 8051 单片机的 P1 端口接 8 个 LED，使 8 个 LED 闪烁。$\overline{INT0}$ 中断的功能为：使 P1 端口的 8 个 LED 实现每个 LED 左移、右移 3 次。$\overline{INT1}$ 中断的功能为：使 P1 端口的 8 个 LED 实现两个 LED 左移、右移 3 次，两个外部中断硬件电路如图 4-15 所示。

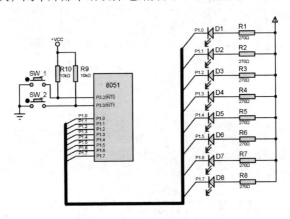

图 4-15　两个外部中断硬件电路

汇编语言程序如下。

```
            ORG     0000H
            AJMP    START           ;跳到主程序起始地址
            ORG     0003H           ; INT0 矢量地址
            AJMP    EXT0            ;转到 INT0 子程序起始地址
            ORG     0013H           ; INT1 矢量地址
            AJMP    EXT1            ;转到 INT1 子程序起始地址
START:      MOV     IE, #10000101B  ;允许 INT0、INT1 中断，CPU 开中断
            MOV     IP, #00000100B  ; INT1 为高优先级
            MOV     TCON, #00H      ; INT0、INT1 为电平触发方式
            MOV     SP, #70H        ;设定堆栈指针
            MOV     A, #00H         ;P1 端口清 0
LOOP:       MOV     P1, A           ;使 P1 端口的 LED 闪烁
            ACALL   DELAY           ;延时为 0.2s
            CPL     A               ;将 A 反相（全亮）
            AJMP    LOOP            ;重复循环
EXT0:       PUSH    ACC             ;保护现场
```

```
         PUSH    PSW
         SETB    RS0              ;设定使用工作寄存器组 1，RS1=0、RS0=1
         CLR     RS1
         MOV     R3, #03H         ;左移、右移 3 次
LOOP1:   MOV     A, #0FFH         ;左移初值
         CLR     C
         MOV     R2, #08H         ;设定左移 8 次
LOOP2:   RLC     A                ;包括 C 左移一位
         MOV     P1,A             ;输出到 P1
         ACALL   DELAY            ;延时为 0.2s
         DJNZ    R2, LOOP2        ;左移 8 次
         MOV     R2, #07H         ;设定右移 7 次
LOOP3:   RRC     A                ;包括 C 右移一位
         MOV     P1, A            ;输出到 P1
         ACALL   DELAY            ;延时为 0.2s
         DJNZ    R2, LOOP3        ;右移 7 次
         DJNZ    R3, LOOP1        ;左移、右移 3 次
         POP     PSW              ;恢复现场
         POP     ACC
         RETI                     ;中断返回
EXT1:    PUSH    ACC              ;保护现场
         PUSH    PSW
         SETB    RS1              ;设定使用工作寄存器组 2，RS1=1、RS0=0
         CLR     RS0
         MOV     R3, #03          ;左移、右移 3 次
LOOP4:   MOV     A, #0FCH         ;左移初值
         MOV     R2, #06H         ;设定左移 6 次
LOOP5:   RL      A                ;左移一位
         MOV     P1, A            ;输出到 P1
         ACALL   DELAY            ;延时为 0.2s
         DJNZ    R2, LOOP5        ;左移 6 次
         MOV     R2, #06H         ;设定右移 6 次
LOOP6:   RR      A                ;右移一位
         MOV     P1, A            ;输出到 P1
         ACALL   DELAY            ;延时为 0.2s
         DJNZ    R2, LOOP6        ;右移 6 次
         DJNZ    R3, LOOP4        ;左移、右移 3 次
         POP     PSW              ;恢复现场
         POP     ACC
         RETI                     ;中断返回
DELAY:   MOV     R5, #20          ;0.2s
D1:      MOV     R6, #20          ;10ms
D2:      MOV     R7, #248         ;0.5ms
         DJNZ    R7, $
         DJNZ    R6, D2
         DJNZ    R5, D1
         RET
         END
```

本例的 C51 程序见本书电子资源。

4.6　思考与练习

1. 51 单片机能提供几个中断源和几个中断优先级？各个中断源的优先级怎样确定？在同一优先级中，各个中断源的优先顺序怎样确定？

2. 简述 51 单片机的中断响应过程。

3. 51 单片机的外部中断有哪两种触发方式？如何设置？对外部中断源的中断请求信号有何要求？

4. 外部中断的控制位有哪些？作用是什么？

5. 51 单片机的中断响应时间是否固定？为什么？

6. 51 单片机如果要扩展 5 个中断源，可采用哪些方法？如何确定它们的优先级？

7. 试用中断技术设计一个 LED 闪烁电路。

8. 当正在执行某一中断源的中断服务程序时，如果有新的中断请求出现，在什么情况下能响应新的中断请求？在什么情况下不能响应新的中断请求？

9. 使用 8051 单片机的外部中断 0 请求，在中断服务程序中读取 P1 端口的数据；然后使用外部中断 1 请求，在中断服务程序中将读入的 P1 端口的数据由 P0 端口输出。

10. 在单片机流水灯硬件电路运行情况下，利用外部中断 1（P3.3）实现控制主程序（流水灯循环右移）的单步执行，观察运行结果。

11. 用 C51 编写外部中断 0 的中断函数，该中断函数将实现从 P1 端口读入 8 位数据存放在一个数组中，如果数据全为 0，则 P2.1 输出 1，否则 P2.1 输出 0。设计仿真电路，编写控制程序，进行仿真调试。

05 第5章 51单片机定时器/计数器及应用

51单片机内部有两个16位的定时器/计数器，它们既可作为定时器，也可作为计数器，还可作为串行口的波特率发生器，为单片机系统提供外部事件计数、定时及实现相应功能，这些功能需要通过编程来设定、修改与控制。

本章主要介绍51单片机内部定时器/计数器的基本结构、工作原理、应用技术及典型应用实例的设计与仿真。

5.1 定时器/计数器概述

51单片机内部有两个16位的定时器/计数器，分别是定时器/计数器0（简称定时器0或T0）和定时器/计数器1（简称定时器1或T1），可以独立使用。

1. 定时器/计数器的基本结构

T0和T1实际上是2个可以连续加1的计数器，当它们对外部事件进行计数时，称为计数器；当它们对内部固定频率的机器周期进行计数时，通过设定计数值，可以精确计算时间，故称为定时器。定时器/计数器的基本结构如图5-1所示。

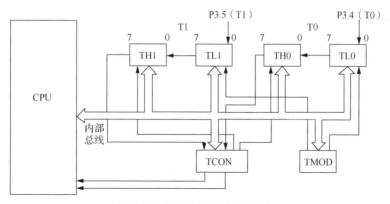

图5-1 定时器/计数器的基本结构

其中，TH1（高8位）、TL1（低8位）是T1的计数器，TH0（高8位）、TL0（低8位）是T0的计数器。TH1和TL1、TH0和TL0分别构成两个16位加法计数器，它们的工作状态及工作方式由两个特殊功能寄存器TMOD和TCON的各位的状态或设置来决定。

2. 可编程定时器/计数器

T0 和 T1 有定时和计数两种工作方式，由 TMOD 的第 2 位（T0）或第 6 位（T1）决定。T0 和 T1 有工作模式 0～工作模式 3，也是由 TMOD 中的两位（1 个定时器）来决定的。TMOD 和 TCON 的内容由用户编程写入。

当 T0 或 T1 加 1 计满溢出时，溢出信号将 TCON 中的 TF0 或 TF1 置 1，作为定时器/计数器的溢出中断标志。

当加法计数器的初值被设置后，用指令改变 TMOD 和 TCON 的相关控制位，定时器/计数器就会在下一条指令的第一个机器周期的 S1P1 时刻按设定的方式自动进行工作。

3. 用作定时器

T0（或 T1）用作定时器时，输入的时钟脉冲是由单片机时钟振荡器的输出经 12 分频后得到的，所以定时器可看作对单片机机器周期进行计数的计数器。因此，它的计数频率为时钟频率的 1/12。若时钟频率为 12MHz，则定时器每接收一个计数脉冲的时间间隔为 1μs。

4. 用作计数器

T0（或 T1）用作计数器时，则相应的外部计数信号的输入端为 P3.4（或 P3.5）。在这种情况下，当 CPU 检测到输入端的电平由高跳变到低时，计数器就加 1。加 1 操作发生在检测到这种跳变后的一个机器周期的 S3P1 时刻，因此需要两个机器周期来识别一个从高到低的跳变，故最高计数频率为晶振频率的 1/24。这就要求输入信号的电平在跳变后至少应在一个机器周期内保持不变，以保证在给定的电平再次变化前至少被采样一次。

5. 定时器/计数器的初值

定时器/计数器不管是用作定时器还是用作计数器，其实质都是一个加 1 计数器。并且计数器只有在发生溢出时才发出中断请求。因此在确定定时时间或计数值后，需要给定时器/计数器赋初值。

设定时器/计数器的最大计数值为 M，系统需要的计数值为 N 或需要的定时时间为 t，开始计数的初值 X 的计算方法如下。

① 计数器工作方式时，初值为 $X=M-N$。
② 定时器工作方式时，初值为 $X=M-t/T$。（$T=12/$晶振频率）

5.2 定时器/计数器的控制

定时器/计数器有 4 种工作模式，由用户编程对寄存器 TMOD 进行设置，选择需要的工作模式。寄存器 TCON 则提供定时器/计数器的控制信号。

5.2.1 定时器/计数器工作模式寄存器

定时器/计数器工作模式寄存器 TMOD 的字节地址为 89H，它不能位寻址，只能字节寻址，在设置时由用户一次编程写入。TMOD 各位的定义如图 5-2 所示，其高 4 位用于控制 T1，低 4 位用于控制 T0。

MSB	6	5	4	3	2	1	LSB
GATE	C/$\overline{T}$	M1	M0	GATE	C/$\overline{T}$	M1	M0

T1模式控制位　　　　　　　　　　　　　　T0模式控制位

图 5-2　TMOD 各位的定义

1. M1M0——工作模式控制位

M1M0 对应 4 种不同的二进制组合，分别对应 4 种工作模式，分别为模式 0（13 位）、模式 1（16 位）、模式 2（自动重装初值 8 位）及模式 3（两个独立 8 位），相关说明见表 5-1。

表 5-1　工作模式及说明

M1M0	模式	说明
00	0	13 位定时器/计数器，TH 高 8 位和 TL 的低 5 位
01	1	16 位定时器/计数器
10	2	自动重装入初值的 8 位定时器/计数器
11	3	T0 分成两个独立的 8 位计数器，T1 没有模式 3

2. C/$\overline{T}$——定时器工作方式和计数器工作方式选择控制位

若 C/$\overline{T}$ =1 时，为计数器工作方式。

若 C/$\overline{T}$ =0 时，为定时器工作方式。

3. GATE——定时器/计数器运行控制位

当 GATE=1 时，只有 $\overline{INT0}$（或 $\overline{INT1}$）引脚为高电平且 TR0（或 TR1）置 1 时，相应的 T0（或 T1）才能选通工作，它们此时可用于测量在 $\overline{INT0}$（或 $\overline{INT1}$）引脚出现的正脉冲的宽度。当 GATE=0 时，只要 TR0（或 TR1）置 1，T0（或 T1）就被选通，而不受 $\overline{INT0}$（或 $\overline{INT1}$）引脚是高电平还是低电平的影响。

5.2.2　定时器/计数器控制寄存器

定时器/计数器控制寄存器 TCON 的字节地址为 88H，可以字节寻址，还可以位寻址。TCON 各位的位地址为 88H~8FH，其各位的定义如图 5-3 所示。

	8FH	8EH	8DH	8CH	8BH	8AH	89H	88H
	MSB	6	5	4	3	2	1	LSB
TCON（88H）	TF1	TR1	TF0	TR0	IE1	IT1	IE0	IT0

图 5-3　TCON 各位的定义

TF0、TF1（第 5、7 位）分别是 T0、T1 的溢出标志位，溢出时该位置 1，并申请中断，在中断响应后自动清 0。

TR0、TR1（第 4、6 位）分别为 T0、T1 的运行控制位，通过编程将该位置 1 后，定时器/计数器即开始工作，在系统复位时清 0。

TCON 的低 4 位与中断有关，在 4.2.2 小节已介绍。

5.3　定时器/计数器的工作模式及应用

51 单片机的 T0 和 T1 可通过编程对 TMOD 中控制位 C/$\overline{T}$ 进行设置，以选择定时器工作方式或计数器工作方式；对 M1 和 M0 位进行设置，可以选择不同的工作模式。

在模式 0、模式 1 和模式 2 时，T0 和 T1 的工作情况相同；在模式 3 时，T0 和 T1 的工作情况不同。

5.3.1　工作模式 0 及应用实例

定时器/计数器在工作模式 0 时为 13 位计数器。

133

1. 工作模式 0

TMOD 的 M1M0 设置为 00 时，定时器/计数器工作在模式 0。

模式 0 是选择定时器/计数器（T0 或 T1）的高 8 位和低 5 位组成的一个 13 位定时器/计数器。定时器/计数器 0 在工作模式 0 的逻辑结构如图 5-4 所示（T1 类同）。

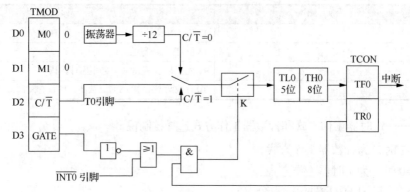

图 5-4　定时器/计数器 0 工作模式 0 的逻辑结构

在模式 0 下，16 位寄存器（TH0 和 TL0）只用了 13 位。其中，TL0 的高 3 位未用，其余 5 位作为整个 13 位的低 5 位，TH0 作为高 8 位。当 TL0 的低 5 位溢出时，直接向 TH0 进位；TH0 溢出时，向溢出标志位 TF0 进位（硬件置位 TF0），并申请 T0 中断。T0 是否溢出可以通过软件查询 TF0 是否被置位来实现。

（1）定时器工作方式

在图 5-4 中，C/$\overline{T}$ = 0 时，控制开关接通振荡器 12 分频输出端，T0 对机器周期计数，即定时器工作方式。其定时时间为：

$$t = (2^{13} - T0\ 初值) \times 时钟周期 \times 12$$

其中，T0 初值是需要编程写入 TH0 和 TL0 的。

（2）计数器工作方式

在图 5-4 中，C/$\overline{T}$ = 1 时，内部控制开关使 T0 引脚（P3.4）与 13 位计数器相连，外部计数脉冲由 T0 引脚（P3.4）输入，当外部信号电平发生由 1 到 0 的跳变时，计数器加 1。这时，T0 成为外部事件计数器，即计数器工作方式。

其计数初值为：

$$X = 2^{13} - N$$

其中，N 是需要的计数值，X 是需要编程写入 TH0 和 TL0 的计数初值。

【例 5-1】 定时器模式 0 的初值计算实例。

设置定时时间 t=1ms，晶振频率为 6MHz。则 T0 计数初值为：

$$X = 2^{13} - 10^{-3}/[12/(6 \times 10^6)]$$
$$= 7692（1E0CH）= 0001\ 11100000\ 1100B$$

将低 5 位 01100 送入 TL0，将高 8 位 11110000 送入 TH0。

初值在程序中也可直接计算给出。

T0 初始化汇编语言程序如下。

```
MOV  TMOD, #00H                    ;模式 0
MOV  TH0, #(8192 - 500) / 32       ;计算初值高 8 位赋 TH0，/为汇编语言除法运算符
MOV  TL0, #(8192 - 500) MOD 32     ;计算初值低 5 位赋 TL0，MOD 为汇编语言除法求余运算符
```

T0 初始化 C51 程序如下。

```
TMOD = 0x00;
TH0 = (8192 - 500)/ 32;
TL0 = (8192 - 500)% 32;
```

2. 应用实例

利用定时器/计数器模式 0 控制每隔 1ms 产生宽度为两个机器周期的负脉冲，由 P1.0 引脚送出，设时钟频率为 12MHz。为了提高 CPU 的效率，采用中断方式工作。

首先求定时器的初值，设定时初值为 X，定时 1ms，则应有：

$$X=2^{13}-10^{-3}/\left[12/\left(12\times10^6\right)\right]$$

式中，机器周期为 1μs，可求得 X=7192=11100000 11000B，其中高 8 位（5～12 位）0E0H 赋给 TH0，低 5 位（0～4 位）18H 送 TL0。

由于系统复位后，TMOD 清 0，定时器默认处于模式 0，且 GATE=0，因此，定时器工作在模式 0 时可不设置 TMOD（计数器工作在模式 0 时必须设置 TMOD）。

汇编语言程序如下。

```
            ORG     0000H
            AJMP    MAIN
            ORG     000BH
            AJMP    T0INT
            ORG     0100H
MAIN:       MOV     TH0, #0E0H
            MOV     TL0, #18H          ;送定时初值
            MOV     IE, #82H           ;允许 T0 中断，EA=1、ET0=1
            SETB    TR0                ;启动定时器 0
LOOP:       SJMP    LOOP
            ORG     0200H
T0INT:      CLR     P1.0               ;输出 0，该指令执行时间为 1 个机器周期（1μs）
            NOP                        ;该指令执行时间为 1 个机器周期（1μs）
            SETB    P1.0               ;输出 1，结束 2μs 负脉冲
            MOV     TH0, #0E0H         ;重新赋初值
            MOV     TL0, #18H
            RETI
            END
```

C51 程序如下。

```
#include <reg51.h>
sbit OUT = P1^0;                    //定义端口
void init( )
{
    TMOD = 0x00;                    //T0 工作在模式 0
    TH0 = (8192 - 1000)/32;
    TL0 = (8192 - 1000)%32;        //载入初值
    ET0 = 1;
    EA = 1;                        //初始化中断
    TR0 = 1;                       //启动定时器 0
}
void main( )
{
    init( );
    while(1);                      //等待中断
}
void t0( ) interrupt 1
```

```
{
        TH0 = (8192 - 1000)/32;      //重新载入初值
        TL0 = (8192 - 1000)%32;
        OUT = 0;                     //输出 0，执行时间为 1 个机器周期（1μs）
        OUT = 0;                     //执行时间为 1 个机器周期（1μs）
        OUT = 1;                     //输出 1
}
```

5.3.2　工作模式 1 及应用实例

定时器/计数器在工作模式 1 时为 16 位计数器。

1. 工作模式 1

TMOD 的 M1M0 设置为 01 时，定时器/计数器工作在模式 1。

模式 1 对应的是一个 16 位的定时器/计数器，其结构与操作几乎与模式 0 完全相同。T0 工作模式 1 的逻辑结构如图 5-5 所示。

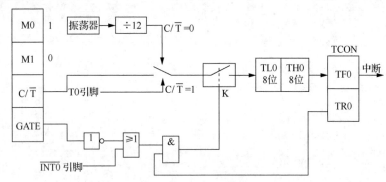

图 5-5　定时器/计数器 0 工作模式 1 的逻辑结构

（1）定时器工作方式

定时器工作方式中，定时时间为：

$$t = （2^{16}-\text{T0 初值}）×时钟周期×12$$

其中，T0 初值是需要编程写入 TH0 和 TL0 的，可以得到其定时最长时间为 65536μs。

（2）计数器工作方式

计数器工作方式中，最大计数长度为 2^{16} = 65536 个外部脉冲。

其计数初值为：

$$X=2^{16}-N$$

其中，N 是需要的计数值，X 是需要编程写入 TH0 和 TL0 的计数初值。

【例 5-2】　定时器模式 1 的初值计算。

如要定时 1ms，晶振频率为 12MHz。则计算初值的方法为：2^{16}-1000=64536（FC18H）。

T0 初始化程序如下。

汇编语言程序如下。

```
MOV  TMOD, #01H                          ;模式1
MOV  TH0, #(65536 - 1000) / 256
MOV  TL0, #(65536 - 1000) MOD 256
```

C51 程序如下。

```
TMOD = 0x01;
TH0 =(65536 - 1000)/ 256;
TL0 =(65536 - 1000)% 256;
```

2. 应用实例

利用定时器 0 产生 25Hz 的方波，由 P1.0 引脚输出。假设 CPU 不做其他工作，则可采用查询方式进行控制。设晶振频率为 12MHz。

频率为 25Hz（周期为 40ms）的方波波形如图 5-6 所示。

采用定时器定时 20ms，每隔 20ms 对 P1.0 求反，即可得到 25Hz 的方波信号。

若采用定时器工作在模式 0，则最长定时时间为 $t = 2^{13} \times 1 \times 10^{-6} s = 8.192ms$，显然定时一次不能满足要求。

选择定时器工作在模式 1，设初值为 X，则有 $t = (2^{16} - X) \times 1 \times 10^{-6} = 20 \times 10^{-3} s$，求得 $X = 45536 = B1E0H$，其中高 8 位 0B1H 赋给 TH0，低 8 位 0E0H 赋给 TL0。

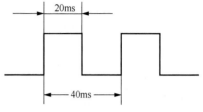

图 5-6　频率为 25Hz 的方波波形

汇编语言程序（查询方式）如下。

```
        ORG     0100H
        MOV     TMOD, #01H
        MOV     TH0, #0B1H
        MOV     TL0, #0E0H
        SETB    TR0
LOOP:   JNB     TF0, $          ;$为当前指令指针（地址）
        CLR     TF0
        MOV     TH0, #0B1H
        MOV     TL0, #0E0H
        CPL     P1.0
        SJMP    LOOP
        END
```

C51 程序（查询方式）如下。

```
#include <reg51.h>
sbit OUT = P1^0;                    //定义端口
void init( )
{
    TMOD = 0x01;                    //T0 工作在模式 0
    TH0 = (65536 - 20000)/256;
    TL0 = (65536 - 20000)%256;      //载入初值
    TR0 = 1;                        //启动定时器 0
}
void main( )
{
    init( );
    while(1)
    {
        while(!TF0);
        TF0 = 0;
        OUT = ~OUT;
        TH0 = (65536 - 20000)/256;
        TL0 = (65536 - 20000)%256;  //重新载入初值
    }
}
```

C51 程序（中断方式）如下。

```
#include <reg51.h>
sbit OUT = P1^0;                    //定义端口
```

137

```
void init( )
{
    TMOD = 0x01;                    //T0 工作在模式 0
    TH0 = (65536 - 20000)/256;
    TL0 = (65536 - 20000)%256;      //载入初值
    ET0 = 1;
    EA = 1;                         //初始化中断
    TR0 = 1;                        //启动定时器 0
}
void main( )
{
    init();
    while(1);
}
void t0( ) interrupt 1
{
    TH0 = (65536 - 20000)/256;      //重新载入初值
    TL0 = (65536 - 20000)%256;
    OUT = ~OUT;
}
```

5.3.3　工作模式 2 及应用实例

定时器/计数器在工作模式 2 时为两个 8 位的计数器。

1．工作模式 2

TMOD 的 M1M0 设置为 10 时，定时器/计数器工作在模式 2。

模式 2 把 TL0（或 TL1）设置成一个可以自动重装入初值的 8 位定时器/计数器。定时器/计数器 0 工作模式 2 的逻辑结构如图 5-7 所示。

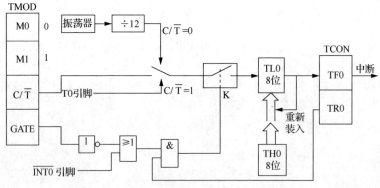

图 5-7　定时器/计数器 0 工作模式 2 的逻辑结构

TL0 计数溢出时，不仅使溢出标志位 TF0 置 1，而且自动把 TH0 中的内容重新装入 TL0 中。这时，16 位计数器中的 TL0 用作 8 位计数器，TH0 用以保存计数初值。

在程序初始化时，TL0 和 TH0 由软件赋予相同的初值。一旦 TL0 计数溢出，便置位 TF0，并将 TH0 中的初值再自动装入 TL0，继续计数，循环重复。

（1）定时器工作方式

定时器工作方式中，其定时时间（TF0 溢出周期）为：

$$t=（2^8-初值）×时钟周期×12$$

其中，初值需要编程分别写入 TH0 和 TL0。

模式 2 定时器工作方式可省去用户软件中重新装入常数的指令，并可产生相当精确的定时时间，特别适用于作为脉冲信号发生器或串行口波特率发生器。

例如，若要定时 100μs，晶振频率为 6MHz，则计算初值的方法为 $2^8 - 50 = 206$（0CEH）。

（2）计数器工作方式

计数器工作方式中，最大计数长度为 $2^8 = 256$ 个外部脉冲。

其计数初值为：

$$X = 2^8 - N$$

其中，N 为计数值，计数初值 X 需要分别写入 TH0 和 TL0。

模式 2 计数器工作方式可省去用户软件中重新装入常数的指令，适用于需要连续循环计数的应用系统。

【例 5-3】 定时器 0 工作在模式 2 的初值计算。

对外部事件计数，每计满 10 次 T0 的计数初值为：

$$X = 2^8 - 10 = 246 = 0F6H$$

汇编语言程序如下。

```
MOV  TMOD, #06H              ;T0 工作在模式 2 计数
MOV  TH0, #0F6H
MOV  TL0, #0F6H
```

C51 程序如下。

```
TMOD = 0x06;
TH0 =246;
TL0 =246;
```

2. 应用实例

利用定时器 1 的模式 2 对外部脉冲信号计数，要求每计满 100 次，将 P1.0 端取反。

外部信号由 T1（P3.5）引脚输入，每发生一次负跳变计数器加 1，每输入 100 个脉冲，计数器发生溢出中断，中断服务程序将 P1.0 端取反。

T1 计数器工作方式模式 2 的控制字为 TMOD=60H。T0 不用时，TMOD 的低 4 位可任取，但不能使 T0 进入模式 3，一般取 0。

计算 T1 的计数初值

$$X = 2^8 - 100 = 156 = 9CH$$

初值 9CH 分别赋给 TL1 和 TH1。

汇编语言程序如下。

```
        ORG    0000H
        AJMP   MAIN
        ORG    001BH
        AJMP   INT1
MAIN:   MOV    TMOD, #60H
        MOV    TL1, #9CH        ;赋初值
        MOV    TH1, #9CH
        MOV    IE, #88H         ;定时器 1 开中断
        SETB   TR1
HERE:   SJMP   HERE
INT1:   CPL    P1.0             ;中断服务程序入口
        RETI
        END
```

C51 程序如下。

```
#include <reg51.h>
sbit OUT = P1^0;                        //定义端口
void init( )
{
      TMOD = 0x60;                      //T1 工作在模式 2 计数
      TH1 = 256 - 100;
      TL1 = 256 - 100;                  //载入初值
      ET1 = 1;
      EA = 1;                           //初始化中断
      TR1 = 1;                          //启动定时器 1
}
void main( )
{
      init( );
      while(1);
}
void t1( ) interrupt 3
{
      OUT = ~OUT;
}
```

5.3.4　工作模式 3 及应用实例

定时器/计数器在工作模式 3 时，T0 和 T1 的结构有较大差别。

1. 工作模式 3

TMOD 的 M1M0 设置为 11 时，定时器/计数器工作在模式 3。

T0 和 T1 工作在模式 3 时的结构大不相同，T1 设置为模式 3 时，则停止计数，保持原计数值。

（1）T0 工作在模式 3

若将 T0 设置为模式 3，TL0 和 TH0 被分成两个相互独立的 8 位计数器。定时器/计数器 0 工作模式 3 的逻辑结构如图 5-8 所示。

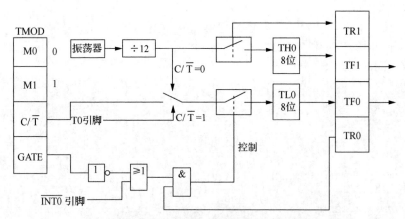

图 5-8　定时器/计数器 0 工作模式 3 的逻辑结构

图 5-8 中，TL0 用原 T0 的各控制位、引脚和中断源，即 C/$\overline{\text{T}}$、GATE、TR0、TF0、T0（P3.4）引脚、$\overline{\text{INT0}}$（P3.2）引脚。TL0 除仅用 8 位寄存器外，其功能和操作与模式 0（13 位）、模式 1（16

位）的完全相同，或者说 TL0 的操作方式和模式 2 的基本一样，但不能自动重载初值，必须由软件赋初值。TL0 也可工作在定时器工作方式或计数器工作方式。

TH0 只可用作简单的内部定时功能（见图 5-8 上半部分），它占用了定时器 1 的控制位 TR1 和 T1 的溢出标志位 TF1，其启动和关闭仅受 TR1 的控制。

（2）T1 无工作模式 3

T1 无工作模式 3 的状态，若将 T1 设置为模式 3，就会使 T1 立即停止计数，即保持原有的计数值，作用相当于使 TR1 = 0，封锁与门，断开计数开关。

（3）波特率发生器

在定时器 0 工作在模式 3 时，T1 仍可设置为模式 0～2，如图 5-9（a）所示。由于 TR1 和 TF1 被 T0 占用，计数器开关已被接通，此时，仅用 T1 控制位 C/$\overline{\text{T}}$ 切换其定时器或计数器工作方式就可使 T1 运行。寄存器（8 位、13 位、16 位）溢出时，只能将输出送入串行口或用于不需要中断的场合。一般情况下，当定时器 1 用作串行口波特率发生器时，定时器 0 才设置为工作模式 3。此时，通常把定时器 1 设置为模式 2，用作波特率发生器，如图 5-9（b）所示。

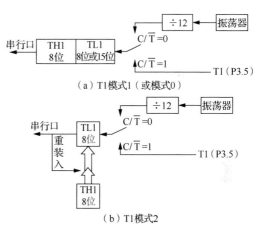

（a）T1 模式 1（或模式 0）

（b）T1 模式 2

图 5-9　T0 模式 3 下的 T1 逻辑结构

2. 应用实例

设一个 51 单片机系统中已使用了两个外部中断源，并置定时器 1 工作在模式 2，作为串行口波特率发生器。现要求再增加一个外部中断源，并由 P1.0 端口输出 5kHz 的方波，设 f_{osc}=6MHz。

在不增加其他硬件成本时，可把定时器 0 置于工作模式 3，利用外部引脚 T0 端作附加的外部中断输入端，把 TL0 预置为 0FFH，这样在 T0 端出现由 1 到 0 的负跳变时，TL0 立即溢出，申请中断，相当于边沿触发的外部中断源。在模式 3 下，TH0 总是用作 8 位定时器，可以用它来控制由 P1.0 输出的 5kHz 方波。

由 P1.0 输出 5kHz 的方波，即每隔 100μs 使 P1.0 的电平发生一次变化。则 TH0 中初值 X=256-100/2=206。

汇编语言程序如下。

```
MOV     TMOD, #27H          ;置 T0 工作于模式 3, TL0 工作于计数器工作方式
MOV     TL0, #0FFH
MOV     TH0, #206
MOV     TL1, #BAUD          ;BAUD 根据波特率要求得到
MOV     TH1, #BAUD
MOV     TCON, #55H          ;启动 T0、T1, 置外部中断 0 和 1 为边沿触发方式
MOV     IE, #9FH            ;开放全部中断
```

TL0 溢出中断服务程序（由 000BH 单元转来）如下。

```
TL0INT:  MOV TL0, #0FFH
         …                  ;中断服务程序
         RETI
```

TH0 溢出中断服务程序（由 001BH 单元转来）如下。

```
TH0INT:  MOV     TH0, #206
         CPL     P1.0
         RETI
```

此处没有列出串行口和外部中断 0、1 的中断服务程序。

5.4 定时器/计数器应用设计实例及仿真

在单片机应用系统中，定时器/计数器的功能部件结合中断技术得到广泛应用，本节主要介绍典型应用及仿真。

5.4.1 定时器延时控制

1. 设计要求

设单片机的晶振频率为 12MHz，利用定时器使 P1.0 连续输出周期为 2s 的方波，控制一个 LED 每 1s 其状态改变一次。

程序设计分别采用查询方法和中断方法，分别使用汇编语言程序和 C51 程序。

2. 硬件电路

在 Proteus 下设计硬件仿真电路（含虚拟示波器），如图 5-10 所示。

3. 分析

利用 T0 产生 1s 的定时程序，实现循环控制。

由于定时器最长定时时间是有限的，且要求定时时间较长，定时器各工作模式的定时时间如下。

① 模式 0 最长可定时 8.192ms。

② 模式 1 最长可定时 65.5ms。

③ 模式 2 最长可定时 256μs。

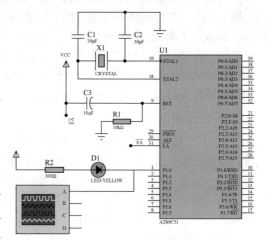

图 5-10 硬件仿真电路

根据设计要求，可选模式 1，为实现 1s 的延时，可以设置定时器 0 的定时时间为 50 ms，通过程序设置一个软件计数器，对定时器溢出（溢出标志位 TF0）次数计数（20 次），或者每隔 50ms 中断一次，中断 20 次为 1s。

设初值为 X，则

$$(2^{16} - X) \times \frac{12}{12 \times 10^6} = 50 \times 10^{-3}$$

可求得

$$X = 65536 - 10^3 \times 50 = 15536 = 3CB0H$$

设置 TL0=0B0H，TH0=3CH。

4. 查询方法程序设计（查询 T0 的 TF0 标志位）

汇编语言程序如下。

```
        ORG   0000H
        LJMP MAIN           ;跳转到主程序
        ORG 0100H           ;主程序
MAIN:
        MOV TMOD,#01H       ;设置 T0 工作于模式 1
        MOV R0,#20          ;设置软件计数初值为 20
LOOP:
        MOV TH0,#3CH        ;装入计数初值
        MOV TL0,#0B0H
        SETB TR0            ;启动定时器 0
```

```
        JNB TF0,$                    ;查询等待，如果 TF0 为 1 则执行下一条指令
        CLR TF0                      ;TF0 清 0
        DJNZ R0,LOOP                 ;软件计数器 R0 减 1，R0≠0 循环
        CPL P1.0                     ;P1.0 取反输出
        MOV R0,#20                   ;重载软件计数器的计数值
        SJMP LOOP
        END
```

C51 程序如下。

```
#include <reg51.h>
#define uchar unsigned char
sbit led = P1^0;                        //定义连接 LED 的端口
void Init (void)
{
    TMOD = 0x01;                        //设置 T0 工作于模式 1
    TH0 =(65536-50000) / 256; //对于 16 位计数器，65536-50000=15536，免于计算直接装入初值
    TL0 =(65536-50000 )% 256;           //装入初值（15536 mod256）
    TR0 = 1;
    led = 1;
}

void main(void)
{
    uchar i = 0;
    Init ();
    while(1)
    {
        TH0 =(65536-50000) / 256;       //重新装入初值
        TL0 =(65536-50000) % 256;
        while(!TF0) ;                   //等待 T0 溢出
        TF0 = 0;                        //清除溢出标志位
        i ++;                           //软件计数加 1
        if(i == 20)
        {
            led = ~led;                 // P1.0 取反输出
            i = 0;                      //软件计数器清 0
        }
    }
}
```

5. 中断方法程序设计

汇编语言程序如下。

```
        ORG 0000H
        LJMP MAIN
        ORG 000BH                    ;T0 中断入口地址
        LJMP INT_T0
        ORG 0030H
MAIN:
        MOV TMOD,#01H                ;设置 T0 工作于模式 1
        MOV TH0,#3CH                 ;装入计数初值
        MOV TL0,#0B0H
        MOV R0,#20                   ;设置软件计数器初值
```

```
            SETB ET0                  ;T0 开中断
            SETB EA                   ;CPU 开中断
            SETB TR0                  ;启动 T0
            SJMP $                    ;等待中断

    INT_T0:
            PUSH ACC                  ;保护现场
            PUSH PSW
            MOV TH0,#3CH              ;装入计数初值
            MOV TL0,#0B0H             ;装入计数值
            DJNZ R0,INTEND            ;软件计数器减 1
            CPL P1.0                  ;P1.0 状态取反输出
            MOV R0,#20
    INTEND:
            POP PSW                   ;恢复现场
            POP ACC
            RETI
            END
```

C51 程序如下。

```c
#include <reg51.h>
#define uchar unsigned char
sbit led = P1^0;
uchar i = 0;
void Init_imer0(void)
{
    TMOD = 0x01;                  //设置 T0 工作于模式 1
    TH0 = (65536-50000)/ 256;     //装入计数初值
    TL0 =(65536-50000)% 256;
    ET0 = 1;                      //开 T0 中断
    EA = 1;                       //开 CPU 总中断
    TR0 = 1;                      //启动 T0，开始计数
}
void main(void)
{
    Init_Timer0( );
    while(1);
}
void Timer0Int(void) interrupt 1 using 1    //T0 中断服务程序 using 1 代表使用工作寄存器组 1
{
    TH0 =(65536-50000)/ 256;      //重装计数初值
    TL0 =(65536-50000) % 256;
    i++;
    if(i == 20)
    {
      led = ~led;                 //P1.0 状态取反输出
      i = 0;
    }
}
```

6. 仿真调试

在 Proteus 下仿真调试，LED 闪烁，打开虚拟示波器，方波周期为 2s，仿真调试结果如图 5-11 所示。

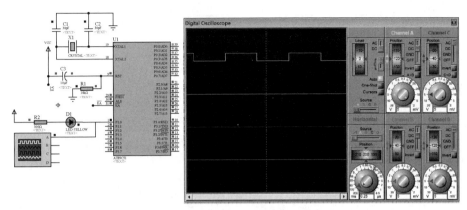

图 5-11　仿真调试结果

5.4.2　定时器测量脉冲宽度

1. 设计要求

利用 T0 门控位 GATE 测量 $\overline{\text{INT0}}$（P3.2）引脚上出现的正脉冲的宽度，并以机器周期数的形式在 LED 数码管上显示。

2. 硬件电路

① 将需要测量的正脉冲信号转换为 51 单片机的电平（高电平为 5V，低电平为 0V），由 P3.2 引脚输入给单片机。

② 显示电路使用 4 位 LED 数码管，每个 LED 数码管的输入为二进制码 0000～1111，对应显示十六进制数 0～F。该 LED 数码管只能用于 Proteus 仿真，在实际电路中应选择带有硬件译码的 LED 数码管。LED 数码管分别由 P1 和 P2 端口输出控制显示。

③ 设单片机的时钟频率为 12MHz（定时器计数 1 次耗时 1μs）。

定时器测量脉冲宽度的硬件仿真电路如图 5-12 所示。

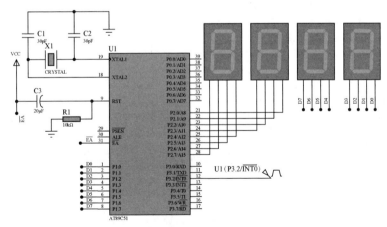

图 5-12　硬件仿真电路

3. 分析

根据设计要求可这样设计程序：将 T0 设定为定时器，工作于模式 1，GATE 设置为 1，置 TR0 为 1。一旦 $\overline{\text{INT0}}$ 引脚出现高电平即开始计数，直到出现低电平时读取 T0 计数值，将 TL0 送 P1 端口、TH0 送 P2 端口显示，测量过程如图 5-13 所示。

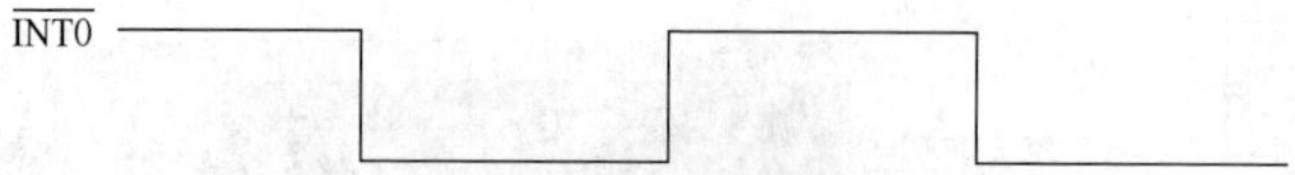

$\overline{\text{INT0}}$

图 5-13　测量过程示意

4. 程序设计

汇编语言程序如下。

```
            ORG       0000H
START:      MOV       TMOD, #09H          ;T0 工作于工作模式 1，置位 GATE
            MOV       TL0, #00H
            MOV       TH0, #00H
WAIT1:      JB        P3.2, WAIT1         ;等待 INT0 引脚的电平由高变低
WAIT2:      JNB       P3.2, WAIT2         ;等待 INT0 引脚的电平由低变高
            SETB      TR0                 ;启动定时
WAIT3:      JB        P3.2, WAIT3         ;等待 INT0 引脚的电平由高变低
            CLR       TR0                 ;停止计数
            MOV       R0, #30H            ;显示缓冲区首地址送入 R0
            MOV       A, TL0
            MOV       P1,TL0              ;机器周期数的存放方式为低位占低地址
            XCHD      A, @R0              ;高位占高地址
            INC       R0
            SWAP      A
            XCHD      A, @R0
            INC       R0
            MOV       A, TH0
            MOV       P2, TH0
            XCHD      A, @R0
            INC       R0
            SWAP      A
            XCHD      A, @R0
            SJMP      START
            END
```

C51 定时器 0 中断程序如下。

```
#include<reg51.h>
unsigned int high;                    //定义整型变量，存储正脉冲宽度
void Init(void)
{
    TMOD = 0x09;                      //T0 工作于模式 0，门控位 GATE 置 1
    TH0 = 0;                          //计数初值清 0
    TL0 = 0;
    EX0 = 1;
    IT0 = 1;
    TR0 = 1;
    EA = 1;
}
void main( )
{
    Init( );
    while(1);
}
void ext0(void) interrupt 0 using 1
{
```

```
        high = TH0*256 + TL0;      //获取正脉冲宽度初值，可以根据单片机的晶振频率计算
        P1=TL0;
        P2=TH0;
        TH0 = 0;
        TL0 = 0;
    }
```

注意　　由于定时器模式 1 的 16 位计数长度有限，被测脉冲高电平的宽度必须小于 65536 个机器周期。

5. 仿真调试

在 Proteus 下设置方波信号 U1=100Hz（周期为 0.01s），仿真调试。

① 汇编语言程序仿真：LED 数码管显示 1386H（即脉冲宽度为 4998μs），如图 5-14（a）所示。在仿真调试（Debug）时打开寄存器及存储器窗口，存放定时器 0 计数值的寄存器 TMR0，显示内容为 1386H，而存储单元 30H～33H 分别显示 1、3、8、6。

② C51 定时器 0 中断程序仿真：LED 数码管显示 1388H（即脉冲宽度为 5000μs，5ms），显示结果如图 5-14（b）所示。

由仿真调试结果分析，得出汇编语言程序在对脉冲宽度计数时，由于执行 JB P3.2,WAIT3 指令需要 2 个机器周期，使计数值存在 2μs 的误差（为消除误差，读者可以将指令 SETB TR0 前置进行测试）。而 C51 程序采用的是中断技术进行计数，得出的计数值是准确的。

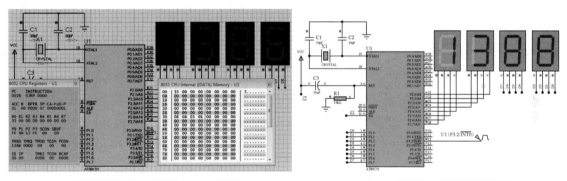

（a）汇编语言程序仿真结果（Debug 调试）　　　　　（b）C51 定时器 0 中断程序仿真结果

图 5-14　仿真调试结果

5.4.3　10kHz 方波发生器

1. 设计要求

设时钟频率为 12MHz，设计利用单片机定时器 1 在 P1.0 引脚产生 10kHz 方波信号，如图 5-15 所示。

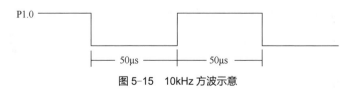

图 5-15　10kHz 方波示意

2. 硬件电路

在 Proteus 下设计硬件仿真电路，在 P1.0 引脚直接输出 10kHz 方波信号，添加测试虚拟示波器及定时计数器（频率计），如图 5-16 所示。

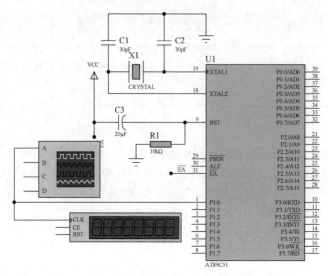

图 5-16　硬件仿真电路

3. 分析

要产生 10kHz 方波信号，其周期为 1/10000Hz，即 100μs，定时器的定时时间应取 50μs，选择定时器工作在模式 2，定时器工作方式时初值为：

$$X=M-定时时间/T$$
$$=256-50/1$$
$$=206$$

也可简化为：

$$X=256-\left[1000000/(10000\times2)\right]$$
$$=206$$

4. 程序设计

方波发生器的 C51 程序如下。

```
/*******************************
P1.0 端口产生 10kHz 方波
*******************************/
#include <reg51.h>
#define Fre 10000
typedef unsigned char uint8;
sbit Out = P1^0;
/*******************************
函数名: timer_init
功　能: 初始化定时器和中断控制器
输　入: 无
返回值: 无
*******************************/
void timer_init( )
{
```

```
        TMOD = 0x20;                      //定时器 1 工作在模式 2
        TH1 = 256 -(1000000/(Fre*2));     //时钟频率为 12MHz，输出 10kHz 方波信号
        TL1 = TH1;                        //载入定时初值
        ET1 = 1;                          //打开定时器 1 中断
        EA = 1;                           //CPU 开中断
        TR1 = 1;                          //启动定时器 1
}

void main()
{
        timer_init( );
        while(1);
}

void t1() interrupt 3 using 1           //定时器 1 中断服务程序
{
        Out = ~Out;
}
```

5. 仿真调试

在 Proteus 下仿真调试，虚拟示波器和频率计分别以不同形式显示 P1.0 引脚输出的 10kHz 方波信号，如图 5-17 所示。

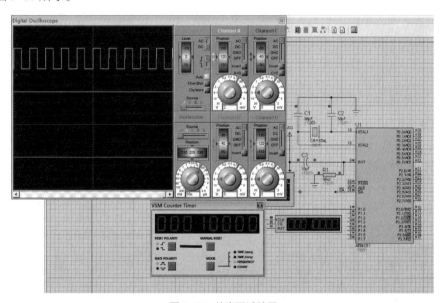

图 5-17　仿真调试结果

5.4.4　循环加 1 计数器

1. 设计要求

设单片机的时钟频率为 12MHz，要求单片机定时器 0 实现在 P1 端口每隔 1s 进行二进制循环加 1 计数，驱动两个 LED 数码管以十六进制数显示。

2. 硬件电路

在 Proteus 下设计硬件仿真电路，如图 5-18 所示。

149

图 5-18 中使用的 LED 数码管的输入为 4 位二进制码 0000～1111，则对应显示 0～F。P1.0～P1.3 引脚和 P1.4～P1.7 引脚分别作为两个 LED 数码管的输入信号。

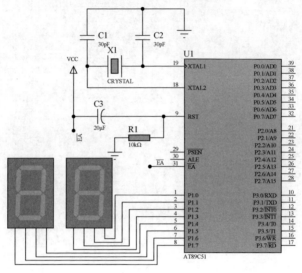

图 5-18　硬件仿真电路

3. 分析

设置定时器 0 工作于模式 1，定时器的定时时间取 50ms，在定时器 0 的中断服务程序设计一个软件计数器，计数 20 次为 1s。定时初值为：

$$X=M-定时时间/T$$
$$=65536-50000/1$$
$$=15536=3CB0H$$

4. 程序设计

循环加 1 计数器的 C51 程序如下。

```
#include <reg51.h>
typedef unsigned char uint8;
uint8 ct = 20;
/********************************
函数名: timer_init
功  能: 初始化定时器和中断控制器
输  入: 无
返回值: 无
********************************/
void timer_init( )
{
    TMOD = 0x01;                      //定时器 0 工作在模式 1
    TH0 =(65536 - 50000)/256;
    TL0 =(65536 - 50000)%256;         //载入定时初值 3cb0H（50ms）
    ET0 = 1;                          //定时器 0 开中断
    EA = 1;                           //CPU 开中断
    TR0 = 1;                          //启动定时器 0
}

void main( )
```

```
{
        P1=0;
        timer_init( );
        while(1);
}
void t0( ) interrupt 1 using 1                    //定时器 0 中断服务程序
{

        TH0 =(65536 - 50000)/256;
        TL0 =(65536 - 50000)%256;
        ct--;
        if(ct == 0)                               //定时器 0 中断 20 次
        {
                ct = 20;
                P1++;                             //加 1
        }
}
```

5. 仿真调试

在 Proteus 下仿真调试，结果如图 5-19 所示。在图 5-19（a）显示 21（P1 端口的低 4 位为 0001、高 4 位为 0010）；在图 5-19（b）显示 b6（P1 端口的低 4 位为 0110、高 4 位为 1011）。

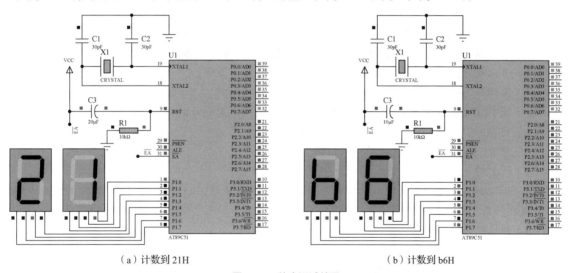

（a）计数到 21H   （b）计数到 b6H

图 5-19　仿真调试结果

5.5　思考与练习

1. 51 单片机的定时器/计数器有哪几种工作模式？各有什么特点？

2. 51 单片机的定时器用于定时和计数时，其计数脉冲分别由什么信号提供？

3. 分别举例说明定时器工作模式 1、模式 2 的计数初值的计算方法。

4. 定时器/计数器 0 已预置为 156，且选定模式 2 的计数方式，现在 T0 引脚上输入周期为 1ms 的脉冲，此时定时器/计数器 0 的实际用途是什么？在什么情况下，定时器/计数器 0 溢出？

5. 设 f_{osc}=12MHz，定时器 0 的初始化程序和中断服务程序如下。

定时器 0 的初始化程序：

```
MAIN:   MOV      TH0, #9DH
```

```
            MOV      TL0, #0D0H
            MOV      TMOD, #01H
            SETB     TR0
            ...
```

中断服务程序：

```
            MOV      TH0, #9DH
            MOV      TL0, #0D0H
            ...
            RETI
```

（1）该定时器工作于什么方式？

（2）相应的定时时间或计数值是多少？

（3）写出同样功能的 C51 程序。

6. 51 单片机的 f_{osc}=12MHz，如果要求定时时间分别为 0.1ms 和 5ms，当 T0 工作在模式 0、模式 1 和模式 2 时，分别求出定时器的初值。

7. 以定时器 1 进行外部事件计数，每计数 1000 个脉冲后，定时器 1 转为定时方式。定时 10ms 后，又转为计数方式，如此循环不止。设 f_{osc}=6MHz，试用模式 1 编程。

8. 已知 8051 单片机的 f_{osc}=6MHz，试利用 T0 和 P1.0 引脚输出矩形波。矩形波的高电平宽 100μs，低电平宽 300μs。

9. 设 f_{osc}=12MHz，试编写一段程序，功能为：对定时器 0 初始化，使之工作在模式 2，产生 200μs 定时，并用查询 T0 溢出标志的方法，控制 P1.1 引脚输出周期为 2ms 的方波。

10. 已知 8051 单片机系统的时钟频率为 12MHz，利用其定时器测量某正脉冲宽度时，采用哪种工作模式可以获得最大的量程？能够测量的最大脉冲宽度是多少？

11. 设计一个时间以秒为单位的倒计时计数器。要求如下。

（1）用 P2.0（按钮输入次数）分别控制设置计时时间、启动计时及复位。

（2）用 P0 端口显示 2 位数字（秒）计时时间。

（3）用 P1 端口输入需要设置的计时时间。

（4）计时时间到，P2.7 引脚输出低电平驱动 LED 显示。

12. 设计由 P1.0 引脚控制某工业指示灯（指示灯使用直流电，工作电压为 24V，额定电流为 0.5A）按 1s 周期闪亮。要求如下。

（1）画出硬件仿真电路（注意输出接口加驱动器）。

（2）采用定时器查询方法编写控制程序并进行仿真调试。

（3）采用定时器中断方法编写控制程序并进行仿真调试。

第6章 51单片机串行口及应用

在单片机系统中，单片机经常需要和其他单片机、计算机或外部设备进行数据通信。

CPU 与外部设备进行数据通信的方式有并行通信和串行通信。在并行通信中，数据的各位同时进行传送；在串行通信中，数据一位一位地按顺序进行传送，其特点是只需一对传输线就可实现通信。由于 CPU 工作速度的不断提高和串行通信的经济实用，以及单片机芯片引脚的限制，串行通信在计算机中得到广泛应用。

本章首先介绍串行通信的基本概念、常用的串行通信总线标准及接口电路，然后详细描述 51 单片机可编程全双工串行通信接口的结构、控制方法、工作方式及 Proteus 仿真应用实例。

6.1 串行通信的基本概念

在计算机系统中，串行通信是指计算机主机与外设之间以及主机系统与主机系统之间数据的串行传送。本节主要介绍串行通信的有关术语和基本概念。

6.1.1 异步通信和同步通信

串行通信有两种基本通信方式：异步通信和同步通信。

1. 异步通信

在异步通信中，数据通常以字符（或字节）为单位，加上起始位、停止位和奇偶校验位组成数据帧传送，如图 6-1 所示。

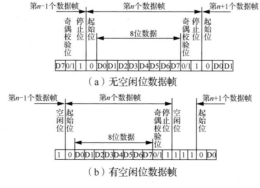

（a）无空闲位数据帧

（b）有空闲位数据帧

图 6-1 异步通信的数据帧格式

每一帧数据包括以下几个部分。一般多个数据组合到一起称为数据块，按照某种协议传输的数据块一般称为数据帧。

① 起始位：位于数据帧的第 1 位，始终为低电平（0），标志传送数据的开始，用于向接收端表示发送端开始发送一帧数据。

② 数据位：要传送的字符（或字节），紧跟在起始位之后，用户根据情况可取 5 位、6 位、7 位或 8 位，若所传数据为 ASCII 字符，则常取 7 位，由低位到高位依次传送。

③ 奇偶校验位：位于数据位之后，仅占一位，用于校验串行发送数据的正确性，可根据需要采用奇校验或者偶校验。

④ 停止位：位于数据帧的最后一位，占一位、一位半（这里一位对应于一定的发送时间，故有半位）或两位，为高电平 1，用于向接收端表示一帧数据已发送完毕。

在串行通信中，有时为了使收发双方有一定的操作间隙，可以根据需要在相邻数据帧之间插入若干空闲位，空闲位和停止位一样是高电平，表示线路处于等待状态。存在空闲位是异步通信的特征之一。

有了以上数据帧的格式规定，发送端和接收端就可以连续协调地传送数据。也就是说，接收端通过数据帧获取发送端何时开始发送数据和何时结束发送数据。平时，传输线上为高电平 1，每当接收端检测到传输线上为低电平 0 时，表示发送端开始发送数据；每当接收端接收到数据帧中的停止位时就表示一帧数据已发送完毕。发送端和接收端可以有各自的时钟来控制数据的发送和接收，这两个时钟彼此独立，可以互不同步。

异步通信传送数据的速率受到限制，一般为 50～9600bit/s。但异步通信不需要传送同步脉冲，数据帧的长度不受限制，对硬件要求较低，因而在数据传送量不很大、要求传送速率不高的远距离通信场合得到了广泛应用。

2. 同步通信

在同步通信中，每个数据块传送开始时，采用一个或两个同步字符作为起始标志，数据在同步字符之后，个数不受限制，由所需传送的数据块长度确定，其格式如图 6-2 所示。

同步通信中的同步字符可以使用统一标准格式，单个同步字符常采用 ASCII 中规定的 SYN（即 16H）代码，双同步字符一般采用国际通用标准代码 EB90H。

同步通信一次可以连续传送几个数据，每个数据不需起始位和停止位，数据之间不留间隙，因而数据传输速率高于异步通信，通常可达 56000bit/s。但同步通信要

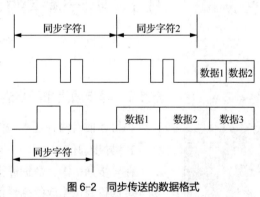

图 6-2　同步传送的数据格式

求用准确的时钟来实现发送端与接收端之间的严格同步，为了保证数据传输正确无误，发送除了发送数据外，还要同时把时钟传送到接收端。同步通信常用于传送数据量大、传送速率要求较高的场合。

6.1.2　串行通信的方式、波特率、时钟和奇偶校验

1. 串行通信的方式

在串行通信中，数据是在由通信线连接的两个工作站之间传送的。按照数据传送方向，串行通信方式可分为单工、半双工和全双工 3 种方式，如图 6-3 所示。

（1）单工方式

如图 6-3（a）所示，单工方式下只允许数据向一个方向传送，即一方只能发送，另一方只能接收。

（2）半双工方式

如图 6-3（b）所示，半双工方式下允许数据双向传送，但由于只有一根传输线，在同一时刻只能一方发送，另一方接收。

（3）全双工方式

如图 6-3（c）所示，全双工方式下允许数据同时双向传送，由于有两根传输线，在 A 站将数据发送到 B 站的同时，也允许 B 站将数据发送到 A 站。

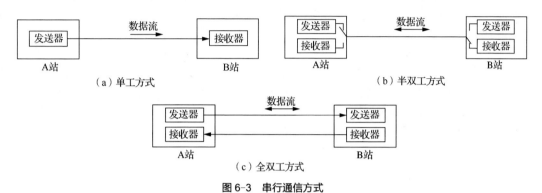

图 6-3 串行通信方式

2. 波特率和发送/接收时钟

（1）波特率

串行通信的数据是按位进行传送的，每秒传送的二进制数码的位数称为波特率（也称比特数），单位是 bit/s。波特率是串行通信的重要指标，用于衡量数据传输的速率。国际上规定了标准波特率系列作为串行通信常用的波特率。标准波特率系列为 110bit/s、300bit/s、600bit/s、1200bit/s、1800bit/s、2400bit/s、4800bit/s、9600bit/s 和 19200bit/s。

每位的传送时间为波特率的倒数，即 T_d=1/波特率。例如，波特率为 9600bit/s 的通信系统，其每位的传送时间应为：

$$T_d=1/9600s \approx 0.0001041s=0.104ms$$

接收端和发送端的波特率分别设置时，必须保持相同。

（2）发送/接收时钟

二进制数据序列在串行传送过程中以数字信号波形的形式出现。无论发送或是接收，都必须有时钟信号对传送的数据进行定位。

在发送数据时，发送器在发送时钟的下降沿将移位寄存器中的数据串行移位输出；在接收数据时，接收器在接收时钟的上升沿对数据位采样，如图 6-4 所示。

（a）发送时钟   （b）接收时钟

图 6-4 发送/接收时钟

为保证传送数据准确无误，发送/接收时钟频率应大于或等于波特率，两者的关系为：

$$发送/接收时钟频率=n×波特率$$

上式中，n 称为波特率因子，n 可以取 1、16 或 64。对于同步传送方式，必须取 $n=1$；对于异步传送方式，通常取 $n=16$。

数据传输时，每一位的传送时间 T_d 与发送/接收时钟周期 T_c 之间的关系为：

$$T_d=nT_c$$

3. 奇偶校验

当串行通信用于远距离传送时，容易受到外界噪声干扰。为保证通信质量，需要对传送的数据进行校验。对于异步通信，常用的校验方法是奇偶校验法。

采用奇偶校验法，发送数据时在每个字符（或字节）之后附加一位校验位，这个校验位可以是 0 或 1，以便使校验位和所发送的字符（或字节）中 1 的个数为奇数（称为奇校验），或为偶数（称为偶校验）。接收数据时，检查所接收的字符（或字节）连同奇偶校验位中 1 的个数是否符合规定。若不符合，就证明传送数据受到干扰发生了变化，CPU 需进行相应处理。51 单片机中的 PSW 寄存器中的 D0 位 P 用来表示累加器 ACC 中 1 的个数是奇数还是偶数，可以十分方便地进行奇偶校验。

奇偶校验是对一个字符（或字节）校验一次，仅能校验数据中含有 1 的奇/偶个数，因此只能提供最低级的错误检测，通常只用于异步通信中。

6.2 常用串行通信总线标准及接口电路

51 单片机本身虽然具有全双工的串行接口，但串行口输出的是 TTL 电平，抗干扰能力较弱，传输距离较近。因此，大部分异步通信将 TTL 电平转换为标准接口（如计算机的 RS-232 接口）电平进行传输，可增强抗干扰性，并增加传输距离。TTL 电平与 RS-232 电平如图 6-5 所示。

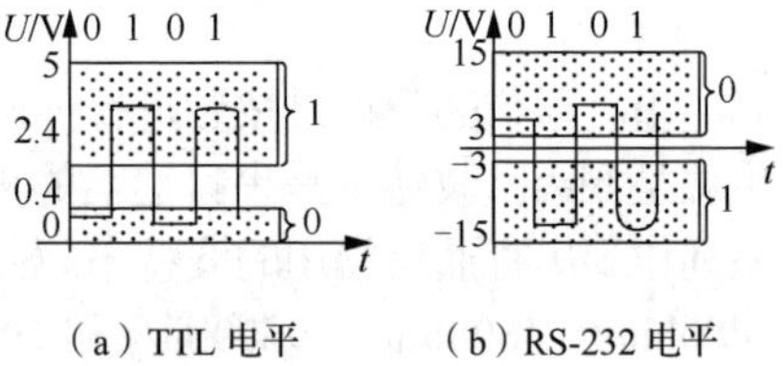

下面主要介绍单片机标准通信接口电路及计算机常用的标准异步串行通信总线 RS-232C、RS-422/485 等。

（a）TTL 电平　（b）RS-232 电平

图 6-5　TTL 电平与 RS-232 电平

6.2.1 RS-232C 总线标准及接口电路

RS-232C 是使用最早、在异步串行通信中应用最广的总线标准。RS-232C 由美国电子工业协会于 1962 年公布，1969 年修订而成。其中，RS 是 Recommended Standard（推荐标准）的缩写，232 是标识号，C 表示修改次数。

1. RS-232C 总线标准

RS-232C 适用于短距离或带调制解调器的通信场合，设备之间的距离不大于 15m 时，可以用 RS-232C 电缆直接连接；对于距离大于 15m 的长距离通信，需要采用调制解调器才能实现。RS-232C 最大传输速率为 20kbit/s。

RS-232C 标准总线为 25 条信号线，采用一个 25 脚的连接器，一般使用标准的 D 型 25 芯插头/座（DB-25）。连接器的 25 条信号线包括一个主通道和一个辅助通道。在大多数情况下 RS-232C 对于一般的双工通信，仅需使用 RXD、TXD 和 GND 3 条信号线。RS-232C 经常采用 D 型 9 芯插头/座（DB-9），DB-25 和 DB-9 型 RS-232C 接口连接器如图 6-6 所示，引脚的信号定义见表 6-1。

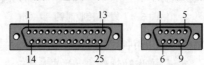

图 6-6　DB-25 和 DB-9 接口连接器（公头）

表6-1　RS-232C引脚的信号定义

引脚		定义	引脚		定义
DB-25	DB-9		DB-25	DB-9	
1		保护接地（PE）	14		辅助通道发送数据
2	3	发送数据（TXD）	15		发送时钟（TXC）
3	2	接收数据（RXD）	16		辅助通道接收数据
4	7	请求发送（RTS）	17		接收时钟（RXC）
5	8	清除发送（CTS）	18		未定义
6	6	数据准备好（DSR）	19		辅助通道请求发送
7	5	信号地（SG）	20	4	数据终端准备就绪（DTR）
8	1	载波检测（DCD）	21		信号质量检测
9		供测试用	22	9	回铃音指示（RI）
10		供测试用	23		数据信号速率选择
11		未定义	24		发送时钟（TXC）
12		辅助载波检测	25		未定义
13		辅助通道清除发送			

RS-232C采用负逻辑，即逻辑1用-3V～-15V表示，逻辑0用+3V～+15V表示。因此，RS-232C不能和TTL电平直接相连。51单片机的串行口采用TTL正逻辑（即高电平表示1、低电平表示0），它与RS-232C接口连接时必须进行电平转换。

2. RS-232C接口电路——MAX232

MAX232是MAXIM（美信）公司生产的包含两路接收器和驱动器的专用IC，用于完成RS-232C电平与TTL电平转换。MAX232内部有一个电源电压变换器，可以把输入的+5V电压变换成RS-232C输出电平所需的±10V电压。所以，采用此芯片接口的串行通信系统只需单一的+5V电源。对于没有正负电源的场合，其适应性更强，因而被广泛使用。

MAX232的引脚结构如图6-7所示。

MAX232芯片内部有两路发送器和两路接收器。两路发送器的输入端T1IN、T2IN引脚为TTL/CMOS（Complementary Metal-Oxide-Semiconductor，互补金属氧化物半导体）电平输入端，可连接51单片机的TXD引脚；两路发送器的输出端T1OUT、T2OUT为RS-232C电平输出端，可连接计算机的RS-232C接口的RXD引脚。两路接收器的输出端R1OUT、R2OUT为TTL/CMOS电平输出端，可连接51单片机的RXD引脚；两路接收器的输入端R1IN、R2IN为RS-232C电平输入端，可连接计算机的RS-232C接口的TXD引脚。实际使用时，可以从两路发送/接收器中任选一路作为接口，但要注意发送端、接收端必须对应。51单片机通过MAX232与计算机通信的接口电路如图6-8所示。

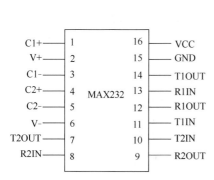

图6-7　MAX232的引脚结构

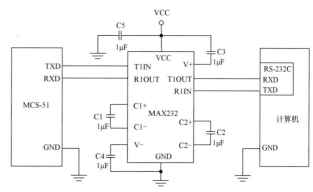

图6-8　51单片机与计算机通信的接口电路

6.2.2 RS-422/485 总线标准及接口电路

RS-232C 虽然应用广泛，但由于推出较早，数据传输速率慢、传输距离短。为了满足现代通信传输数据速率越来越快和距离越来越远的要求，美国电子工业协会随后推出了 RS-422 和 RS-485 总线标准。

1. RS-422/485 总线标准

RS-422 采用差分接收、差分发送工作方式，不需要数字地线。它使用双绞线传输信号，根据两条传输线之间的电位差值来决定逻辑状态。RS-422 接口电路采用高输入阻抗接收器和比 RS-232C 驱动器驱动能力更强的发送驱动器，可以在相同的传输线上连接多个接收节点，因此 RS-422 支持点对多的双向通信。RS-422 可以全双工工作，通过两对双绞线可以同时发送和接收数据。

RS-485 满足所有 RS-422 的规范。它是多发送器的电路标准，允许双绞线上 1 个发送器驱动 32 个负载设备，负载设备可以是被动发送器、接收器或收发器。当用于多站点网络连接时，可以节省信号线，便于高速远距离传输数据。RS-485 为半双工工作模式，在同一时刻，一个站点只能发送数据，其他站点只能接收数据。

RS-422/485 最大传输距离为 1200m，最大传输速率为 10Mbit/s。在实际应用中，为减小误码率，当传输距离增加时，应适当降低传输速率。例如，当传输距离为 120m 时，最大传输速率为 1Mbit/s；若传输距离为 1200m，则最大传输速率为 100kbit/s。

2. RS-485 接口电路——MAX485

MAX485 是用于 RS-422/485 通信的差分平衡收发器，由 MAXIM 公司生产。芯片内部包含一个驱动器和一个接收器，适用于半双工通信。其主要特性如下。

① 传输线上可连接 32 个收发器。

② 具有驱动过载保护。

③ 最大传输速率为 2.5Mbit/s。

④ 共模输入电压范围为 -7~12V。

⑤ 工作电流范围为 120~500μA。

⑥ 供电电源为 +5V。

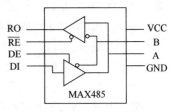

图 6-9 MAX485 引脚

MAX485 为 8 引脚封装，其引脚如图 6-9 所示。

MAX485 引脚的功能见表 6-2。

表 6-2 MAX485 引脚的功能

驱动器				接收器		
输入端 DI	使能端 DE	输出		差分输入 VID=A-B	使能端 $\overline{\text{RE}}$	输出端 RO
		A	B			
H	H	H	L	VID>0.2V	L	H
L	H	L	H	VID<-0.2V	L	L
X	L	高阻态	高阻态	X	H	高阻态

注：H 表示高电平；L 表示低电平；X 表示任意电平。

51 单片机与 MAX485 的典型接口电路如图 6-10 所示。

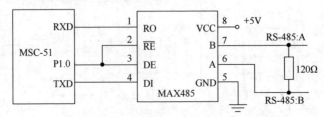

图 6-10 51 单片机与 MAX485 的典型接口电路

6.3　51 单片机可编程串行口

51 系列单片机内部有一个全双工串行异步通信口，通过软件编程，它可以作为通用异步接收发送设备（Universal Asynchronous Receiver/Transmitter，UART）与外部通信，构成双机或多机通信系统，也可以外接移位寄存器后扩展为并行 I/O 口。

6.3.1　串行口结构

51 系列单片机通过引脚 RXD（P3.0）和引脚 TXD（P3.1）与外界进行通信，串行口内部结构简化示意如图 6-11 所示。

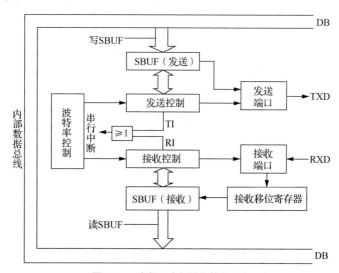

图 6-11　串行口内部结构简化示意

由图 6-11 可知，串行口内部有两个物理上相互独立的数据缓冲器 SBUF，一个用于发送数据，另一个用于接收数据。但发送缓冲器只能写入数据，不能读出数据；而接收缓冲器只能读出数据，不能写入数据。因此，两个缓冲器可以共用一个地址（99H），由读、写指令识别其是发送缓冲器还是接收缓冲器。

发送数据时，CPU 执行一条将数据写入 SBUF 的传送指令（例如 MOV SBUF,A），即可将要发送的数据按事先设置的方式和波特率从引脚 TXD 串行输出。发送完一帧数据后，串行口发送中断标志位 TI（置 1），向 CPU 申请中断，请求发送下一帧数据。

接收数据时，当检测到 RXD 引脚上出现一帧数据的起始位后，便一位一位地将接下来的数据接收、保存到 SBUF 中，每接收完一帧数据后，串行口接收中断标志位 RI（置 1），向 CPU 申请中断，请求 CPU 接收这一数据。CPU 响应中断后，执行一条读 SBUF 指令（例如 MOV A,SBUF）就可将接收到的数据送入某个寄存器或存储单元。为避免前后两帧数据重叠，接收器是双缓冲的。

6.3.2　串行口的控制寄存器

51 单片机的串行口可以通过对两个特殊功能寄存器 SCON 和 PCON 的编程，控制串行口的工作方式和波特率。

1. 串行口控制寄存器 SCON

SCON 是 51 单片机的一个特殊功能寄存器（SFR），串行数据通信的方式选择、接收和发送控制以及串行口的状态标志都由 SCON 控制和指示。SCON 寄存器的字节地址为 98H，可进行位寻址，其各位的定义如图 6-12 所示。

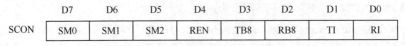

	D7	D6	D5	D4	D3	D2	D1	D0
SCON	SM0	SM1	SM2	REN	TB8	RB8	TI	RI

图 6-12　串行口控制寄存器 SCON 各位的定义

SM0、SM1：串行口工作方式选择位，用于设定串行口的工作方式。两个选择位对应 4 种工作方式，见表 6-3，其中 f_{osc} 是振荡器频率。

表 6-3　串行口的工作方式

SM0	SM1	工作方式	功能	波特率
0	0	方式 0	同步移位寄存器	$f_{osc}/12$
0	1	方式 1	10 位异步收发	波特率可变
1	0	方式 2	11 位异步收发	$f_{osc}/32$ 或 $f_{osc}/64$
1	1	方式 3	11 位异步收发	波特率可变

SM2：多机通信控制位。方式 2 和方式 3 可用于多机通信，在这两种方式中，若置 SM2=1，则允许多机通信，只有当接收到的第 9 位数据 RB8=1 时，才置位 RI；当接收到的第 9 位数据 RB8=0 时，不置位 RI（不申请中断）。若置 SM2=0，则不论接收到的第 9 位数据 RB8 是 0 还是 1，都置位 RI，将接收到的数据装入 SBUF。在方式 1 中，若置 SM2=1，只有当接收到的停止位为 1 时才能置位 RI。在方式 0 中，必须使 SM2=0。

REN：允许接收控制位。若使 REN=1，则允许串行口接收数据；若使 REN=0，则禁止串行口接收数据。

TB8：方式 2 和方式 3 中发送数据的第 9 位。在许多通信协议中该位可用作奇偶校验位；在多机通信中，该位用作发送地址帧或数据帧的标志位。方式 0 或方式 1 中，该位不用。

RB8：方式 2 和方式 3 中接收数据的第 9 位。在方式 2 和方式 3 中，将接收到的数据的第 9 位放入该位。在方式 1 中，若 SM2=0，则 RB8 是接收到的停止位。方式 0 中，该位不用。

TI：发送中断标志位。在方式 0 串行发送第 8 位数据结束或其他方式开始串行发送停止位时，TI 由硬件置位，在开始发送前必须由软件清 0（因串行口中断被响应后，TI 不会被自动清 0）。

RI：接收中断标志位。在方式 0 接收到第 8 位数据时或在其他方式下检测到停止位后，RI 由硬件置位。RI 必须由软件清 0。

2. 电源控制及波特率选择寄存器 PCON

PCON 中只有最高位 SMOD（PCON.7）与串行口工作有关，该位用于控制串行口工作于方式 1、2、3 时的波特率。当 SMOD=1 时，波特率加倍。单片机复位时，SMOD=0。PCON 的字节地址为 87H，没有位寻址功能。PCON 中的其他位还可以用于对 CHMOS 型单片机电源（节电工作方式）的控制，这里不再介绍，读者可参考其他资料。

6.3.3　串行口的工作方式

51 单片机的串行口有方式 0、方式 1、方式 2 和方式 3 这 4 种工作方式。方式 0 主要用于扩展并行 I/O 口，方式 1、方式 2 和方式 3 主要用于串行通信。

1. 方式 0

方式 0 为同步移位寄存器 I/O 方式，常用于扩展并行 I/O 口。串行数据通过 RXD 引脚输入或输出，同时通过 TXD 引脚输出同步移位脉冲，作为外部设备的同步信号。在该方式中，收/发的数据帧格式见图 6-13（a），一帧数据为 8 位，低位在前，高位在后，无起始位、奇偶校验位及停止位，波特率固定为 $f_{osc}/12$。

图 6-13 串行口 4 种工作方式的数据帧格式

（1）发送过程

当 CPU 执行一条将数据写入发送缓冲器 SBUF 的指令后，串行口将 SBUF 中的 8 位数据从 RXD 端一位位地输出。数据发送完毕后由硬件将 TI 置位，发送下一帧数据之前应先用软件将 TI 清 0。

（2）接收过程

用软件使 REN=1（同时 RI=0）就会启动一次接收过程。外部数据一位位地从 RXD 引脚输入接收缓冲器 SBUF 中，接收完 8 位数据后由硬件置位 RI（用户可以通过中断或查询方式将数据读入累加器）。接收下一帧数据之前应先用软件将 RI 清 0。

2. 方式 1

方式 1 为波特率可变的 10 位异步通信方式，由 TXD 端发送数据，RXD 端接收数据。收发一帧数据的格式为 1 位起始位、8 位数据位、1 位停止位，共 10 位，如图 6-13（b）所示。在接收时，停止位存入 RB8。

（1）发送过程

当 CPU 执行一条将数据写入 SBUF 的指令时，就启动发送过程。当发送完一帧数据时，由硬件将发送中断标志位 TI 置位。

（2）接收过程

当用软件使 REN=1 时，接收缓冲器开始对 RXD 引脚进行采样，采样脉冲频率是所选波特率的 16 倍。当检测到 RXD 引脚上出现从 1 到 0 的跳变时，就启动接收缓冲器接收数据。当一帧数据接收完毕后，必须同时满足 RI=0 和 SM2=0 两个条件或接收到的停止位为 1，这次接收才真正有效，将 8 位数据送入 SBUF，停止位送入 RB8，置位 RI（向 CPU 发出中断请求）。否则，这次接收到的数据将因不能装入 SBUF 而丢失。

3. 方式 2 和方式 3

方式 2 和方式 3 都是 11 位异步通信方式，操作方式完全一样，只有波特率不同，适用于多机通信。在方式 2 或方式 3 下，数据由 TXD 端发送，RXD 端接收。收发一帧 11 位数据的格式为 1 位起始位（低电平）、8 位数据位、1 位可编程的第 9 位（D8：用于奇偶校验或地址/数据选择，发送时为 TB8，接收时送入 RB8）、1 位停止位（高电平），如图 6-13（c）所示。

（1）发送过程

发送前，先根据通信协议由软件设置 TB8，然后执行一条将发送数据写入 SBUF 的指令，即可启动发送过程。串行口能自动把 TB8 取出并装入第 9 位数据位（D8）。发送完一帧数据时，由硬件置位 TI。

（2）接收过程

当用软件使 REN=1 时，允许接收。接收缓冲器开始采样 RXD 引脚上的信号，检测和接收数据的方法与方式 1 相似。当接收到第 9 位数据送入并接收移位寄存器后，若同时满足以下两个条件：

① RI=0；

② SM2=0 或接收到的第 9 位数据为 1（SM2=1）。

则这次接收有效，8 位数据装入 SBUF，第 9 位数据装入 RB8，并由硬件置位 RI（向 CPU 发出中断请求）。否则，接收到的这一帧数据将丢失。

6.3.4 串行口的波特率设置

串行口的波特率因串行口的工作方式不同而不同，在实际应用中，应根据所选通信设备、传输距离、传输线状况和调制解调器型号等因素正确地选用、设置波特率。

1. 方式 0 的波特率

在方式 0 下，串行口的波特率是固定的，即：

$$波特率 = f_{osc}/12$$

2. 方式 2 的波特率

在方式 2 下，串行口的波特率可由 PCON 中的 SMOD 位控制：若使 SMOD=0，则所选波特率为 $f_{osc}/64$；若使 SMOD=1，则波特率为 $f_{osc}/32$。即：

$$波特率 = \frac{2^{SMOD}}{64} \times f_{osc}$$

3. 方式 1 和方式 3 的波特率

在这两种方式下，串行口波特率由定时器 1 的溢出率和 SMOD 值同时决定。计算公式为：

$$波特率 = 2^{SMOD} \times T1\ 溢出率/32$$

确定波特率，关键是要计算出定时器 1 的溢出率。

51 单片机定时器的定时时间 T_c 的计算公式为：

$$T_c = (2^n - N) \times 12/f_{osc}$$

式中，T_c 为定时器溢出周期；n 为定时器位数；N 为时间常数；f_{osc} 为振荡频率。

定时器 1 的溢出率计算公式为：

$$溢出率 = 1/T_c = f_{osc}/[12(2^n - N)]$$

因此，方式 1 和方式 3 的波特率计算公式为：

$$波特率 = 2^{SMOD} \times T1\ 溢出率/32 = 2^{SMOD} \times f_{osc}/[32 \times 12(2^n - N)]$$

定时器 1 作为波特率发生器可工作于模式 0、模式 1 和模式 2。其中模式 2 在 T1 溢出后可自动装入时间常数，避免了重装参数，因而在实际应用中除非波特率很低，一般都采用模式 2。

【例 6-1】 8051 单片机的时钟振荡频率为 12MHz，串行通信波特率为 4800bit/s，串行口为工作方式 1，选定时器工作模式 2，求时间常数并编制串行口初始化程序。

设 SMOD=1，则 T1 的时间常数为：

$$N = 2^8 - 2^1 \times 12 \times 10^6/(32 \times 12 \times 4800) = 242.98 \approx 243 = F3H$$

定时器 1 和串行口的初始化程序如下。

汇编语言程序如下。

```
MOV      TMOD, #20H          ;设置 T1 使用模式 2 定时
MOV      TH1, #0F3H          ;设置时间常数
MOV      TL1, #0F3H
SETB     TR1                 ;启动 T1
MOV      PCON, #80H          ;SMOD=1
MOV      SCON, #40H          ;设置串行口使用方式 1
```

C51 程序如下。

```
TMOD=0x20;                    /*设置 T1 使用模式 2 定时*/
TH1=0xF3;                     /*设置时间常数*/
TL1=0xF3;
TR1=1;                        /*启动 T1*/
PCON=0x80;                    /*SMOD=1*/
SCON=0x40;                    /*设置串行口使用方式 1*/
```

4. 波特率设置产生的误差

在波特率设置中，SMOD 位数值的选择影响着波特率的准确度。下面以例 6-1 中所用数据来说明。

① 若选择 SMOD=1，由上面计算已得 T1 时间常数 N=243，按此值可算得 T1 实际产生的波特率及其误差为：

$$波特率=2^{SMOD} \times f_{osc} / [32 \times 12 \times (2^8 - N)]$$
$$=\{2^1 \times 12 \times 10^6 / [32 \times 12 \times (256-243)]\}$$
$$=4807.69 bit/s$$
$$波特率误差=(4807.69-4800)/4800 \approx 0.16\%$$

② 若选择 SMOD=0，则 T1 的时间常数为：

$$N=2^8 - 2^0 \times 12 \times 10^6 / (32 \times 12 \times 4800)$$
$$=249.49 \approx 249$$

由此值可算出 T1 实际产生的波特率及其误差为：

$$波特率=\{2^0 \times 12 \times 10^6 / [32 \times 12 \times (256-249)]\} bit/s = 4464.29 bit/s$$
$$波特率误差=(4464.29-4800)/4800 \approx -6.99\%$$

由此可见，虽然 SMOD 值可任意选择，但在某些情况下它会影响波特率的误差，因此，应该选择使波特率误差小的 SMOD 值。

通过以上计算可以看出，在使用 12MHz 晶振时波特率与标准的波特率之间存在误差，波特率越高则误差越大。因此单片机与外设通信时，要保证波特率的精度，一般采用 11.0592MHz 晶振来替代 12MHz 晶振。例如，要产生波特率为 4800 bit/s 的信号，计算如下。

$$N=2^8 - 2^1 \times 11.0592 \times 10^6 / (32 \times 12 \times 4800) = 244$$
$$波特率=2^{SMOD} \times f_{osc} / [32 \times 12 \times (2^8 - N)] = 4800 bit/s$$

这里使用 11.0592MHz 晶振，波特率在理论上就不会产生误差。

为保证波特率的准确性，同时避免繁杂的计算，表 6-4 列出了单片机串行口常用的波特率及其设置参数。

表 6-4　常用波特率及其设置参数

串行口工作方式	波特率/ (bit · s⁻¹)	f_{osc}/MHz	定时器 1			
			SMOD	C /$\bar{T}$	模式	定时初值
方式 0	1M	12	×	×	×	×
方式 2	375k	12	1	×	×	×
	187.5k	12	0	×	×	×
方式 1 和方式 3	62.5k	12	1	0	2	FFH
	19.2k	11.059	1	0	2	FDH
	9.6k	11.059	0	0	2	FDH
	4.8k	11.059	0	0	2	FAH
	2.4k	11.059	0	0	2	F4H
	1.2k	11.059	0	0	2	E8H
	137.5	11.059	0	0	2	1DH
	110	12	0	0	1	FEEBH

续表

串行口工作方式	波特率/ (bit · s^{-1})	f_{osc}/MHz	定时器 1			
			SMOD	C / $\overline{T}$	模式	定时初值
方式 1 和方式 3	19.2k	6	1	0	2	FEH
	9.6k	6	1	0	2	FDH
	4.8k	6	0	0	2	FDH
	2.4k	6	0	0	2	FAH
	1.2k	6	0	0	2	F3H
	0.6k	6	0	0	2	E6H
	110	6	0	0	2	72H
	55	6	0	0	1	FEEBH

6.4 51 单片机串行口应用实例

本节以 51 单片机串行口工作方式为主线，分别举例介绍串行口方式 0 实现 I/O 口扩展，方式 1、2、3 实现异步通信及多机通信。

6.4.1 串行口方式 0 应用设计实例

串行口方式 0 为同步串行传输操作，外接串行输入/并行输出或并行输入/串行输出器件，可实现 I/O 口的扩展。I/O 口扩展有两种不同用途：一种是利用串行口扩展并行输出口，此时需外接串行输入/并行输出的同步移位寄存器，如 74LS164 或 CD4094；另一种是利用串行口扩展并行输入口，此时需外接并行输入/串行输出的同步移位寄存器，如 74LS165、74HC165 或 CD4014。

1. 扩展并行输出口设计实例及仿真

【例 6-2】 串行口方式 0 扩展并行输出口的要求如下。

用 80C51 单片机串行口外接一片串行输入/并行输出的 74LS164 芯片扩展 8 位并行输出口。80C51 串行口输出作为 74LS164 的串行输入信号，74LS164 并行输出口连接 8 个 LED，实现 LED 以一定速度轮流循环点亮。

（1）硬件电路

利用 Proteus 绘制的 51 单片机串行口扩展为 8 位并行输出口仿真电路如图 6-14 所示。

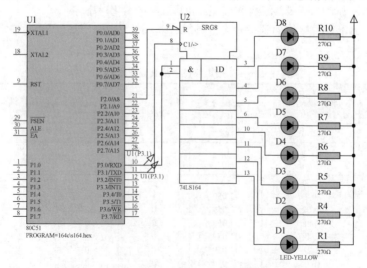

图 6-14　51 单片机串行口扩展为 8 位并行输出口仿真电路

74LS164 是 8 位串行输入/并行输出边沿触发式移位寄存器。数据通过两个数据输入端（DSA 为引脚 1、DSB 为引脚 2）之一串行输入，任一输入端可以用作高电平使能端，控制另一输入端的数据输入。两个输入端也可以连接在一起，或者把不用的输入端接高电平。并行数据输出端为引脚 3～6 和 10～13（Q0～Q7）。引脚 8 为同步脉冲输入端，时钟（CP）每次由低变高时，两个数据输入端的逻辑与输入 Q0（引脚 3），寄存器数据右移一位。引脚 9（R）为控制端。若 R = 0，则 8 位输出全部清 0；若 R = 1，则允许 8 位数据并行输出。

74LS164 引脚功能见表 6-5。

表 6-5　74LS164 引脚功能

符号	引脚	说明
DSA	1	数据输入
DSB	2	数据输入
Q0～Q3	3～6	输出
GND	7	地（0 V）（在 Proteus 中隐藏）
CP	8	时钟输入（上升沿触发）
/MR	9	复位输入（低电平有效）
Q4～Q7	10～13	输出
VCC	14	正电源（在 Proteus 中隐藏）

表中的元件引脚的符号名称，与上文提到的 Proteus 环境中对应引脚的名称不完全相同，但功能完全一样。

（2）汇编语言程序设计

汇编语言程序如下。

```
            ORG 0000H
            CLD BIT P2.0              ;定义控制口
    INIT:   MOV SCON,#00H             ;串行口初始化为方式 0
            MOV A,#7FH
            CLR CLD                   ;清除 74LS164 输出端口数据
    START:  ACALL SEND
            SETB CLD                  ;停止清除
            MOV R2,#200
            ACALL DELAY1MS            ;调用延时程序
            RR A
            SJMP START
    ;发送子程序
    ;入口:累加器 A
    ;返回值:无
    SEND: MOV SBUF,A
    WAIT: JBC TI,SD                   ;等待发送成功标志
        SJMP WAIT
      SD:RET
    ;1ms 延时程序
    ;入口:R2
DELAY1MS: MOV  R6,#03H
    DL0: MOV R5,#0A4H
        DJNZ R5,$
        DJNZ R6,DL0
        DJNZ R2,DELAY1MS
        RET
        END
```

（3）C51 程序设计

C51 程序如下。

```c
#include <reg51.h>
typedef unsigned char uint8;        //定义数据类型
sbit clr = P2^0;                    //定义端口
/***************************
函数名: send
功  能: 串口发送数据
输  入: uint8 dat
返回值: 无
***************************/
void send(uint8 dat )
{
    SBUF = dat;
    while(!TI );
    TI = 0;
}
void delay(uint8 m )                //毫秒延时程序
{
    uint8 a,b,c;
    for(c = m;c > 0;c-- )
        for(b = 142;b > 0;b-- )
            for(a = 2;a > 0;a-- );
}
void main( )
{
    uint8 sd = 0x80;
    SCON = 0;
    clr = 0;                        //清除 74LS164 端口数据
    clr = 1;                        //停止清除
    while(1)
    {
        send(~sd );
        delay(200 );
        sd = sd >> 1;
        if(sd == 0 )
            sd = 0x80;
    }
}
```

对于比较复杂的程序，建议使用清晰易读的 C51 编程。

（4）Proteus 电路仿真

为了更加清晰地观察串口方式 0 的输出波形，采用 Proteus 提供的图表功能可清楚地显示 P3.0 端口和 P3.1 端口的波形。使用方法如下。

① 在仿真电路中添加图表窗口。通过工具箱"Graph Mode"（图表模式）→"Digital"（数字），在仿真电路中长按鼠标左键，移动光标，可画出图表显示区域，如图 6-15 所示。

② 在仿真电路中添加电压探针。

第 1 步：在工具箱中选择"Voltage Probe Mode"（电压终端模式）。

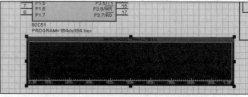

图 6-15　图表显示区域

第 2 步：将电压探针放置在仿真电路中要跟踪的引脚 P3.0、P3.1 所在的连线上，如图 6-16 所示。

第 3 步：将电压探针放入图表中。在图表窗口上右击，在弹出的菜单中选择 "Add Trace"（添加跟踪），在弹出的窗口 "Probe P1" 中选择 "U1(P3.0/RXD)"，单击 "OK" 按钮，完成一个电压探针的添加，也可以直接选择 "U1(P3.0/RXD)"，然后按住鼠标左键将其拖动至图表窗口中，即可完成添加。利用相同的方法添加第二个电压探针。

③ 设置图表。双击图表窗口，弹出的对话框如图 6-17 所示。在对话框中可以更改开始时间和结束时间来观察不同时间段内波形的变化。

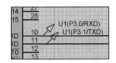

图 6-16　添加电压探针

图 6-17　图表模式设置

④ 仿真图表。图表波形显示需要启动相应的仿真。与系统仿真不同，图表仿真需要在图表窗口上右击并在弹出的菜单中选择 （图表仿真）选项，或者选择 "Graph" → "Simulate Graph"（图表仿真）命令即可开始仿真，显示设定时间段内的图表仿真结果，如图 6-18 所示。

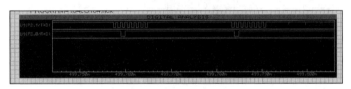

图 6-18　图表仿真结果

为了使数据传输波形清晰，可以删去延时程序 delay(200)。

电路仿真时可以添加虚拟示波器，A 通道为 80C51 串口输出数据 7FH，B 通道为时钟信号，仿真结果如图 6-19 所示。

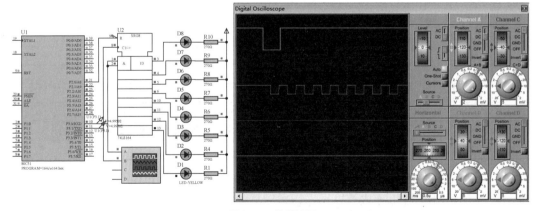

图 6-19　仿真结果

2. 扩展并行输入口设计实例及仿真

【例 6-3】串行口方式 0 扩展并行输入口的要求如下。

用 80C51 串行口外接一片串行输出/并行输入的 74LS165 芯片扩展 8 位并行输入口。使用 8 位开关 DSW1 的状态作为 74LS165 的并行输入，74LS165 的串行输出作为 80C51 串行口的输入信号，并通过 P1 端口显示并行输入（串行输出）的数据。

（1）硬件设计

并行输入/串行输出的仿真电路如图 6-20 所示。74LS165 是 8 位并行输入/串行输出的移位寄存器。引脚 2、15 为时钟脉冲输入端，但只有当其中一个引脚为低电平时，另一个引脚才能作为时钟脉冲输入端（在使用时，可以将其中的一个直接接地，另一个用作时钟输入端口）；引脚 11~14、3~6 为 8 位并行数据输入端 D0~D7；引脚 9 为串行数据输出端；引脚 10 为串行数据输入端；引脚 C1（LOAD）在低电平时允许并行置入数据，在高电平时允许串行移位。

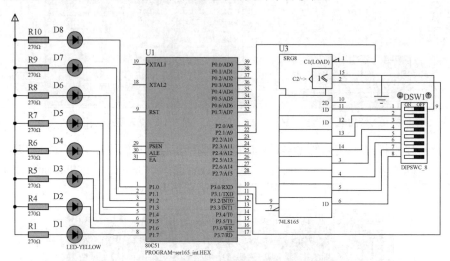

图 6-20 利用 74LS165 扩展并行输入/串行输出的仿真电路

74LS165 引脚功能见表 6-6。

表 6-6 74LS165 引脚功能

符号	引脚	说明
SHIFT/（/LOAD）	1	数据移位/载入引脚
CLOCK	2	时钟脉冲输入（上升沿有效）
D4~D7	3~6	并行数据输入（高 4 位）
OUTPUT/（/QH）	7	移位输出（对 QH 取反输出）
GND	8	地
OUTPUT/QH	9	移位输出 QH
SERIAL INPUT	10	串行数据输入
D0~D3	11~14	并行数据输入（低 4 位）
CLOCK INH	15	时钟脉冲输入（与引脚 2 关系为逻辑或）
VCC	16	正电源

（2）汇编语言程序设计

汇编语言程序（使用中断方式）如下。

```
LD  BIT P2.1           ;定义端口
ORG 0000H
SJMP INIT              ;跳到初始化程序
ORG 0023H              ;串行口中断入口地址
SJMP SERINT           ;跳至中断服务程序
```

```
       INIT:
             MOV   SCON,#10H      ;初始化为方式 0, 允许接收
             SETB  ES             ;打开串口中断
             SETB  EA             ;CPU 开中断
             CLR   LD             ;给 74LS165 一个低电平
             SETB  LD
             SJMP  $              ;等待中断
    SERINT:
             JB  RI,R_PROCESS     ;判断是否为接收中断
  S_PROCESS:                      ;不是接收中断, 则为发送中断, 处理发送数据
             CLR TI               ;清除发送中断标志位
             NOP
             SJMP ENDINT
  R_PROCESS:                      ;处理接收数据
             CLR  RI              ;清除接收中断标志位
             MOV  R2,#2
             ACALL  DELAY1MS      ;延迟一段时间
             MOV  A,SBUF
             CLR  LD              ;给 74LS165 一个低电平
             SETB LD
             MOV  P1,A
    ENDINT:
             RETI
             ;1ms 延时程序
             ;入口: R2
  DELAY1MS:
             MOV  R6,#03H
        DL0:
             MOV  R5,#0A4H
             DJNZ  R5,$
             DJNZ  R6,DL0
             DJNZ  R2,DELAY1MS
             RET
             END
```

（3）C51 程序设计

C51 程序如下。

```c
#include<reg51.h>
typedef unsigned char uint8;    //数据类型定义
sbit SHLD=P2^1;                 //端口定义
void init( )
{
    SCON = 0X10;                //串口工作于方式 0, 允许接收
    ES = 1;                     //打开串口中断
    EA = 1;                     //CPU 开中断
    SHLD = 0;                   //给 74LS165 一个低电平
    SHLD = 1;
}
void delay(void )
{
  uint8 m,n;
  for(m=0;m<20;m++ )
```

```
        for(n=0;n<5;n++ );
    }
void main( )
{
    init( );
    while(1 ) ;                 //等待中断
}
void recv( ) interrupt 4        //串口中断服务程序
{
    if(RI )                     //判断是否为接收中断
    {
        RI = 0;                 //清除接收中断标志位
        P1 = SBUF;
        delay( );               //延迟一段时间
        SHLD = 0;               //给 74LS165 一个低电平
        SHLD = 1;
    }
}
```

（4）Proteus 电路仿真

74LS165 扩展并行输入口 Proteus 电路仿真结果如图 6-21 所示。可以看到 8 位开关 DSW1（ON 为 1、OFF 为 0）并行输入信号为 11010011（74LS165 引脚 11～14 对应 D0～D3、引脚 3～6 对应 D4～D7），经过 74LS165 转换后以串行信号输入 P3.2 引脚。

P1 端口输出显示与输入信号状态一致。

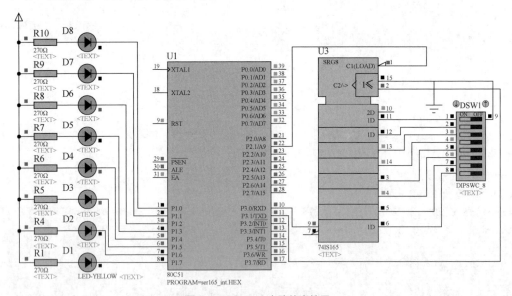

图 6-21　Proteus 电路仿真结果

【例 6-4】 利用 8 位移位寄存器芯片 74HC165 扩展 2 个 8 位并行输入口。编程从 16 位扩展口读入 20 个字节的数据，并将它们转存到片内 RAM 的 50H～59H 中。

（1）硬件设计

利用 74HC165 扩展并行输入口的电路如图 6-22 所示。图 6-22 中 CLK 为时钟脉冲输入端，D0～D7 为并行数据输入端，QH 为串行数据输出端，DS 为串行数据输入端，当 S/$\overline{L}$=0 时允许并行置入数据，S/$\overline{L}$=1 时允许数据串行移位。

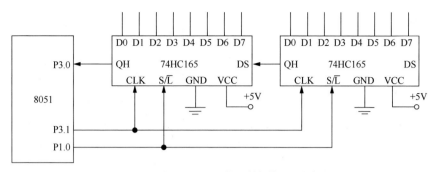

图 6-22　利用 74HC165 扩展并行输入口的电路

（2）程序设计

汇编语言程序如下。

```
           ORG      2000H
STAR:      MOV      R2, #0AH         ; 设置读入数据组数
           MOV      R0, #50H         ; 设置片内 RAM 地址指针
RECV:      CLR      P1.0             ; 允许并行置入数据
           SETB     P1.0             ; 允许数据串行移位
           MOV      R1, #02H         ; 设置每组字节数
           MOV      SCON, #10H       ; 设置串行口工作方式
WAIT:      JNB      RI, WAIT         ; 等待接收
           CLR      RI               ; 接收完毕, RI 清 0
           MOV      A, SBUF          ; 读输入数据到累加器
           MOV      @R0, A           ; 存入内存 RAM 单元
           INC      R0
           DJNZ     R1, WAIT         ; 是否接收完一组数据
           DJNZ     R2, RECV         ; 是否接收完全部字节数
           RET
```

6.4.2　串行口其他方式应用设计实例

51 单片机的串行口工作在方式 1、2、3 时，都用于异步通信，它们之间的主要差别是数据帧格式和波特率不同。此时，单片机发送或接收数据可以采用查询方式或中断方式。

1. 串行异步通信接收设计实例

【例 6-5】编写一个接收程序，将接收到的 16 字节数据存入片内 RAM 20H～2FH 单元。设单片机的主频为 11.059MHz，串行口采用工作方式 3，接收时进行奇偶校验。

定义波特率为 2.4kbit/s，根据单片机的主频和波特率，由表 6-4 可知 SMOD=0，定时器采用工作模式 2，初值为 F4H。接收过程判断奇偶校验位 RB8，若出错，将 F0 标志位置 1；若正确，F0 标志位清 0。

汇编语言程序（采用中断方式接收数据）如下。

```
           ORG      0000H
           AJMP     RECV
           ORG      0023H
           AJMP     SREV             ;转至中断服务程序
           ORG      2000H
RECV:      MOV      TMOD, #20H       ;定时器 1 设为模式 2
           MOV      TL1, #0F4H
           MOV      TH1, #0F4H       ;设置定时初值
           SETB     TR1              ;启动 T1
```

```
        MOV     SCON, #0D0H      ;串行口设置采用方式 3，REN=1
        MOV     PCON, #00H       ;SMOD=0
        MOV     R1, #20H         ;接收数据区首地址→R1
        MOV     R2, #16          ;设发送数据个数→R2
        SETB    ES               ;允许接收
        SETB    EA               ;开中断
LOOP:   SJMP    LOOP             ;等待中断
        RET
```

中断服务子程序如下。

```
        ORG     0200H
SREV:   CLR     RI               ;接收中断标志清 0
        MOV     A, SBUF          ;读取接收数据
        JNB     PSW.0, PZEO      ;P=0 则跳转
        JNB     RB8, ERR         ;P=1，RB8=0 转至 ERR
        SJMP    RIGHT            ;P=1，RB8=1 转至 RIGHT
PZEO:   JB      RB8, ERR         ;P=0，RB8=1 转至 ERR
RIGHT:  MOV     @R1, A           ;存放数据
        INC     R1               ;指向下一个存储单元
        DJNZ    R2, FANH         ;未接收完则继续接收
        CLR     F0               ;F0=0
        CLR     ES
FANH:   RETI
ERR:    CLR     REN              ;允许接收控制位
        CLR     ES               ;串行口中断允许位
        CLR     EA
        SETB    F0               ;F0=1
        RETI
```

C51 程序（采用中断方式接收数据）如下。

```c
#include<reg52.h>
#include<string.h>
#define uchar unsigned char
#define uint  unsigned int
uint i=0,q;
char data *p;                    /*定义一个指向片内 RAM 地址的指针*/
void init( )
{
    TMOD = 0x20;
    TH1 = 0xF4;                  /*波特率为 2.4kbit/s */
    TL1 = 0xF4;
    EA = 1;
    ES = 1;
    SCON=0xD0;                   /*串口采用方式 3*/
    TR1=1;
    q=0;
}
void main( )
{
    init( );
    p=0x20;                      /*片内 RAM 地址为 0x20*/
    while(1 );
}
void recv( ) interrupt 4
```

```
{
     RI=0;
     p[i]=SBUF;
     ACC = SBUF;
     if(PSW^0 == RB8 )            /*进行校验*/
        {
        q+=p[i];                   /*接收数据的校验和,之后根据实际要求进行校验和的位判断处理*/
        F0=0
        i++;
        }
     else
        F0=1;
     if(i > 16 )
        i = 0;
}
```

2. 双机通信设计实例

双机通信也称为点对点的异步串行通信。当两个 51 单片机应用系统相距很近时,可将它们的串行口直接相连来实现双机通信,如图 6-23 所示。双机通信中通信双方处于平等地位,不需要相互之间识别地址,因此串行口的工作方式 1、2、3 都可以实现双机之间的全双工异步串行通信。如果要保持通信的可靠性,还需要在收发数据前规定通信协议,包括对通信双方发送和接收信息的格式、差错校验与处理、波特率设置等事项的明确约定。

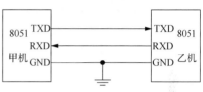

图 6-23　双机通信示意

【例 6-6】 双机通信的设计要求如下。

编制甲机发送、乙机接收的双机通信程序。设数据块长度为 16 字节,甲机发送数据缓冲区起始地址为 50H,乙机接收数据存放到以 60H 为首地址的数据存储器中,双机的主频为 11.059MHz。

（1）通信协议

双方约定的通信协议如下。

① 甲机先发送请求乙机接收信号 "0AAH",乙机收到该信号后,若为准备好状态,则发送数据 "0BBH" 作为应答信号,表示同意接收。

② 当甲机发送完 16 个字节后,再向乙机发送一个累加校验和。校验和是针对数据块的,即在数据发送时,发送方对数据块中的数据简单求和,产生一个单字节校验字符（校验和）,附加到数据块结尾。

③ 在数据接收时,乙机每接收一次数据也计算一次校验和。接收完数据块后,再接收甲机发送的校验和,并将接收到的校验和与乙机求出的校验和进行比较,向甲机发送一个状态字,表示正确（00H）或出错（0FFH）,出错则要求甲机重发数据。

④ 甲机收到乙机发送的接收正确应答信号（00H）后,即结束发送,否则,就重发一次数据。

（2）电路设计

图 6-24 所示为双机通信仿真电路,为了方便调试,在每个单片机的发送数据线上挂接一个虚拟终端。

（3）程序设计

单片机 U1 发送的 C51 程序如下。

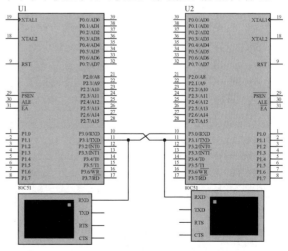

图 6-24　双机通信仿真电路

```
#include<reg51.h>
typedef unsigned char uint8;
#define SIZE    16                      //定义数据长度
#define REQ     0x01                     //定义发送请求状态
#define SEND_D  0x02                     //定义发送数据状态
#define SEND_R  0x03                     //定义发送正确状态
#define DO_NULL 0x06;                    //定义无效状态位
uint8 *buf;                             //声明一个数据指针
uint8 checksum,stat;                     //声明校验和接收数据暂存
/**************************
函数名: init
功  能: 初始化程序
输  入: 无
返回值: 无
**************************/
void init( )
{
    SCON = 0x50;                         //串行口工作在方式 1，允许接收数据
    PCON = 0x00;                         //SMOD 置 0
    TMOD = 0x20;                         //定时器工作在模式 2，波特率为 9600bit/s
    TH1 = 0xFD;
    TL1 = 0xFD;
    EA = 1;
    ES = 1;                              //打开串行口中断和 CPU 中断
    TR1 = 1;                             //启动定时器 1
    stat = REQ;
}
/**************************
函数名: initbuf
功  能: 初始化数组并求校验和
输  入: 无
返回值: 无
**************************/
void initbuf( )
{
    uint8 temp;
    buf = 0x50;
    for(temp = 0 ; temp < SIZE; temp++)
    {
        buf[temp] = 0x20 + temp ;
        checksum += buf[temp];           //求校验和
    }
}
/**************************
函数名: send
功  能: 串口发送数据
输  入: uint8 dat
返回值: 无
**************************/
void send(uint8 dat)
```

```
{
    SBUF = dat;
     while(!TI);
    TI = 0;
}
void main( void )
{
    uint8 i;
    init( );
    initbuf( );
    while(1)
    {
      switch(stat)                          //根据接收到状态判断操作
      {
        case REQ:                           //发送发数据请求
            send(0xAA);                     //将状态位置无效
            stat = DO_NULL;
            break;
        case SEND_D:
            for(i = 0;  i < 16;  i++)        //发送数据
            {
                  send(buf[i]);
            }
            send(checksum);                 //发送校验和
            stat = DO_NULL;
            break;
        case SEND_R:
            while(1);                       //程序停止
        default:
            break;
      }
    }
}
void recv( void ) interrupt 4
{
  if(RI)
  {
    RI = 0;
    switch(SBUF)
    {
      case 0xBB:
        stat = SEND_D;                      //状态位置为发送数据状态
        break;
      case 0x00:
        stat = SEND_R;                      //状态位置为发送正确状态
        break;
      case 0xFF:
        stat = SEND_D;
        break;
      default:
        stat = REQ;                         //状态位置为发送请求状态
        break;
    }
  }
}
```

单片机 U2 接收的 C51 程序如下。

```
#include<reg52.h>
typedef unsigned char uint8;
#define SIZE    16                  //定义数据长度
#define ACK     0x01                //定义应答请求状态
#define RECE_E  0x02                //定义接收错误状态
#define RECE_R  0x03                //定义接收正确状态
#define DO_NULL 0x06;               //定义无效状态位
uint8 *buf;                         //声明指针
uint8 sum_r,sum_add;                //声明接收校验和加校验和
uint8 stat,i;
/***************************
函数名: init
功  能: 初始化程序
输  入: 无
返回值: 无
***************************/
void init( )
{
    SCON = 0x50;                    //串行口工作在方式1，允许接收数据
    PCON = 0x00;                    //SMOD 置 0
    TMOD = 0x20;                    //定时器工作在模式2，波特率为9600bit/s
    TH1 = 0xFD;
    TL1 = 0xFD;
    EA = 1;
    ES = 1;
    TR1 = 1;                        //启动定时器1
    stat = DO_NULL;                 //状态初始化
    i = 0;
    buf = 0x60;                     //数据缓存首地址
}
/***************************
函数名: send
功  能: 串口发送数据
输  入: uint8 dat
返回值: 无
***************************/
void send(uint8 dat)
{
    SBUF = dat;
    while(!TI);
    TI = 0;
}
void main( )
{
    init( );
    while(1)
    {
      switch(stat)                  //根据接收到状态判断操作
        {
          case ACK:                 //发送应答
```

```
                send(0xBB);                    //将状态位置无效
                stat = DO_NULL;
                break;
           case RECE_R:
                send(0x00);
                stat = DO_NULL;
                break;
           case RECE_E:
                send(0xFF);
                stat = DO_NULL;
                default:
                break;
        }
    }
}
void recv( void ) interrupt 4
{
    if(RI)
    {
        RI = 0;
        if( 0xaa == SBUF)                     //接收到数据发送请求
        {
            stat = ACK;                        //状态位置为应答请求状态
        }
        else
        {
            if(i < 16)
            {
                buf[i] = SBUF;                 //数据放入存储区
                sum_add += buf[i];             //求校验和
            }
            else
            {
                sum_r = SBUF;                   //接收发送的校验和
                if(sum_r == sum_add)            //判断两者是否相同
                    stat = RECE_R;              //状态置为接收正确状态
                else
                    stat = RECE_E;              //状态置为接收错误状态
                i = 0;
            }
            i++;
        }
    }
}
```

6.4.3 多机通信应用设计实例

51 单片机串行口的方式 2 和方式 3 可用于多
机通信。多机通信时，常采用一台主机和多台从机
组成主从式多机系统，如图 6-25 所示。主机与各
从机之间能实现全双工通信，而各从机之间不能直
接通信，只能经过主机才能实现通信。

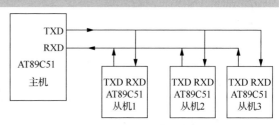

图 6-25 51 单片机多机通信系统

1. 51 单片机串行口多机通信

多机通信要求主机和从机之间必须协调配合。主机向从机发送的地址帧和数据帧要有相应的标志位加以区分，以便让从机识别。当主机选中与其通信的从机后，只有该从机能够与主机通信，其他从机不能与主机进行数据交换，只能准备接收主机发来的地址帧。

上述要求是通过 SCON 寄存器中的 SM2 和 TB8 来实现的。如 6.3.2 小节所述，串行口以方式 2 或方式 3 接收数据时，若 SM2=1，则只有当收到的第 9 位数据为 1 时，数据才装入 SBUF，并置位 RI，向 CPU 发中断请求；如果接收到的第 9 位数据为 0，则 RI 不置 1，接收的数据将丢失。若 SM2=0，则不论接收到的第 9 位数据是 1 还是 0，都置位 RI，将接收到的数据装入 SBUF。利用这一特点，当主机发送地址帧时使 TB8=1，发送数据帧时使 TB8=0，TB8 是发送的一帧数据的第 9 位，从机接收后将第 9 位数据作为 RB8，这样就知道主机发来的这一帧数据是地址还是数据。另外，当一台从机的 SM2=0 时，可以接收地址或数据帧，而当 SM2=1 时只能接收地址帧，这就能实现主机与所选从机之间的单独通信。

多机通信的具体过程如下。

① 将所有从机的 SM2 位置 1，使从机只能接收地址帧。

② 主机发送一帧地址信息（包含所选从机的 8 位地址，置 TB8=1，装入第 9 位）用以选中要通信的从机。

③ 各从机接收到地址帧后，与本机地址相比较，如果相同，向主机回送本机地址信息，并将自身的 SM2 清 0，以准备接收主机发送过来的数据帧，其他从机保持 SM2 为 1，对主机送来的数据不予接收。

④ 主机收到被选中的从机回送的地址信号后，对该从机发送控制命令（此时置 TB8=0），以说明主机要求从机接收还是发送。

⑤ 从机接到主机的控制命令后，向主机发回一个状态信息，表明是否已准备就绪。主机收到从机的状态信息，若从机已准备就绪，主机便与从机进行数据传送。

⑥ 在多机通信中，为保证通信顺利进行，主机和从机都要按事先约定的通信协议进行操作，不同的通信系统有不同的协议。

2. 51 单片机串行口主从机模式通信实例

（1）设计要求

设计单片机三机通信电路，编写主机和从机的通信程序，要求如下。

① 波特率为 9600bit/s。

② 按下主机按键 1（P1.0），主机发送从机 1 的地址，从机 1 接收到主机发送的地址后，将地址返回给主机，主机确认后，再将一个字节数据发送给从机 1，从机 1 将接收到的数据发至本机 P0 端口。

③ 按下主机按键 2（P1.1），主机发送从机 2 的地址，从机 2 接收到主机发送的地址后，将地址返回给主机，主机确认后，再将一个字节数据发送给从机 2，从机 2 将接收到的数据发至本机 P2 端口。

（2）硬件设计

三机通信仿真电路如图 6-26 所示。U1 为主机，U2 为从机 1，U3 为从机 2。

（3）程序设计

① 主机程序由主机主程序和主机通信子程序组成。

在主程序中应完成 T1 初始化、串行口初始化与子程序通信所需的入口参数设置。

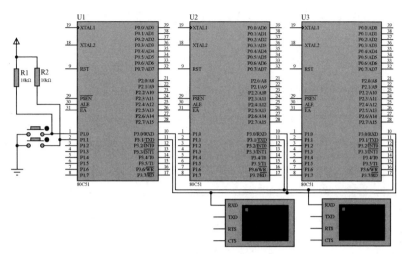

图 6-26　三机通信仿真电路

主机的 C51 程序如下。

```c
#include<reg52.h>
#define uchar unsigned char
#define uint  unsigned int
#define add_c1 0x01              //定义访问的从机地址
#define add_c2 0x02              //定义访问的从机地址
sbit key1 = P1^0;
sbit key2 =  P1^1;
void send(uchar data1);
void init(void)
{    TMOD = 0x20;
     TH1 = 0xFA;
     TL1 = 0xFA;
      TR1 = 1;
     PCON = 0x80;                //波特率倍增位置1
     SCON = 0xD0;                //串行口工作在方式 3，允许接收数据，波特率为 9600bit/s
     ES = 1;
     EA = 1;
}
void main( )
{
     init( );
     while(1)
     {
      if(key1 == 0)
      {
          while(key1 == 0);
          TB8 = 1;
          send(add_c1);
      }
      if(key2 ==0)
      {
         while(key2 == 0);
          TB8 = 1;
          send(add_c2);
      }
```

```
        }
}
void send(uchar data1)
{
        SBUF = data1;
        while(TI == 0);
        TI = 0;
}
void recv( ) interrupt 4
{
        uchar add=0;
        if(RI)
        {
            RI = 0;
            add = SBUF;
            if(add == add_c1)
            {
            TB8 = 0;
            send(0x0F);
        }
            if(add == add_c2)
            {
            TB8 = 0;
            send(0xF0);
        }
        }
}
```

② 从机程序由从机主程序和从机中断服务子程序组成。

从机主程序中应完成定时器 1 初始化、串行口初始化、中断初始化和从机中断服务子程序所需的入口参数设置。

从机 1 的 C51 程序如下。

```
#include<reg52.h>
#define uchar unsigned char
#define uint  unsigned int
#define Address   0x01
void send(uchar data1);
void init(void)
{
        TMOD = 0x20;
        TH1 = 0xFA;
        TL1 = 0xFA;
        TR1 = 1;
     PCON = 0x80;
        SCON = 0xD0;          //串行口工作在方式 3，允许接收数据，波特率为 9600bit/s
        SM2 = 1;              //在方式 3 中，当 SM2=1 且接收到的第 9 位数据 RB8=1 时，RI 才置 1
        ES = 1;
        EA = 1;
}
void main( )
{   init( );
        while(1);
}
void send(uchar data1)
{   SBUF = data1;
```

180

```
        while(TI == 0);
        TI = 0;
}
void recv() interrupt 4
{
        uchar add=0;
        if(RI)
        {    RI = 0;              //RI 软件清 0
             add = SBUF;
             if(RB8)              //判断是否为地址帧，若不是，则接收数据送到本机 P0 端口
             {    if(add == Address)
                      {  RB8 = 0;
                         send(Address);   //回送地址
                         SM2 = 0;
                      }
             }
             else
             {
                         P0 = add;
                         SM2 = 1;
             }
        }
}
```

从机 2 的 C51 程序与从机 1 基本相同，仅需要把"#define　Address　0x01"修改为"#define Address　0x02"即可。

3. RS-485 多机通信

51 串行口的多机通信必须存在主机，而从机之间是不能相互通信的，因此具有一定的局限性。为了实现各站点之间的互联通信，可以在单片机外部添加 RS-485 通信控制集成芯片 MAX487，组成基于 RS-485 的通信网络。

（1）设计要求

按下源站点按键 1，源站点向目标站点 1 发送其开关状态的值，目标站点接收后，将接收的值由 P2 端口的高低电平显示出来，并回送自身开关状态的值。源站点接收回送值后也由 P3.6 和 P3.7 的高低电平指示出来；按下源站点按键 2，向目标站点 2 进行相同的操作。站点的地址可通过 P0 端口对应的拨码开关进行设置，不同站点的地址不能相同。

（2）硬件电路

基于 MAX487 芯片组成的 RS-485 多机通信的仿真电路如图 6-27 所示。波特率为 9600bit/s。

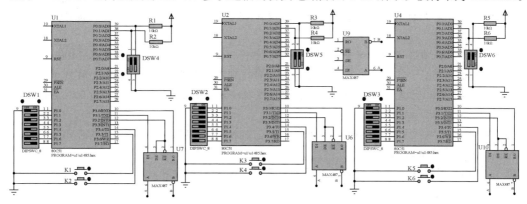

图 6-27　RS-485 多机通信的仿真电路

由于 Proteus 所带的 MAX487 要求站点上所有的芯片不能同时处于接收状态，因此在原理图上多连接一个处于发送状态的 MAX487，芯片 MAX487 引脚参考图 6-9。

可以通过 MAX487 的引脚 $\overline{\text{RE}}$ 和 DE 来控制通信方向，实现收、发功能，各个通信站可相互平等通信。

（3）程序设计

由题目要求可知，每个站点数据的传输需要有一定的协议。每个站点初始时应处于接收状态。

① 自定义通信协议。

下面定义一个数据传送的协议帧。

字节序号	1	2	3	4
内容	目的地址	数据	源地址	是否重发

站点接收到数据帧之后，判断是否为发送给自己的数据帧，如果是发送给自己的数据帧，根据第 4 个字节决定是否回送数据。

② C51 程序见本书电子资源。

（4）仿真调试

将程序载入 Keil 中生成的.hex 文件，分别加载到图 6-27 所示的 3 个单片机中，然后仿真调试。

6.5　思考与练习

1. 异步通信和同步通信的主要区别是什么？51 单片机的串行口有没有同步通信功能？

2. 解释下列概念。

① 并行通信、串行通信。

② 波特率。

③ 单工、半双工、全双工。

④ 奇偶校验。

3. 51 单片机的串行口控制寄存器 SCON 中 SM2、TB8、RB8 有何作用？主要在哪几种方式下使用？

4. 试分析比较 51 单片机的串行口在 4 种工作方式下发送和接收数据的基本条件和波特率的产生方法。

5. 为什么 T1 用作串行口波特率发生器时常用模式 2？若 f_{osc}=6MHz，试求出 T1 在模式 2 下可能产生的波特率的变化范围。

6. 简述多机通信原理。

7. 试用 8051 单片机的串行口扩展 I/O 口，控制 16 个 LED 自右向左以一定速度轮流发光，设计电路并编写程序。

8. 试设计一个 8051 单片机的双机通信系统，串行口工作在方式 1，波特率为 2400bit/s，编程将甲机片内 RAM 中 40H～4FH 的数据块通过串行口传送到乙机片内 RAM 的 40H～4FH 单元中。

9. 8051 单片机以方式 2 进行串行通信，假定波特率为 1200bit/s，第 9 位作奇偶校验位，以中断方式发送数据。请编写程序。

10. 8051 单片机以方式 3 进行串行通信，假定波特率为 1200bit/s，第 9 位作奇偶校验位，以查询方式接收数据。请编写程序。

11. RS-232C 总线标准是如何定义其逻辑电平的？实际应用中可以将 51 单片机的串行口和计算机的串行口直接相连吗？为什么？

12. 为什么 RS-485 总线比 RS-232C 总线具有更高的传输速率和更远的传输距离？

07 第 7 章　单片机基本 I/O 接口及应用

　　在单片机应用系统中，常用于人机交互的 I/O 设备为键盘、显示器以及开关量传感器和驱动器等控制设备。在单片机 I/O 接口满足数量要求的情况下，都可以直接（不需要外部寻址）或间接（驱动）通过 I/O 接口控制外部设备。

　　本章以键盘、显示器及驱动电路等的相关实例，详细介绍单片机基本 I/O 接口及应用技术。

7.1　键盘接口及应用

7.1.1　键盘及其工作特征

1. 键盘的分类

　　键盘是由若干个独立的按键按一定规则组合而成的，根据按键的识别方法分类，可分为编码键盘和非编码键盘。

　　（1）编码键盘

　　编码键盘是指键盘中的按键闭合的识别由专用的硬件电路实现，并可产生键编号或键值，如 BCD 码键盘、ASCII 键盘等。

　　（2）非编码键盘

　　非编码键盘是指没有采用专用的硬件译码器电路，其按键的识别和键值的产生都由软件完成。非编码键盘成本较低且使用灵活，因而在单片机系统中得到广泛使用。

2. 键盘的工作特征

　　键盘中的每个按键都是一个常开的开关电路，利用机械触点来实现按键的闭合和释放。在按键的使用过程中，有两种现象需要特别注意：一种是按键抖动现象；另一种是按键连击现象。

　　（1）抖动现象

　　由于按键受机械触点弹性的影响，按键的机械触点在闭合及释放的瞬间都会有抖动现象，其控制的输入电压信号同样会出现抖动现象。一般按键抖动持续的时间为 5~10ms。

　　为了确保单片机对按键的一次闭合仅处理一次，必须去除按键抖动的影响。

目前一般采用软件延时的办法来避开抖动阶段，即第一次检测到按键闭合后，紧接着执行一段延时程序（产生 5~10ms 的延时），让前沿抖动消失后再次检测按键的状态，若按键仍保持闭合状态，则确认为真正有键被按下，否则就以按键的抖动处理。关于按键的释放检测，一般采用闭合循环，一旦检测到按键释放，也同样可以延迟 5~10ms，等待后沿抖动消失后才能转入该按键的处理程序。

（2）连击现象

当按键在一次被按下的过程中，其相应的程序被多次执行的现象（等价于按键被多次按下）称为连击。

在通常情况下，连击是不允许出现的。为消除连击，可采用如下方法。

方法 1：当判断出某按键被按下时，就立刻转向该按键相应的功能程序，然后判断按键被释放后才能返回。

方法 2：当判断出某一按键被按下时，不立刻转向该按键的功能程序，而是等待判断出该按键被释放后，再转向相应的功能程序，然后返回。

7.1.2 独立式键盘接口及应用

1. 独立式键盘接口电路

在实际的应用系统中，一般将采用几个按键组成的非编码键盘，称为独立式键盘或线性键盘。独立式键盘接口仿真电路如图 7-1 所示。

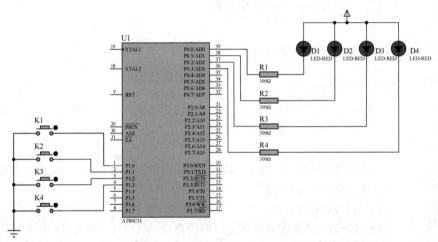

图 7-1 独立式键盘接口仿真电路

在图 7-1 中，按键 K1~K4 分别接在 P1.0~P1.3 引脚，每个按键是相互独立的。当某一个按键被按下时，该按键所连接的端口的电位也就由高电平变为低电平，单片机通过查询所有连接按键的端口电平识别所按下的按键。独立式键盘结构简单，适合于按键较少的一般应用系统。

2. 程序设计

（1）汇编语言程序

汇编语言处理子程序（START）如下（各按键按下时有互锁功能）。

```
START:  ORL     P1,#0FH              ;输入口先置 1
        MOV     A, P1                ;读入键盘状态
        JNB     ACC.0, KEY_1         ;K1 键按下，转 KEY_1 标号处执行程序
        JNB     ACC.1, KEY_2         ;K2 键按下，转 KEY_2 标号处执行程序
        JNB     ACC.2, KEY_3         ;K3 键按下，转 KEY_3 标号处执行程序
```

```
        JNB       ACC.3, KEY_4           ;K4 键按下，转 KEY_4 标号处执行程序
        SJMP      START
KEY_1:  LJMP      PROG1
KEY_2:  LJMP      PROG2
KEY_3:  LJMP      PROG3
KEY_4:  LJMP      PROG4
PROG1:  MOV       A, #0FEH
        MOV       P0, A                  ;K1 键功能程序，D1 亮，互锁
        LJMP      START                  ;执行完返回
PROG2:  MOV       A, #0FDH
        MOV       P0, A                  ;K2 键功能程序，D2 亮，互锁
        LJMP      START                  ;执行完返回
PROG3:  MOV       A, #0FBH
        MOV       P0, A                  ;K3 键功能程序，D3 亮，互锁
        LJMP      START                  ;执行完返回
PROG4:  MOV       A, #0F7H
        MOV       P0, A                  ;K4 键功能程序，D4 亮，互锁
        LJMP      START                  ;执行完返回
```

（2）C51 程序

具有去抖动及按键检测功能的 C51 程序如下。

```
#include<reg51.h>
#include<intrins.h>
#define uchar unsigned char
sbit  D1=P0^0;
sbit  D2=P0^1;
sbit  D3=P0^2;
sbit  D4=P0^3;
void delay(unsigned int m)       //延时函数
{
      unsigned int i,j;
      for(i=0;i<m;i++)
      {
            for(j=0;j<123;j++)
            {;}
      }
}
uchar key()                      //按键检测函数
{
      uchar keynum,temp;
      P1 = P1 | 0x0F;
      keynum = P1;
      if((keynum | 0xF0 ) == 0xFF )
            return(0);
      delay(10 );
      keynum = P1;
      if((keynum | 0xF0 ) == 0xFF )
            return(0);
      while(1)
      {
            temp = P1;
            if((temp | 0xF0) == 0xFF)
                  break;
      }
```

```
        return(keynum);
    }
    void kpro(uchar k)          //函数功能：判断哪一个按键按下，可以同时按下多个按键
    {
        if((k & 0x01) == 0x00)
            {D1=0;delay(1000);D1=1;}        //K1 按下时 D1 点亮约 1s，然后熄灭
        if((k & 0x02) == 0x00)
            {D2=0;delay(1000);D2=1;}        //K2 按下时 D2 点亮约 1s，然后熄灭
        if((k & 0x04) == 0x00)
            {D3=0;delay(1000);D3=1;}        //K3 按下时 D3 点亮约 1s，然后熄灭
        if((k & 0x08) == 0x00)
            {D4=0;delay(1000);D4=1;}        //K4 按下时 D4 点亮约 1s，然后熄灭
    }
    void main( )        //主函数
    {
        uchar k;
        while(1)
        {
            k = key( );
            if(k != 0)
                kpro(k);
        }
    }
```

以上 C51 程序不具备按键互锁功能，如果要求实现 4 个按键任一时刻只有当前按下的按键有效，可以修改"void kpro(uchar k)"函数，如下所示。

```
    void kpro(uchar k)
    {
        if((k & 0x01) == 0x00)
            P0 = 0xFE;
        if((k & 0x02) == 0x00)
            P0 = 0xFD;
        if((k & 0x04) == 0x00)
            P0 = 0xFB;
        if((k & 0x08) == 0x00)
            P0 = 0xF7;
    }
```

7.1.3 矩阵式键盘接口及应用

1. 矩阵式键盘接口电路

当按键数量较多时，为了节省 I/O 端口及减少连接线，通常按矩阵方式连接键盘电路。在每条行线与每条列线的交叉处通过一个按键来连通，则只需 N 条行线和 M 条列线，即可组成拥有 $N×M$ 个按键的键盘。

例如，组成有 16 个按键的矩阵式键盘，按 4×4 的方式连接，即使用 4 条行线和 4 条列线，矩阵式键盘接口仿真电路如图 7-2 所示。

为便于观察键值，使用 Proteus 的一位 7 段 LED 数码管显示对应按键按下时的序号。

2. 程序设计

对于非编码键盘的矩阵式键盘，常用的按键识别方法是扫描法。一般情况下，按键扫描程序都以函数（子程序）的形式出现。

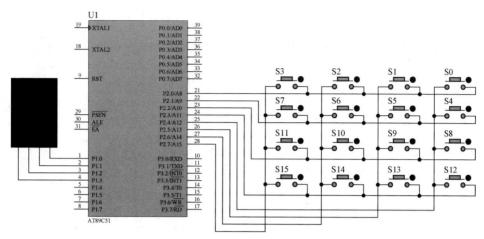

图 7-2 矩阵式键盘接口仿真电路

下面说明扫描法按键识别的过程。

① 快速扫描判别是否有键按下。通过行线送出扫描字 0000B，然后读入列线状态，若读入的列线端口值全为 1，则说明没有按键被按下；若读入的列线端口值不全为 1，则说明有键按下。

② 调用延时程序（或者是执行其他任务用于延时）去除抖动。当检测到有按键按下后，软件延迟一段时间，再次检测按键的状态，若这时检测到仍有按键被按下，则可以认为按键确实被按下了，否则只能按照按键抖动来处理。

③ 按键的键值处理。当有按键按下时，就可利用逐行扫描的方法来确定到底是哪一个按键被按下。先扫描第一行，即将第一行输出为低电平（0），再去读入列线的端口值，如果哪一列出现低电平（0），就说明该列与第一行跨接的按键被按下了。如果读入的列线端口值全为 1，则说明与第一行跨接的所有按键都没有被按下。接着扫描第二行，以此类推，逐行扫描，直至找到被按下的按键，并根据事先的定义将按键的键值送入键值变量中保存。需要注意的是，在返回键盘的键值前还需要检测按键是否释放，这样可以避免出现连击现象，保证每次按键只做一次处理。

④ 返回按键的键值的处理。根据按键的键值，就可以进行相应按键的功能处理（本例仅显示对应按键按下时的序号，实际应用中需要设计该键执行的功能程序）。

C51 程序如下。

```c
#include<reg51.h>                    //头文件包含
#include<intrins.h>                  //头文件包含
#define uchar unsigned char          //宏定义
void delay(uchar m)
{    uchar i,j;
     for(i=0;i<m;i++)
         for(j=0;j<124;j++);
     }
 /*****************************************************************/
//按键函数扫描是否有键按下（返回值不等于 0xFF，说明有键按下）
/*****************************************************************/
uchar keysearch( )
{
     uchar k;
     P2=0xF0;
     k=P2;
     k=~k;
     k=k&0xF0;
```

```
                return k;
}
/*********************************************************************/
//按键函数（返回值：等于 0xFF，说明没有键按下）
/*********************************************************************/
uchar key( )
{
        uchar a,c,kr,keynumb;
        a=keysearch( );
        if(a==0)
                return 0xFF;
        else
                delay(10);                      //延时去抖动
        a=keysearch( );
        if(a==0)
                return 0xFF;
        else
        {
                a=0xFE;
                for(kr=0;kr<4;kr++)
                {
                        P2 = a;
                        c = P2;
                        if((c & 0x10)==0)keynumb=kr+0x00;
                        if((c & 0x20)==0)keynumb=kr+0x04;
                        if((c & 0x40)==0)keynumb=kr+0x08;
                        if((c & 0x80)==0)keynumb=kr+0x0C;
                        a=_crol_(a,1);              //循环左移函数，需要 intrins.h 头文件
                }
        }
        do{                                 //按键释放检测
                a=keysearch();
         }while(a!=0);
        return keynumb;                     //返回按键的键值
}
/*********************************************************************/
//按键的键值处理函数
/*********************************************************************/
void keybranch(uchar k)
{
        switch(k)
        {
                case 0x00 : P1=0;           //以下仅显示各键序号，例如 P=0
                            break;          //实际程序应为该键需要执行的功能程序
                case 0x04 : P1=1;
                            break;
                case 0x08 : P1=2;
                            break;
                case 0x0C : P1=3;
                            break;
                case 0x01 : P1=4;
                            break;
                case 0x05 : P1=5;
                            break;
```

```
        case 0x09 : P1=6;
                    break;
        case 0x0D : P1=7;
                    break;
        case 0x02 : P1=8;
                    break;
        case 0x06 : P1=9;
                    break;
        case 0x0A : P1=10;
                    break;
        case 0x0E : P1=11;
                    break;
        case 0x03 : P1=12;
                    break;
        case 0x07 : P1=13;
                    break;
        case 0x0B : P1=14;
                    break;
        case 0x0F : P1=15;
                    break;
        default: break;
    }
}
void main( )
{   uchar jzh;
    while(1)
    {
        jzh=key( );
        keybranch(jzh );
    }
}
```

3. 仿真调试

在 Proteus 下加载编译通过的.hex 文件，在仿真界面中分别按下 S0～S15，LED 数码管显示相应序号。图 7-3 所示是按下 S9 后的仿真调试结果。

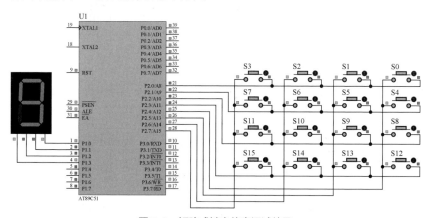

图 7-3　矩阵式键盘仿真调试结果

7.2　单片机常用显示器接口及应用

单片机应用系统中，常用于观察运行结果的显示器分状态显示和数据显示两种方式。状态显示

189

即由单个 LED 的亮和灭来反映状态信息；数据显示则能显示 0~9 的数字和字母 A~F，通常使用的是 LED 数码管和 LCD。

7.2.1 LED 数码管接口及应用

1. LED 状态显示

LED 状态显示的接口主要分为高电平驱动和低电平驱动。当所用 LED 功耗低、数量较少时可直接利用单片机的 I/O 口进行控制。当系统需要较多的 LED 显示时，受 I/O 端口输出电流的限制，一般需要加驱动电路，经 PNP 晶体管驱动控制 LED 状态显示电路如图 7-4 所示。

在该电路中，改变限流电阻（300Ω）的阻值可调整 LED 的亮度。当 P1 端口的位线输出低电平时，对应的晶体管导通，则相应的 LED 被点亮。

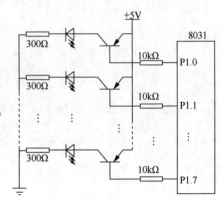

图 7-4　LED 状态显示电路

2. LED 数码显示

LED 数码管是由 7 个 LED 和一个发光（二极管）小数点组成的显示器件，有共阴极和共阳极两种，如图 7-5 所示。

阳极连在一起的 LED 称为共阳极数码管，阴极连在一起的 LED 称为共阴极数码管。一位数码管由 8 个 LED 组成，其中，7 个 LED（a~g）构成字形"8"，另一个 LED 为小数点（dp）。当某个 LED 加上一定的正向电压时，数码管的这段就被点亮；没有加电压则依然处在熄灭的状态。为了保证数码管的各段 LED 工作在额定电流范围内，必须串接电阻来限制流过各段的电流，使之处在良好的工作状态。

以公共极为阳极的数码管为例，如图 7-5（b）所示，如数码管公共阳极接电源正极，如果向各控制端 a,b,c,…,g,dp 依次送入 0,0,0,0,0,0,1,1 信号，则该数码管中相应的段就被点亮，可以看出数码管显示 0。

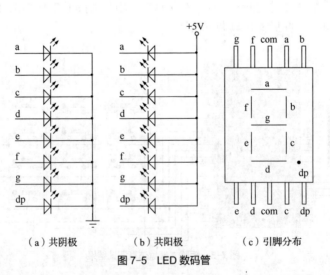

（a）共阴极　　　（b）共阳极　　　（c）引脚分布

图 7-5　LED 数码管

控制 LED 数码管上显示各数字值的数据，也就是控制 LED 数码管各段的亮灭的二进制数据称为段码，显示各数码的共阴极和共阳极 7 段 LED 数码管所对应的段码见表 7-1。

需要说明的是，在表 7-1 中所列出的 LED 数码管的段码是相对的，它由各段在字节中所处位置决定。例如，LED 数码管的段码是按格式 dp,g,…,c,b,a 形成的，故 0 的段码为 11000000=C0H（共阳极数码管）。但是如果将格式改为 dp,a,b,c,…,g，则 0 的段码变为 81H（共阳极数码管）。因此，LED 数码管的段码可由开发者根据具体硬件的连接自行确定，不必拘泥于表 7-1 中的形式。

表 7-1　7 段 LED 数码管的段码

显示数码	共阴极段码	共阳极段码	显示数码	共阴极段码	共阳极段码
0	3FH	C0H	A	77H	88H
1	06H	F9H	B	7CH	83H
2	5BH	A4H	C	39H	C6H
3	4FH	B0H	D	5EH	A1H
4	66H	99H	E	79H	86H
5	6DH	92H	F	71H	8EH
6	7DH	82H			
7	07H	F8H			
8	7FH	80H			
9	6FH	90H			

3. LED 数码管的静态显示方式及接口

（1）静态显示方式

静态显示方式为 LED 数码管在显示某一个字符时，相应的段（LED）恒定的导通或截止，直至需要更新显示其他字符为止。LED 数码管工作于静态显示方式时，需要注意以下方面。

① LED 数码管各段若为共阴极连接，则公共端接地；若为共阳极连接，则公共端接+5V 电源。

② 通过限流电阻控制 LED 数码管的段电流在额定范围内，限流电阻阻值的大小可以控制显示器的亮度。

③ LED 数码管的每一段可与一个 8 位锁存器的输出口相连，显示字符一经确定，相应锁存的输出将维持不变。

N 位共阴极、共阳极静态显示电路的连接示意如图 7-6 所示。图中电阻根据实际的 LED 的情况确定阻值。

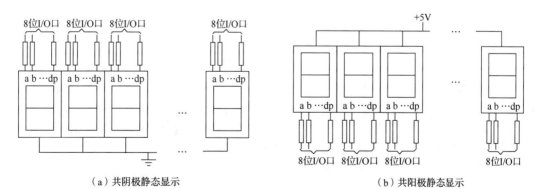

（a）共阴极静态显示　　　　　　　　　（b）共阳极静态显示
图 7-6　N 位共阴极、共阳极静态显示电路的连接示意

在图 7-6 中，静态显示方式每显示一位字符需要 8 根输出控制线。当 N 位显示时则需 N×8 根输出控制线，极大地占用 I/O 资源。因此，在显示位数比较多的情况下，一般都采用动态显示方式。

（2）LED 数码管的静态显示接口电路

LED 数码管的静态显示接口电路如图 7-7 所示。每一个 8D 锁存器（74LS377）控制一位 LED 数码管，单片机只需要编程向各锁存器写入各位显示数字的段码即可。

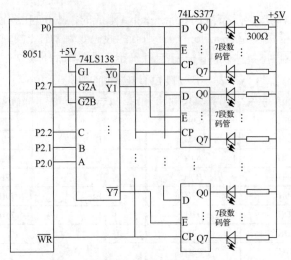

图 7-7　7 段 LED 数码管的静态显示接口电路

4. LED 数码管的动态显示方式及接口

（1）动态显示方式

动态显示是将所有位 LED 数码管的对应段并联在一起，由一个 8 位的输出口控制；各位 LED 数码管的公共端作为位选择端由 I/O 端口分别进行控制，以实现每个位的循环分时选通。N 位动态显示方式的连接形式如图 7-8 所示。

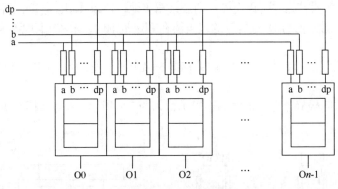

图 7-8　N 位动态显示方式的连接形式

在图 7-8 中，I/O 端口分时按序送出各位欲显示字符的段码作用于所有 LED 数码管，然后通过位扫描的方法（位码）分别同步选通相关位的数码管，以保证该位能够显示出相应字符，依次循环，使每位 LED 数码管分时显示不同字符。只要每位 LED 数码管显示的时间间隔不超过 20ms，并保持点亮一段时间（约 2ms），视觉效果就是每位 LED 数码管同时显示。

（2）LED 数码管的动态显示接口电路

动态显示方式的接口电路，可以使用 I/O 端口直接控制。使用时需要一个 8 位的 I/O 输出端口用于输出 LED 数码管的段码，同时另一个 I/O 输出端口的若干位用于确定 LED 数码管循环输出控制位的位码。

80C51 控制 6 位 LED 数码管动态显示接口的仿真电路如图 7-9 所示。

在图 7-9 中，LED 数码管为共阴极连接，P0 端口仅用于输出 LED 数码管的段码，P2.0~P2.5 输出位码，并没有连接其他外部设备。由于 P0 端口总负载能力（电流）不能满足 LED 数码管的电流需求，因此，P0 端口可通过 74LS244 驱动电路连接 LED 数码管。74LS244 是三态输出的 8 位总线缓冲驱动器，无锁存功能。

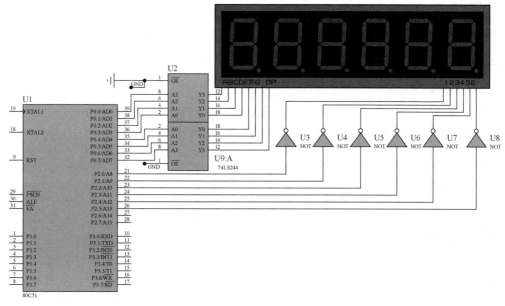

图 7-9 80C51 控制 6 位 LED 数码管动态显示接口的仿真电路

（3）程序设计（也称软件接口）

在程序设计时，需要在单片机的片内 RAM 中设置 6 个显示缓冲单元 50H～55H，分别存放 6 位显示的数据。由 P0 端口输出段码，P2.0～P2.5 输出位码。位码按顺序依次轮流输出高电平，在每次只点亮共阴极数码管一位的同时，由 P0 端口同步输出这位 LED 数码管欲显示的段码，显示一位并保持停留一定的时间，依次循环，即可显示稳定的信息。

汇编语言扫描显示子程序（DISP）如下。

```
DISP:    MOV    R0, #50H              ;显示缓冲区首地址
         MOV    DPTR, #DISPTAB        ;段码表首地址
         MOV    R2, #01H              ;从最低位开始显示
DISP0:   MOV    P2, R2                ;送位码
         MOV    A, @R0                ;取显示数据
         MOVC   A, @A+DPTR            ;查段码
         MOV    P0, A                 ;输出段码
         LCALL  DL1MS                 ;延时为 1ms
         INC    R0
         MOV    A, R2
         JB     ACC.5, DISP1          ;6 位显示完毕
         RL     A
         MOV    R2, A
         SJMP   DISP0
DISP1:   RET
DISPTAB: DB     3FH, 06H, 5BH, 4FH, 66H, 6DH
         DB     7DH, 07H, 7FH, 67H, 77H, 7CH
         DB     39H, 5EH, 79H, 71H
DL1MS:   MOV    R7, #02H
DL:      MOV    R6, #0FFH
DL1:     DJNZ   R6, DL1
         DJNZ   R7, DL
         RET
```

C51 程序如下。

```
/************************************************************/
//扫描显示 6 位数码管，显示信息为缓冲区的 012345
/************************************************************/
#include<reg52.h>                          //头文件定义
#include<intrins.h>
#define uchar unsigned char                // 宏定义
uchar code Tab[ ]={0x3F,0x06,0x5B,0x4F,0x66,0x6D,0x7D,0x07,0x7F,0x6F,
                  0x77,0x7C,0x39,0x5E,0x79,0x71};
uchar disp_buffer[ ]={0,1,2,3,4,5};                    //显示缓冲区
/************************************************************/
//延时子程序，带有输入参数 m
/************************************************************/
void delay(unsigned int m)
{
    unsigned int i,j;
    for(i=0;i<m;i++)
    {
            for(j=0;j<123;j++)
            {;}
    }
}
/************************************************************/
//显示子程序
/************************************************************/
void display( )
{
    uchar i,temp;
    temp = 0x01;
    for(i=0;i<6;i++)
    {
            P2 = temp;                      //位选
            P0 =Tab[disp_buffer[i]];        //送显示段码
            delay(2);
            P0 = 0x00;                      //消隐
            temp = _crol_(temp,1);
    }
}
/************************************************************/
//主函数
/************************************************************/
void main( )
{
    while(1)
    {
            display();
    }
}
```

（4）仿真调试

运行程序，6 位动态显示电路的仿真结果如图 7-10 所示。可以看出，当前运行状态只有 P2.2 输出高电平，经非门输出低电平，控制点亮第 3 位数码管显示数字 2，共阴极段码为 01011011（5BH）。

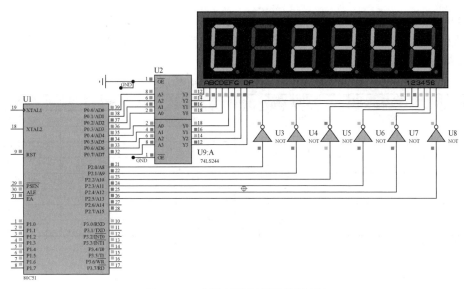

图 7-10 6 位动态显示电路的仿真结果

7.2.2 LCD 接口及应用

LCD 是一种被动显示器，以其微功耗、体积小、抗干扰能力强、显示内容丰富等优点，在仪器、仪表上和低功耗应用系统中得到越来越广泛的应用。

LCD 从显示的形式上可分为段式、点阵字符式和点阵图式。其中常用的点阵字符式 LCD 是指显示的基本单元由一定数量的点阵组成，可以显示数字、字母、符号等。由于 LCD 驱动控制和面板接线的特殊方式，一般点阵字符式 LCD 需要将 LCD 面板、驱动器与控制电路组合在一起制作成一个 LCD 模块（LCD Module，LCM）。常用的 LCD1602 模块内部的控制器共有 11 条控制指令，对 LCD1602 模块的读写、屏幕和光标的操作都是通过指令编程来实现的。

LCD 本身不发光，只是调节光的亮度。由于直流信号驱动将会使 LCD 的寿命减少，一般 LCD 的驱动采用 125~150Hz 的方波，即动态驱动方式。为了方便显示，LCD 可采用硬件译码。

LCM 的种类很多，通常由控制器 HD44780、驱动器 HD44100 及必要的电阻、电容组成。编程人员可以通过控制器指令编写 LCD 模块的应用程序。

下面以常用的 LCD1602 模块为例，介绍 LCD 模块的应用技术。

1. LCD1602 简介

LCD1602 模块是两行 16 个字符，用 5×7 点阵图形来显示字符的 LCD，属于 16 字×2 行类型。LCD1602 内部具有字符发生器 ROM（CGROM，Character-Generator ROM），可显示 192 种字符（160 个 5×7 点阵字符和 5×10 点阵字符）；具有 64B 的自定义字符发生器 RAM（CGRAM，Character-Generator RAM），可以定义 8 个 5×8 点阵字符或 4 个 5×11 点阵字符；具有 64B 的数据显示 RAM（DDRAM，Data-Display RAM），可供进行显示编程时使用。图 7-11 为一般点阵字符式 LCD 模块的外形尺寸。

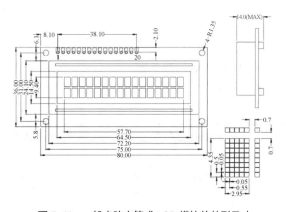

图 7-11 一般点阵字符式 LCD 模块的外形尺寸

LCD1602 模块的引脚按功能可划分为 3 类：数据类、电源类和编程控制类。引脚 7～14 为数据线，选择直接控制方式时需用 8 根数据线，选择间接控制方式时只用 D4～D7 高 4 位数据线。LCD1602 模块的引脚功能见表 7-2。

表 7-2　LCD1602 模块的引脚功能

引脚	符号	引脚说明	引脚	符号	引脚说明
1	VSS	电源地	9	D2	数据线
2	VDD	电源正极	10	D3	数据线
3	V0	LCD 偏压输入	11	D4	数据线
4	RS	数据/命令选择端（H/L）	12	D5	数据线
5	R/W	读写控制信号（H/L）	13	D6	数据线
6	E	使能信号	14	D7	数据线
7	D0	数据线	15	BLK	背光源负极
8	D1	数据线	16	BLA	背光源正极

注：H/L 代表高电平/低电平。

2. LCD1602 与 8051 单片机的接口连接

LCD1602 与单片机的接口连接有两种方式：一种是直接（8 位）控制方式，另一种是间接（4 位）控制方式。它们的区别在于数据线的数量不同。间接控制方式比直接控制方式少用了 4 根数据线，这样可以节省单片机的 I/O 端口，但数据传输稍有些复杂。

80C51 单片机直接控制 LCD1602 的接口仿真电路如图 7-12 所示。

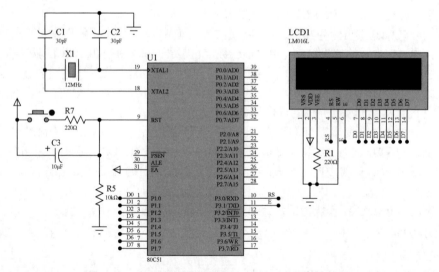

图 7-12　80C51 单片机直接控制 LCD1602 的接口仿真电路

3. LCD1602 的指令集

LCD1602 模块内部的控制器共有 11 条控制指令，指令集见表 7-3。

表 7-3　LCD1602 的指令集

序号	指令	RS	R/W	D7	D6	D5	D4	D3	D2	D1	D0
1	清显示	0	0	0	0	0	0	0	0	0	1
2	光标返回	0	0	0	0	0	0	0	0	1	*
3	设置光标和显示模式	0	0	0	0	0	0	0	1	I/D	S
4	显示开/关控制	0	0	0	0	0	0	1	D	C	B
5	光标或字符移位	0	0	0	0	0	1	S/C	R/L	*	*
6	设置功能	0	0	0	0	1	DL	N	F	*	*

序号	指令	RS	R/W	D7	D6	D5	D4	D3	D2	D1	D0
7	设置 CGRAM 地址	0	0	0	1	CGROM 地址					
8	设置 DDRAM 地址	0	0	1	DDRAM 地址						
9	读忙标志或地址	0	1	BF	计数器地址						
10	写数据到 CGRAM 或 DDRAM	1	0	要写的数据内容							
11	从 CGRAM 或 DDRAM 读数据	1	1	读出的数据内容							

注：*表示可以取任意值。LCD1602 模块的读写操作、屏幕和光标的操作都是通过编程来实现的。（1 为高电平、0 为低电平）

各指令的功能按表 7-3 中的序号说明如下。

指令 1：清显示，指令码为 01H，即将光标复位到地址 00H 位置。

指令 2：光标返回，即将光标返回到地址 00H。

指令 3：设置光标和显示模式。I/D：光标移动方向，高电平右移，低电平左移。S：屏幕上所有文字是否左移或者右移，高电平表示有效，低电平表示无效。

指令 4：显示开/关控制。D：控制整体显示的开与关，高电平表示开显示，低电平表示关显示。C：控制光标的有无，高电平表示有光标，低电平表示无光标。B：控制光标是否闪烁，高电平表示闪烁，低电平表示不闪烁。

指令 5：光标或字符移位。S/C：高电平时移动显示的字符，低电平时移动光标。

指令 6：功能设置。DL：高电平时为 8 位总线，低电平时为 4 位总线。N：低电平时为单行显示，高电平时双行显示。F：低电平时显示 5×7 的点阵字符，高电平时显示 5×10 的点阵字符。

指令 7：CGRAM 地址设置。

指令 8：DDRAM 地址设置。

指令 9：读忙标志和光标地址。BF：为忙标志位，高电平表示 LCD 模块忙，此时模块不能接收命令或者数据；如果为低电平，表示 LCD 模块不忙。

指令 10：写数据。

指令 11：读数据。

4. LCD1602 的应用编程

从 LCD1602 的指令集中可以看出，在编程时主要是向它发送指令、写入或读出数据。LCD1602 读写操作基本时序见表 7-4。

表 7-4　LCD1602 读写操作基本时序

操作	输入	输出
读状态	RS=L, R/W=H, E=H	D0～D7=状态字
写指令	D0～D7=指令码, E=高脉冲	无
读数据	RS=H, R/W=H, E=H	D0～D7=数据
写数据	RS=H, R/W=L, D0～D7=数据, E=高脉冲	无

注：H 为高电平，L 为低电平。

LCD1602 的应用编程步骤如下。

① 对 LCD1602 初始化，初始化的内容可根据显示的需要选用上述的指令。

② 输入需要显示字符的地址（位置），第 1 行第 1 列的地址是 00H+80H。这是因为写入的显示地址要求最高位 D7 恒为 1，所以，实际写入的数据为内部显示地址加上 80H。

③ 将显示的数据写入。

注意

LCD 模块是一个慢显示器件，在执行每条指令之前首先要读忙标志。当模块的忙标志为低电平时（不忙），这时输入的指令有效，否则此指令无效。也可以采用写入指令后延迟一段时间的方法，能起到同样的效果。

LCD1602 内部显示地址如图 7-13 所示。

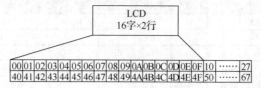

| 00 | 01 | 02 | 03 | 04 | 05 | 06 | 07 | 08 | 09 | 0A | 0B | 0C | 0D | 0E | 0F | 10 | ⋯⋯ | 27 |
| 40 | 41 | 42 | 43 | 44 | 45 | 46 | 47 | 48 | 49 | 4A | 4B | 4C | 4D | 4E | 4F | 50 | ⋯⋯ | 67 |

图 7-13　LCD1602 内部显示地址

在图 7-12 所示电路中，若实现在 LCD 的第一行显示 "I/O：P1 LCD1602"，第二行显示 "2022-5-1"，则 C51 程序如下。

```
/*****************************************************************
//LCD1602时钟测试程序
*****************************************************************/
#include <reg52.h>                     //头文件
#define uchar unsigned char            //宏定义
#define uint unsigned int
sbit lcden=P3^1;                       //端口定义
sbit lcdrs=P3^0;
/*****************************************************************
延时函数
*****************************************************************/
void delay(uint x)
{
    uint i,j;
    for(i=0;i<x;i++)
        for(j=0;j<120;j++);
}
/*****************************************************************
写指令
*****************************************************************/
void write_com(uchar com)
{
    lcdrs=0;                           //lcdrs 为低电平时，写指令
    delay(1);
    P1=com;
    lcden=1;
    delay(1);
    lcden=0;
}
/*****************************************************************
    写数据
*****************************************************************/
void write_data(uchar dat)
{
    lcdrs=1;                           //lcdrs 为高电平时，写数据
    delay(1);
    P1=dat;
    lcden=1;
    delay(1);
    lcden=0;
}
/*****************************************************************
```

```
初始化
*********************************************************************/
void init()
{
    lcden=0;
    write_com(0x38);                    //显示模式设置
    write_com(0x0C);                    //开关显示、光标有无、光标是否闪烁设置
    write_com(0x06);                    //写一个字符后指针加一
    write_com(0x01);                    //清屏指令
}
/********************************************************************
写连续字符函数
*********************************************************************/
void write_word(uchar *s)
{
    while(*s>0)
    {
        write_data(*s);
        s++;
    }
}
/********************************************************************
主函数
*********************************************************************/
void main( )
{
    init( );
    while(1)
    {
        write_com(0x80+0x01);           //设置指针地址为第一行第二个位置
        write_word("I/O: P1  LCD 1602");
        write_com(0x80+0x44);           //设置指针地址为第二行第一个位置
        write_word("2022-5-1");
    }
}
```

LCD1602 仿真调试结果如图 7-14 所示。

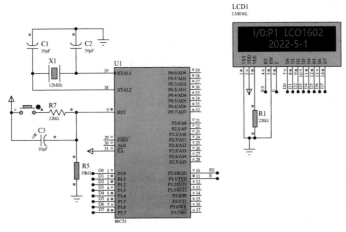

图 7-14　LCD1602 仿真调试结果

7.3 开关量控制 I/O 接口

在前面所介绍的开关量控制系统中，单片机可以通过 I/O 端口的位操作直接对负载或驱动电路进行控制。一个按键开关就是一位输入信号，一个 LED 就是一位输出控制的负载。如果 I/O 对象所涉及部件较多或较大负荷设备时，在接口电路中还要增加通道隔离模块或驱动模块。

1. 光耦合器实现电气隔离

光耦合器采用光作为传输信号的媒介，实现电气隔离。光耦合器由于价格低廉、可靠性好，被广泛地用于现场设备与计算机之间的隔离保护。

常见的光耦合器是把一个 LED 和一个光敏晶体管封装在一起，光耦合器及应用电路如图 7-15 所示。

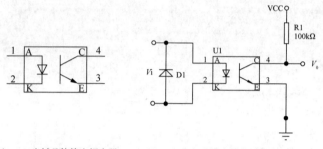

（a）LED-光敏晶体管光耦合器　　　　　（b）光耦合器应用电路

图 7-15　光耦合器及应用电路

在图 7-15 中，光耦合器引脚 1、2 为信号输入端，引脚 3、4 为输出端。光耦合器的输入信号使 LED 发光，其光线又使光敏晶体管导通产生电信号输出，从而既完成了信号的传递，又保证了两侧电路没有电气联系，实现了电气上的隔离。

光耦合器具有输入阻抗很低、输入与输出之间分布电容很小等抗干扰优势，因此输入阻抗很高的干扰源及干扰噪声是很难通过光耦合器进入系统的。

光耦合器在使用时应注意以下方面。

① 输入信号与输出信号相位。一般选择光耦合器的输入端 1 接高电平（VCC），输入端 2 接输入信号，则输出端 4 与输入端 2 的相位相同，即输入信号为高/低电平，输出信号也为高/低电平。

② 导通电流。输入信号必须在其输入端提供可靠的 LED 导通电流 I_F，才能使其发光。不同型号的光耦合器的导通电流略有不同，一般在 5～15mA，可以根据应用情况适当调整输入回路串入的限流电阻，通常取导通电流 I_F=10mA。

③ 频率特性。受 LED 和光敏元件响应时间的影响，光耦合器只能通过规定频率以下的脉冲信号。在输入高频信号时，应考虑选择的光耦合器的频率特性是否符合系统需求。

④ 输出工作电流。在光耦合器输出端为低电平（光敏晶体管饱和）时，其灌电流不能超过额定值，否则会使元件损坏；在光耦合器输出端为高电平（光敏晶体管截止）时，电源 VCC 经集电极上拉电阻与负载电阻串联后提供输出电流，因此，输出工作电流值越小越好。特别要考虑到经串联分压后的输出电压的降低可能引起的误触发。

⑤ 电源隔离。光耦合器输入、输出两侧的供电电源必须是完全独立的，即独立电源、独立地线，以保证被隔离部分电气上的完全隔离。

⑥ 设置驱动电路。光耦合器输出端的额定电流一般为 mA 量级，在进行系统的输出隔离时，不能直接驱动较大功率的外部设备，通常在光耦合器与外设（负载）之间还需设置驱动电路（如电平转换和功率放大、继电器输出等）。

2. 单片机光耦合器输入 Proteus 仿真电路

单片机光耦合器输入 Proteus 仿真电路如图 7-16 所示。

在图 7-16 中，光耦合器 PC817 引脚 2 为外部输入信号，当其为低电平时有效，光耦合器内部二极管发光，晶体管导通，PC817 引脚 4 输出的低电平直接作为 P0.7 的输入信号，从而实现电气隔离。

3. 单片机光耦合器输出 Proteus 仿真电路

单片机光耦合器输出 Proteus 仿真电路如图 7-17 所示。

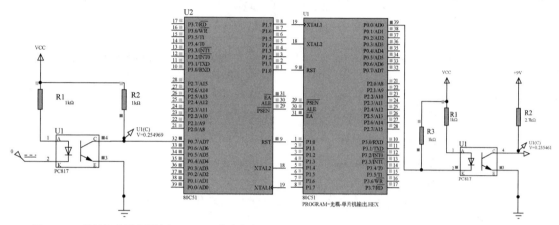

图 7-16　单片机光耦合器输入 Proteus 仿真电路　　　图 7-17　单片机光耦合器输出 Proteus 仿真电路

在图 7-17 中，光耦合器 PC817 引脚 2 为单片机输出控制电平，当其为低电平时有效，光耦合器内部二极管发光，晶体管导通，PC817 引脚 4 输出的低电平直接控制负载的接地端为 0，负载通电工作，从而实现电气隔离。

4. 输出驱动接口电路

（1）继电器输出驱动接口电路

单片机输出的开关量在控制较大负荷设备时，是不能直接驱动的，必须将单片机的开关量输出进行大功率开关量的转换，可以使用继电器或固态继电器作为单片机系统的输出执行机构，继电器输出驱动接口电路如图 7-18 所示。

在图 7-18 中，单片机 P1.0 端口输出为高电平时，通过选择 R2、R3 电阻值使晶体管（晶体管工作电压和电流参数必须满足负

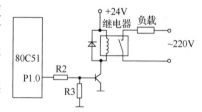

图 7-18　继电器输出驱动接口电路

载要求）饱和导通，控制继电器动作，继电器常开触点导通，电源向负载供电，从而完成从单片机输出的直流低压信号到交流（或直流）高压（大功率）的转换。

继电器输出同时可以实现电气隔离，在使用时应注意以下方面。

① 继电器输出适用于工作频率很低的负载，如电动机驱动、加热设备及大功率显示等。

② 继电器在导通和断开的瞬间，会产生较大的电感线圈反电动势，为此在继电器的线圈上并联一个反向的续流二极管，以消除该反电动势对系统的影响和干扰，如图 7-18 所示。

③ 继电器输出触点在通断瞬间容易产生火花而引起干扰，一般可采用 RC 吸收电路与触点并联。

④ 继电器输出触点容量（电压、电流额定值）应满足电源及负载电流的需求。

（2）固态继电器输出驱动接口电路

固态继电器（Solid State Relay，SSR）是将 LED 与双向晶闸管封装在一起的一种新型电子开关。其内部结构如图 7-19 所示。

在图 7-19 中，当控制信号使 LED 导通时，光敏晶体管导通，并通过过零电路触发双向晶闸管而接通负载电路。

固态继电器可分为交流固态继电器和直流固态继电器两大类，其基本单元接口电路如图 7-20 所示。

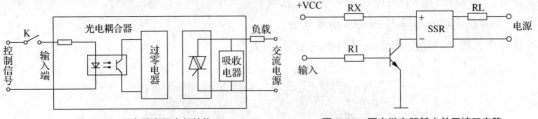

图 7-19　固态继电器内部结构　　　　　图 7-20　固态继电器基本单元接口电路

7.4　思考与练习

1. 简述键盘扫描与识别的主要思路。

2. 简述软件消除键盘抖动的原理。

3. LED 的动态显示和静态显示有什么不同？

4. 要求利用 8051 单片机的 P1 端口连接一个 2×2 行列式键盘电路，画出电路图，并根据电路图编写按键扫描子程序。

5. 在图 7-1 的基础上，设计一个以中断方式工作的开关式查询键盘，并编写其中断键处理程序。

6. 状态或数码显示时，对 LED 的驱动可采用低电平驱动，也可以采用高电平驱动，二者各有什么特点？

7. 设计 6 位 LED 动态显示时钟电路，要求显示"小时：分钟：秒"，可以设置起始时间。

8. 设计 LCD 显示电路，要求显示"welcome to use　LCD1602"。

9. 设计 LCD 显示时钟电路，要求显示"日期：小时：分钟：秒"，可以设置起始时间。

10. 使用单片机输出控制直流信号灯周期性闪亮。信号灯工作电压为直流 24V，电流 0.5A。设计仿真接口电路，编写控制程序，进行仿真调试。

08 第8章　单片机系统扩展及 I/O 接口技术

51 单片机控制外部设备可以通过最小系统配置方式，即直接通过 P0～P3 端口来实现 I/O 操作，本章以前的所有单片机应用系统都是基于这种方式的。

但在实际应用中，对于一些功能比较强大的应用系统，往往需要对单片机系统资源（包括存储器及 I/O 接口）进行外部扩展。外部扩展的设备（部件）与单片机之间的信号连接需要通过 I/O 接口（芯片）电路和程序来控制。

本章从应用的角度，首先介绍 51 单片机存储器和 I/O 接口扩展技术，然后以典型外部设备（部件）应用为例，介绍 51 单片机系统扩展 I/O 接口技术。

8.1　单片机系统扩展概述

当单片机片内资源不能满足系统要求时，需要在单片机外部扩展连接相应的部件以满足系统的要求。单片机在系统扩展时，其 I/O 端口自动产生系统扩展总线，并通过 I/O 接口与扩展的部件建立软硬件连接，以实现对扩展部件的控制。

8.1.1　单片机系统扩展配置及接口芯片

1. 单片机系统扩展配置

51 单片机系统扩展能力及配置要求如下。

① 系统扩展时使用的外部总线，包括地址总线（AB）、数据总线（DB）、控制总线（CB）。

② 可以扩展片外独立编址的 64KB 数据存储器或 I/O 端口。

③ 可以扩展片内、片外统一编址的 64KB 程序存储器。

④ 扩展存储器芯片地址空间分配及接口控制芯片等。

⑤ 扩展接口软硬件（电路及编程）设计。

2. 常用输出接口芯片

扩展 8 位输出口常用的锁存器有 74LS273、74LS377 以及带三态门的 8D 锁存器 74LS373 等。

74LS273 是带清除端的 8D 锁存器，上升沿触发，具有锁存功能。图 8-1 为 74LS273 的引脚和功能表。

74LS377 是带有输出允许控制的 8D 锁存器，上升沿触发，其引脚和功能表如图 8-2 所示。图中"↑"表示上升沿。

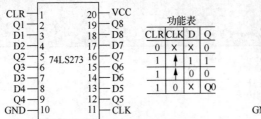

图 8-1 74LS273 的引脚和功能表

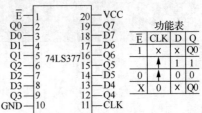

图 8-2 74LS377 的引脚和功能表

3. 常用输入接口芯片

输入口常用的三态门芯片有 74LS244、74LS245 和 74LS373 等。

74LS244 是一种三态输出的 8 位总线缓冲驱动器，无锁存功能，其引脚和逻辑结构如图 8-3 所示。

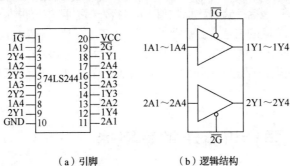

（a）引脚　（b）逻辑结构

图 8-3 74LS244 的引脚及逻辑结构

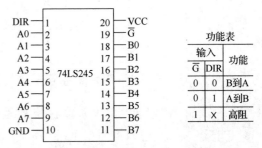

74LS245 是三态输出的 8 位总线收发器/驱动器，无锁存功能。该电路可将 8 位数据从 A 端送到 B 端或从 B 端送到 A 端（由方向控制信号 DIR 决定），也可禁止传输（由使能信号 $\overline{G}$ 控制），其引脚和功能表如图 8-4 所示。

图 8-4 74LS245 的引脚及功能表

8.1.2 单片机扩展后的总线结构

51 单片机在系统扩展时，和一般 CPU 一样，应具有与外部扩展部件连接的地址总线、数据总线和控制总线。其地址总线（16 位）、数据总线（8 位）和控制总线是由系统约定的 I/O 端口（P0、P2、P3）来实现的。由于受引脚数量的限制，数据总线和地址总线（低 8 位）复用 P0 端口。使用时为了和外部电路正确连接，需要在单片机外部增设一片地址锁存器（如 74LS373），构成与一般 CPU 类似的片外三总线，其结构如图 8-5 所示。

所有扩展的外围部件都是通过这 3 组总线与单片机进行接口连接的。

（1）地址总线（AB）

51 单片机扩展时的地址总线宽度为 16 位，寻址范

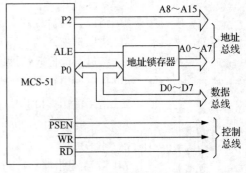

图 8-5 51 单片机扩展三总线

围为 2^{16}B=64KB。16 位地址总线由 P0 端口和 P2 端口共同提供，P0 端口提供低 8 位地址（A0～A7），P2 端口提供高 8 位地址（A8～A15）。由于 P0 端口还要作数据总线，只能分时使用低 8 位地址总线，因此 P0 端口输出的低 8 位地址必须用锁存器锁存。P2 端口具有输出锁存功能，因此不需外加锁存器。锁存器的锁存信号由单片机的 ALE 输出信号控制。

地址总线是单向总线，只能由单片机向外发送，用于选择单片机要访问的存储单元或 I/O 端口。P0、P2 端口在系统扩展中用作地址线后，不能再用作一般 I/O 端口。

（2）数据总线（DB）

51 单片机扩展时的数据总线宽度为 8 位，由 P0 端口提供，用于在单片机与片外存储器或 I/O 设备之间传送数据。P0 端口为三态双向口，可以进行两个方向的数据传送。

（3）控制总线（CB）

控制总线是单片机发出的控制片外存储器和 I/O 设备读/写操作的一组控制线。

51 单片机主要包括以下几个控制信号。

① ALE：作为地址锁存器的选通信号，用于锁存 P0 端口输出的低 8 位地址的控制信号。

② $\overline{\text{PSEN}}$：作为扩展程序存储器的读选通信号。在执行 MOVC 读指令时自动有效（低电平）。

③ $\overline{\text{EA}}$：作为片内或片外程序存储器的选择信号。当 $\overline{\text{EA}}$=1 时，CPU 访问片内程序存储器和与片内存储器连续编址的片外扩展程序存储器；当 $\overline{\text{EA}}$=0 时，CPU 只访问片外程序存储器，因此在扩展并且只使用片外程序存储器时，必须使 $\overline{\text{EA}}$ 接地。

④ $\overline{\text{RD}}$：作为片外数据存储器和扩展 I/O 端口的读选通信号，执行 MOVX 读指令时，$\overline{\text{RD}}$ 控制信号自动有效（低电平）。

⑤ $\overline{\text{WR}}$：作为片外数据存储器和扩展 I/O 端口的写选通信号，执行 MOVX 写指令时，$\overline{\text{WR}}$ 控制信号自动有效（低电平）。

必须注意到，单片机扩展后的 I/O 操作是通过外部总线结构实现的，而直接通过 P0～P3 端口的 I/O 操作是在单片机内部实现的。

8.2 程序存储器的扩展

8051 或 89C51 单片机片内分别有 4KB 的 ROM（EPROM），89S51 片内有 4KB 的 Flash-ROM，89S52 片内含有 8KB 的 Flash-ROM，在一般的中小型单片机应用系统中完全能够满足需要。当程序代码占用存储空间太多以至于片内 ROM 容纳不下时，需要扩展片外程序存储器。

8.2.1 常用的程序存储器芯片

半导体存储器 EPROM、EEPROM 常作为单片机的片外程序存储器。由于 EPROM 价格低廉、性能可靠，因此其应用广泛。

1. EPROM

EPROM 是可用紫外线擦除旧内容的可编程只读存储器，掉电后信息不会丢失。EPROM 中的程序需要由专门的编程器写入，许多单片机开发装置具有将程序写入 EPROM 的功能。

（1）EPROM 的型号和特性

常用的 EPROM 有 2764、2732、2716、27512、27256、27128 等，图 8-6 给出了它们的引脚。部分常用引脚功能如下。

A0～Ai：地址输入线，i=10～15。

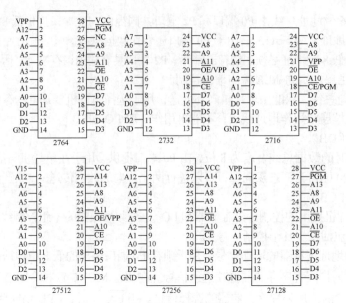

图 8-6　常用 EPROM 的引脚

D0～D7：双向三态数据线。工作在读出或编程校验方式时为数据输出线；工作在编程方式时为数据输入线；工作在维持或编程禁止方式时呈高阻态。

$\overline{CE}$：片选信号输入线，低电平有效。

$\overline{PGM}$：编程脉冲输入线，2716 的编程信号 PGM 是正脉冲，而 2764、27128 的编程信号 $\overline{PGM}$ 是负脉冲，脉冲宽度都是 50ms 左右。

$\overline{OE}$：读选通信号输入线，低电平有效。

VPP：编程电源输入线，VPP 的值因芯片型号和制造厂商而异，有 25V、21V、12.5V 等不同值。

VCC：主电源输入线，一般为+5V。

GND：接地线。

表 8-1 列出了常用 EPROM 的主要技术特性。

表 8-1　常用 EPROM 的主要技术特性

型号	容量/KB	读出时间/ns	最大工作电流/mA	最大维持电流/mA
2716	2	350～450	100	35
2732	4	100～300	100	35
2764	8	100～300	75	35
27128	16	100～300	100	40
27256	32	100～300	100	40
27512	64	100～300	125	40

（2）EPROM 的工作方式

EPROM 的主要工作方式有读出方式、维持方式、编程方式、编程校验方式、编程禁止方式等。表 8-2 所示为 2764 的工作方式，下面以其为例加以说明。

表 8-2　2764 的工作方式

工作方式	引脚					
	$\overline{CE}$	$\overline{OE}$	$\overline{PGM}$	VPP	VCC	D7～D0
读出	V_{IL}	V_{IL}	V_{IH}	V_{CC}	V_{CC}	D_{OUT}
维持	V_{IH}	×	×	V_{CC}	V_{CC}	高阻态
编程	V_{IL}	V_{IH}	编程脉冲	V_{IPP}	V_{CC}	D_{IN}
编程校验	V_{IL}	V_{IL}	V_{IH}	V_{IPP}	V_{CC}	D_{OUT}
编程禁止	V_{IH}	×	×	V_{IPP}	V_{CC}	高阻态

注：表中下角 I 表示输入，H 表示高电平，L 表示低电平。

① 读出方式：当片选信号 $\overline{CE}$ 和读选通信号 $\overline{OE}$ 同时有效（均为低电平）而编程信号 PGM 无效（为高电平）时，芯片工作于该方式，CPU 从 EPROM 中读出指令或常数。

② 维持方式：$\overline{CE}$ 无效时，芯片就进入维持方式。此时，数据总线处于高阻态，芯片功耗降为 200mW。

③ 编程方式：当 $\overline{CE}$ 有效、$\overline{OE}$ 无效，VPP 外接 21V±0.5V（或 12.5V±0.5V）编程电压，$\overline{PGM}$ 输入脉冲宽度为 50ms（或 45～55ms）的 TTL 低电平编程脉冲时，工作于该方式，此时可把程序代码固化到 EPROM 中。必须注意 VPP 值不能超过允许值，否则会损坏芯片。

④ 编程校验：此方式工作在编程完成之后，以校验编程结果是否正确。除了 VPP 值加编程电压外，其他控制信号状态与读出方式相同。

⑤ 编程禁止：VPP 已接编程电压，但因 $\overline{CE}$ 无效，故不能进行编程操作。该方式适用于多片 EPROM 并行编程不同的数据。

EPROM 的缺点是无论擦除或写入都需要专用设备，即使写错一个字节，也必须全片擦掉后重写，从而给使用带来不便。

2. EEPROM

EEPROM 是电擦除可编程只读存储器，其优点为擦除和写入均可在线进行，不仅能进行整片擦除，还能实现以字节为单位的擦除和写入。

EEPROM 在 +5V 供电条件下就可进行编程，对编程脉冲一般无特殊要求，不需要专用的编程器和擦除器。

EEPROM 品种很多，有并行 EEPROM 和串行 EEPROM，已广泛用于智能仪器仪表、家电、IC 卡设备、检测控制系统以及通信等方面。下面仅介绍并行 EEPROM。

（1）EEPROM 的型号与特性

常用的并行 EEPROM 有 2816（2K×8）、2817（2K×8）、2864（8K×8）、28256（32K×8）、28010（128K×8）、28040（512K×8）等。图 8-7 所示为 2816/2816A、2817/2817A 和 2864A 的引脚。

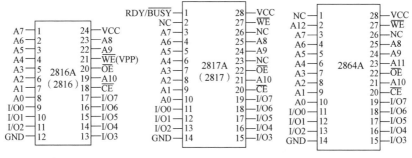

图 8-7　EEPROM 引脚

型号中带"A"的为改进型芯片，其擦写操作电压为 5V。图 8-7 中有关引脚的含义如下。

A0～Ai：地址输入线。

I/O0～I/O7：双向三态数据线。

$\overline{CE}$：片选信号输入线，低电平有效。

$\overline{OE}$：读选通信号输入线，低电平有效。

$\overline{WE}$：写选通信号输入线，低电平有效。

RDY/$\overline{BUSY}$：2817/2817A 的空/忙状态输出线，当芯片进行擦写操作时该信号线为低电平，擦写完毕后该信号线为高阻态，该信号线为漏极开路输出。

VCC：+5V 工作电源。

GND：地线。

表 8-3 列出了 Intel 公司生产的几种 EEPROM 产品的主要性能。

表 8-3　EEPROM 的主要性能

性能	型号				
	2816	2816A	2817	2817A	2864A
存储容量/B	2K×8	2K×8	2K×8	2K×8	2K×8
读出时间/ns	250	200/250	250	200/250	250
读操作电压/V	5	5	5	5	5
擦写操作电压/V	21	5	21	5	5
字节擦除时间/ms	10	9～15	10	10	10
写入时间/ms	10	9～15	10	10	10

其中，2817A 与 2816A 的存储容量相同，主要性能也相近，但两者引脚不同，工作方式也有区别。

（2）EEPROM 的工作方式

EEPROM 的工作方式主要有读出、写入、维持 3 种（2816A 还有字节擦除、整片擦除和不操作方式），表 8-4 列出了 2816A、2817A 和 2864A 的工作方式。

表 8-4　2816A、2817A 和 2864A 的工作方式

型号	工作方式	引脚				
		$\overline{CE}$	$\overline{OE}$	$\overline{WE}$	RDY/$\overline{BUSY}$	I/O0～I/O7
2816A	读出	V_{IL}	V_{IL}	V_{IH}		D_{OUT}
	维持	V_{IH}	×	×		高阻态
	字节擦除	V_{IL}	V_{IH}	V_{IL}		$D_{IN}= D_{IH}$
	字节写入	V_{IL}	V_{IH}	V_{IL}		D_{IN}
	整片擦除	V_{IL}	+10～+15V	V_{IL}		$D_{IN}= D_{IH}$
	不操作	V_{IL}	V_{IH}	V_{IH}		高阻态
2817A	读出	V_{IL}	V_{IL}	V_{IH}	高阻态	D_{OUT}
	写入	V_{IL}	V_{IH}	V_{IL}	V_{IL}	D_{IN}
	维持	V_{IH}	×	×	高阻态	高阻态
2864A	读出	V_{IL}	V_{IL}	V_{IH}		D_{OUT}
	写入	V_{IL}	V_{IH}	V_{IL}		D_{IN}
	维持	V_{IH}	×	×		高阻态

其中，2864A 的写入方式有以下两种方式。

① 字节写入。字节写入方式每次只写入一个字节，2864A 无 RDY/$\overline{BUSY}$ 线，需用查询方式判断写入是否已结束。字节写入实际上是页面写入的一个特例。

② 页面写入。页面写入方式是为了提高写入速度而设置的。2864A 内部有 16B 的"页缓冲器"，这样可以把整个 2864A 的存储单元划分成 512 页，每页 16 字节，页地址由 A4～A12 确定，每页中的字节单元地址由 A0～A3 选择。页面写入分两步进行。第一步是页加载，由 CPU 向页缓冲器写入一页数据；第二步是页存储，在芯片内部电路的控制下，擦除所选中页的内容，并将页缓冲器中的数据写入指定单元。

8.2.2　程序存储器的扩展应用实例

本小节主要介绍 51 单片机访问片外程序存储器的操作时序、片外程序存储器扩展的一般方法、

程序存储器扩展系统结构及地址空间实例。

1. 51 单片机访问片外程序存储器的操作时序

51 单片机对片外程序存储器的访问（读）指令有以下 2 条。

```
① MOVC    A, @A+PC      ;A←(A+PC)
② MOVC    A, @ A+DPTR   ;A←(A+DPTR)
```

51 单片机访问片外程序存储器的时序如图 8-8 所示。P0 端口作为地址/数据复用的双向三态总线，用于输出程序存储器的低 8 位地址或输入数据，P2 端口具有输出锁存功能，用于输出程序存储器的高 8 位地址。当 ALE 有效（高电平）时，高 8 位地址由 P2 端口输出，低 8 位地址由 P0 端口输出，在 ALE 的下降沿将 P0 端口输出的低 8 位地址锁存起来，然后在 $\overline{\text{PSEN}}$ 有效（低电平）期间，选通片外程序存储器，将相应单元的数据（指令代码）送到 P0 端口，CPU 在 $\overline{\text{PSEN}}$ 上升沿完成对 P0 端口数据的采样。

2. 51 单片机片外程序存储器扩展的一般方法

51 单片机扩展片外程序存储器（EPROM）的接口如图 8-9 所示。

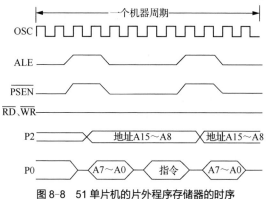

图 8-8　51 单片机的片外程序存储器的时序

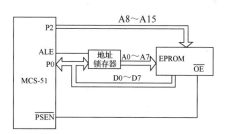

图 8-9　51 单片机扩展片外程序存储器的接口

由于 P0 端口兼作低 8 位地址线和数据线，为了锁存低 8 位地址，P0 端口必须连接地址锁存器，P2 端口根据需要提供高 8 位地址线。根据片外程序存储器的读操作时序，用 ALE 作为地址锁存器的锁存信号，用 $\overline{\text{PSEN}}$ 作为片外程序存储器的读选通信号。

片外程序存储器的片选信号可由 P2 端口未用地址线的剩余位线，以线选方式或译码方式产生。

3. 51 单片机程序存储器扩展系统结构及地址空间实例

（1）扩展 4KB EPROM 程序存储器

以 AT89C51 为例，设计其扩展 4KB EPROM 程序存储器的系统结构及地址空间（范围）。

① 系统结构。

图 8-10 是采用线选方式扩展一片 2732 EPROM（4KB）的系统接口仿真电路。AT89C51 的 P0.0～P0.7（经 74LS373 锁存）和 P2.0～P2.3（共 12 位，$2^{12}\text{B}=4096\text{B}=4\text{KB}$）用作 2732 的片内地址线。在独立编址时，其余 P2.4～P2.7 中的任一根都可作为 2732 的片选信号线；在与片内 4KB（0000H～0FFFH）ROM 连续编址时，P2.4=1，其余 P2.5～P2.7 中的任一根都可作为 2732 的片选信号线。这里选择 P2.7，它决定了 2732 EPROM 在整个扩展程序存储器 64KB 空间中的位置。

② 扩展芯片独立编址（$\overline{\text{EA}}$ =0）。

2732 EPROM 的片选信号为 P2.7（A15）=0B。

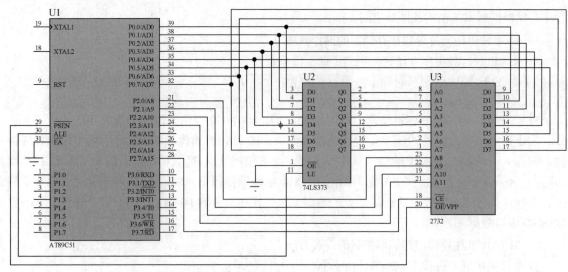

图 8-10　扩展 4KB EPROM 的系统接口仿真电路

2732 EPROM 存储容量为 $2^{12}B$=4KB，片内地址范围（12 位地址线）为 A11～A0（分别连接 P2.3～P2.0，P0.7～P0.0）。

若取未使用位 P2.4～P2.6（A12～A14）=000B，则 2732 EPROM 地址分配如下。

```
P2.7……………………… P2.0   P0.7…………….............P0.0
A15 A14 A13 A12 A11 A10 A9 A8   A7 A6 A5 A4 A3 A2 A1 A0
 0   0   0   0   0   0  0  0    0  0  0  0  0  0  0  0
 0   0   0   0   1   1  1  1    1  1  1  1  1  1  1  1
```

由此，得出扩展的 2732 EPROM 芯片的地址范围如下。

A15～A0=0000 0000 0000 0000B～0000 1111 1111 1111B=0000H～0FFFH

③ 与片内 4KB ROM 连续编址（$\overline{EA}$=1）。

由于片内 4KB ROM 地址系统定义为 0000H～0FFFH，扩展芯片地址范围连续为 1000H～1FFFH。仍然取 2732 EPROM 的片选信号为 P2.7（A15）=0B。

2732 EPROM 存储容量为 $2^{12}B$=4KB，片内地址范围（12 位地址线）为 A11～A0（分别连接 P2.3～P2.0，P0.7～P0.0）。

若取 P2.6～P2.4（A14～A12）=001B，则 2732 EPROM 地址分配如下。

```
P2.7 …………………………P2.0   P0.7 ………………… P0.0
A15 A14 A13 A12 A11 A10 A9 A8   A7 A6 A5 A4 A3 A2 A1 A0
 0   0   0   1   0   0  0  0    0  0  0  0  0  0  0  0
 0   0   0   1   1   1  1  1    1  1  1  1  1  1  1  1
```

由此，得出扩展的 2732 EPROM 芯片的地址范围如下。

A15～A0=0001 0000 0000 0000B～0001 1111 1111 1111B=1000H～1FFFH

（2）扩展 16KB EPROM 程序存储器

以 AT89C51 为例，仅说明其扩展 16KB EPROM 程序存储器的系统结构。

设程序存储器独立编址（$\overline{EA}$=0）。图 8-11 所示是采用译码方式扩展 2 片 2764 EPROM 的 8051 系统仿真接口。图 8-11 中利用高位地址线 P2.5（A13）和 P2.6（A14），经 74LS138 译码后，用其中两根译码输出线作为 2764 的片选信号输入端。2 片 2764 EPROM 程序存储器的地址范围分别为 0000H～1FFFH（片 1）和 2000H～3FFFH（片 2）。

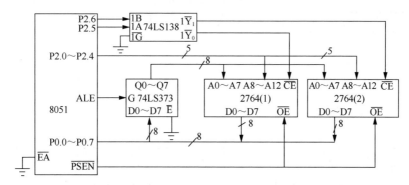

图 8-11 扩展 16KB EPROM 的 8051 单片机系统接口电路

8.3 数据存储器的扩展

51 单片机片内有 256B（128B+128B）的 RAM 数据存储器，可以满足一般系统对数据存储器的要求。但对于需要大容量数据缓冲器的应用系统（如数据采集系统），如果片内的 RAM 存储器不能满足系统需求时，就需要在单片机片外扩展数据存储器。

8.3.1 常用的数据存储器芯片

单片机片外数据存储器的扩展芯片大多采用 SRAM，或其他非易失性静态随机存储器（Nonvolatile SRAM，NV-SRAM）芯片。

常用的 SRAM 有 6116、6264、62256 等，它们的引脚如图 8-12 所示。

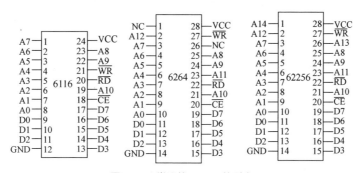

图 8-12 常用的 SRAM 的引脚

图 8-12 中有关引脚的功能如下。

A0～Ai：地址输入线，i=10（6116）、12（6264）、14（62256）。

D0～D7：双向三态数据线。

$\overline{\text{CE}}$：片选信号输入线，低电平有效。6264 的 26 引脚（NC）为高电平，且 20 引脚（$\overline{\text{CE}}$）为低电平时才选中该芯片。

$\overline{\text{RD}}$：读选通信号输入线，低电平有效。

$\overline{\text{WR}}$：写选通信号输入线，低电平有效。

VCC：+5V 工作电源。

GND：地线。

表 8-5 列出了以上 3 种 SRAM 的主要技术特性。

表 8-5　常用 SRAM 的主要技术特性

型号	容量/KB	典型工作电流/mA	典型维持电流/μA	存取时间/ns
6116	2	35	5	由产品型号而定①
6264	8	40	2	
62256	32	8	0.5	

① 例如，6264-10 存取时间为 100 ns、6264-12 存取时间为 120 ns、6264-15 存取时间为 150 ns。

SRAM 的工作方式有读出、写入、维持 3 种，见表 8-6。

表 8-6　SRAM 的工作方式

工作方式	$\overline{CE}$	$\overline{RD}$	$\overline{WR}$	D0～D7
读出	V_{IL}	V_{IL}	V_{IH}	数据输出
写入	V_{IL}	V_{IH}	V_{IL}	数据输入
维持①	V_{IH}	任意	任意	高阻态

① 对于 CMOS 的静态 RAM 电路，$\overline{CE}$ 为高电平时，电路处于降耗状态。此时，V_{CC} 电压可降至 3V 左右，内部所存储的数据也不会丢失。

8.3.2　数据存储器的扩展应用实例

在 51 单片机的片内存储器不能满足系统需要时，可以扩展外部数据存储器。

在本章以前介绍的单片机应用中是直接使用片内存储器（或 I/O）进行读写操作的。在扩展片外存储器后，在应用时要注意以下方面。

① 片内存储器（或 I/O）的寻址是通过单片机内部总线实现的，在硬件上不需要用户设计；扩展片外存储器必须通过 P0、P2、P3 端口实现数据总线、地址总线和控制总线，接口电路需要用户设计。

② 在访问片内存储器时，使用的指令助记符是 MOV，CPU 不产生读、写控制信号，对外围部件的控制是通过 I/O 端口实现的；在访问片外存储器时，使用的指令助记符是 MOVX，CPU 会自动产生相应的读、写等控制信号。

③ 在没有扩展存储器时，P0～P3 端口都可以用作 I/O 端口；在具有扩展存储器的单片机系统中，P0、P2、P3 端口（部分位）要构成外部控制总线（数据、地址、控制总线），在使用片外存储器的情况下，只有 P1 端口可以任意使用。

④ 片内存储器是不能作为 I/O 端口的，片外存储器可以使用 MOVX 实现 I/O（扩展）操作，这是因为外部 I/O 端口与片外存储器是统一编址的。

1. 51 单片机访问片外 RAM 的操作时序

51 单片机对片外数据存储器的访问指令有以下 4 条。

① MOVX　A, @Ri

② MOVX　@Ri, A

③ MOVX　A, @DPTR

④ MOVX　@DPTR, A

以上指令在执行前，必须把需要访问的存储单元地址存放在寄存器 Ri（R0 或 R1）或 DPTR 中。CPU 在执行前两条指令时，作为外部地址总线的 P2 端口输出 P2 锁存器的内容、P0 端口输出 R0 或 R1 的内容；在执行后两条指令时，P2 端口输出 DPH 的内容，P0 端口输出 DPL 的内容。图 8-13 所示为 51

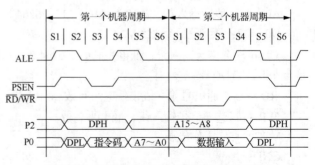

图 8-13　51 单片机访问片外数据存储器的时序

单片机访问片外数据存储器的时序。

图 8-13 中，CPU 在第一个机器周期从片外程序存储器中读取 MOVX 指令的操作码，在第二个机器周期执行 MOVX 指令，访问片外数据存储器。在第二个机器周期内，若是读操作，则 $\overline{RD}$ 信号有效（低电平），P0 端口变为输入方式，被地址信号选通的片外 RAM 某个单元中的数据通过 P0 端口输入 CPU；若是写操作，则 $\overline{WR}$ 信号有效（低电平），P0 端口变为输出方式，CPU 内部数据通过 P0 端口写入地址信号选通的片外 RAM 的某个单元。

从图 8-13 中可以看出，在没有执行 MOVX 指令的机器周期中，ALE 信号总是两次有效，其频率为时钟频率的 1/6，因此，ALE 可作为外部时钟信号。但在执行 MOVX 指令的周期中，ALE 只有一次有效，$\overline{PSEN}$ 信号始终无效。

2. 51 单片机扩展片外数据存储器的一般接口

51 单片机扩展片外数据存储器的一般接口如图 8-14 所示。

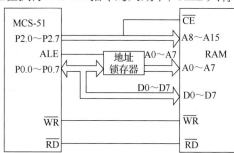

片外数据存储器的高 8 位地址线由 P2 端口提供，低 8 位地址线由 P0 端口经地址锁存器提供。片外 RAM 的读、写控制信号分别连接 51 单片机的引脚 $\overline{RD}$、$\overline{WR}$。片外 RAM 的片选信号可由 P2 端口未用作地址线的剩余口以线选方式或译码方式提供。

图 8-14　51 单片机扩展片外数据存储器的一般接口

3. 51 单片机数据存储器扩展系统的结构及地址空间实例

要求扩展 4KB 片外 RAM 系统，这里用 2 片 6116 SRAM（2KB）为 8051 单片机扩展 4KB 的片外 RAM 系统。

（1）系统结构

图 8-15 所示为 AT89C51 单片机扩展 4KB 的 RAM 系统的接口仿真电路（注意，Proteus 仿真电路集成芯片和原理图中芯片引脚的标识略有不同）。

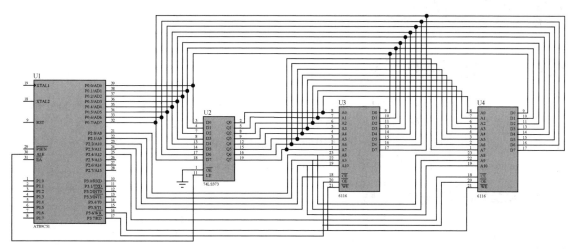

图 8-15　扩展 4KB 片外 RAM 系统的接口仿真电路

片选地址：采用 P2.3（低电平有效）作为 6116（U3）的片选信号线；P2.4（低电平有效）作为 6116（U4）的片选信号线；

片内地址：P0.0～P0.7 经 74LS373 锁存输出和 P2.0～P2.2 组成片内地址；P0 端口为地址/数据复用端口。

（2）地址空间分配

P2 端口未使用位均设为 0，由此可以确定片外 RAM 的地址空间。

6116（U3）地址分配如下。

P2.7……… P2.4	P2.3………. P2.0	P0.7…………………….P0.0
A15 A14 A13 A12	A11 A10 A9 A8	A7 A6 A5 A4 A3 A2 A1 A0
0 0 0 1	0 0 0 0	0 0 0 0 0 0 0 0
0 0 0 1	0 1 1 1	1 1 1 1 1 1 1 1

6116（U4）地址分配如下。

P2.7……… P2.4	P2.3………. P2.0	P0.7…………………….P0.0
A15 A14 A13 A12	A11 A10 A9 A8	A7 A6 A5 A4 A3 A2 A1 A0
0 0 0 0	1 0 0 0	0 0 0 0 0 0 0 0
0 0 0 0	1 1 1 1	1 1 1 1 1 1 1 1

综上，6116（U3）的地址范围为 1000H～17FFH；6116（U4）的地址范围为 0800H～0FFFH。

（3）写入存储器数据

将寄存器 A 的内容传送到片外 RAM 的 0100H 存储单元，执行如下指令。

```
MOV DPTR, #0100H
MOVX    @DPTR, A
```

C51 语句如下。

```
unsigned char xdata  *x=0x0100;
(*x)= ACC;
```

（4）读入存储器数据

将片外 RAM 的 0200H 存储单元的内容传送到寄存器 A，执行如下指令。

```
MOV DPTR, #0200H
MOVX A, @DPTR
```

C51 语句如下。

```
unsigned char xdata  *x=0x0200;
ACC =(*x);
```

8.4 I/O 端口的扩展

51 单片机虽然有 4 个 8 位 I/O 端口 P0、P1、P2、P3，但在比较复杂的系统中是很难满足 I/O 需求的。尤其系统在片外扩展程序存储器和数据存储器时，要用 P0 和 P2 端口作为地址/数据总线，P3 端口的部分位作为控制信号，而留给用户使用的 I/O 端口只有 P1 端口和 P3 端口的一部分。

本节主要介绍简单并行 I/O 端口的扩展、可编程多功能接口芯片（8155）及扩展。

8.4.1 简单并行 I/O 端口的扩展

当应用系统需要扩展的 I/O 端口数量较少而且功能单一时，可采用锁存器、三态门等构成简单的 I/O 接口电路。

由于 51 单片机没有设置专门的 I/O 操作指令，因此扩展 I/O 端口与片外数据存储器统一编址，即 I/O 端口的地址占用片外数据存储器的地址空间。

CPU 对扩展 I/O 端口的访问是通过 MOVX（访问片外 RAM）指令来实现的，该指令同时产生 $\overline{RD}$ 或 $\overline{WR}$ 信号作为输入或输出的控制信号。

下面介绍几种常用的简单 I/O 接口的连接方法。

1. 并行输出端口的扩展

扩展 8 位输出端口常用的锁存器有 74LS273、74LS377 以及带三态门的 8D 锁存器 74LS373 等。下面主要介绍 74LS377 扩展并行输出端口。

74LS377 是带有输出允许控制的 8D 触发器，上升沿触发。其引脚和功能表如图 8-2 所示。

① 74LS377 扩展并行输出端口仿真电路如图 8-16 所示。

在图 8-16 中，8 位输出的 P0 端口通过 2 片 74LS377 扩展为 8×2 位并行输出。

由于使用了 $\overline{\text{WR}}$、P2.4 和 P2.5 作为 74LS377 控制信号，因此，必须使用片外 RAM 访问指令 MOVX（产生控制信号）才能向 74LS377 写入数据。这里采用线选法，当 P2.4 为低电平时选中 74LS377（U3）；当 P2.5 为低电平时选中 74LS377（U2）。

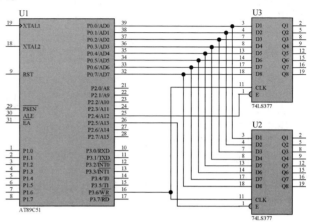

图 8-16 74LS377 扩展并行输出端口仿真电路

② 地址（未考虑地址重叠）分配如下。

	P2.7 ……………...……… P2.0	P1.7……………………P1.0
	A15 A14 A13 A12 A11 A10 A9 A8	A7 A6 A5 A4 A3 A2 A1 A0
74LS377（U3）	1 1 1 0 1 1 1 1	1 1 1 1 1 1 1 1
74LS377（U2）	1 1 0 1 1 1 1 1	1 1 1 1 1 1 1 1

74LS377（U3）的地址为 0EFFFH；74LS377（U2）的地址为 0DFFFH。

③ 编程示例。

将片内 RAM 地址为 20H、21H 单元的内容分别写入设备 A（地址为 0EFFFH）和设备 B（地址为 0DFFFH），程序如下。

```
MOV     A,20H
MOV     DPTR,# 0EFFFH
MOVX    @DPTR, A
MOV     A, 21H
MOV     DPTR,# 0DFFFH
MOVX    @DPTR, A
```

由于 P2.4 和 P2.5 采用线选法，其他各位地址线的变化不会影响芯片的选择，因此，产生较大的地址重叠区（想消除地址重叠区可以采用全译码法选择芯片）。

2. 并行输入端口的扩展

扩展 8 位并行输入端口常用的三态门芯片有 74LS244、74LS245 和 74LS373 等。

（1）74LS244 扩展并行输入端口

74LS244 是一种三态输出的 8 位总线缓冲驱动器，无锁存功能，其引脚和逻辑结构如图 8-3 所示。

74LS244 扩展并行输入端口电路如图 8-17 所示，图 8-17 中将 74LS244 的 $\overline{\text{1G}}$ 和 $\overline{\text{2G}}$ 连在一起，由于使用了 P2.4 和 $\overline{\text{RD}}$ 作为 74LS244 的控制信号，因此，必须使用片外 RAM 访问指令 MOVX 读取 74LS244 的数据。该扩展并行输入端口的地址为 0EFFFH。

（2）74LS245 扩展并行输入端口

74LS245 是三态输出的 8 位总线收发器/驱动器，无锁存功能。该电路可将 8 位数据从 A 端送到

B 端或从 B 端送到 A 端（由 P3.7 控制 AB/$\overline{BA}$），也可禁止传输（由 P2.4 控制 $\overline{CE}$），其引脚和功能表参考图 8-4。

74LS245 扩展并行输入端口仿真电路如图 8-18 所示，图中扩展接口 74LS245 的地址为 0EFFFH。

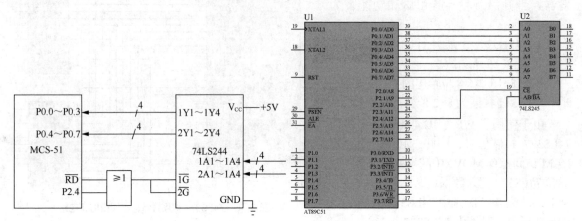

图 8-17 74LS244 扩展并行输入端口的电路   图 8-18 74LS245 扩展 8 位并行输入端口仿真电路

说明   以上并行输入端口只是采用了扩展 I/O 技术并说明接口连接的方法，实际仍然是 8 位输入端口。

8.4.2 8155 可编程多功能接口芯片及扩展

8155 可编程多功能接口芯片有 3 个可编程并行 I/O 端口、256B 的 RAM 和一个定时器/计数器，特别适合于单片机系统需同时扩展 I/O 端口、少量 RAM 及定时器/计数器的场合。

1. 8155 的内部结构

8155 的内部结构如图 8-19 所示。它由下列 3 部分组成。

（1）存储器

容量为 256B 的静态 RAM。

（2）I/O 端口

端口 A（PA）：可编程 8 位 I/O 端口 PA0～PA7。

端口 B（PB）：可编程 8 位 I/O 端口 PB0～PB7。

端口 C（PC）：可编程 6 位 I/O 端口 PC0～PC5。

（3）定时器/计数器

一个 14 位二进制减 1 可编程定时器/计数器。

2. 8155 的引脚功能

8155 的引脚如图 8-20 所示，下面分别说明各引脚功能。

AD0～AD7：双向三态地址/数据总线，与单片机的低 8 位地址/数据总线相连接。该地址信号在 ALE 信号的下降沿锁存到 8155 内部地址锁存器，即可作为存储器地址，也可作为 I/O 端口地址，由 IO/$\overline{M}$ 引脚的信号状态决定。

$\overline{CE}$：片选信号输入线，低电平有效。

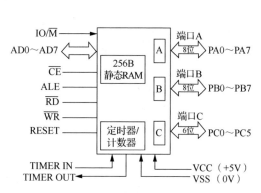

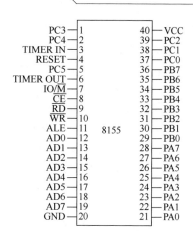

图 8-19　8155 的内部结构　　　　图 8-20　8155 芯片的引脚

IO/$\overline{\text{M}}$：I/O 端口或片内 RAM 的选择信号输入线，当 IO/$\overline{\text{M}}$=1 时，选中 I/O 端口；当 IO/$\overline{\text{M}}$=0 时，选中片内 RAM。

ALE：地址锁存允许信号输入线。

$\overline{\text{RD}}$：读信号输入线，低电平有效。

$\overline{\text{WR}}$：写信号输入线，低电平有效。

PA0～PA7：8 位并行 I/O 线，数据的输入或输出方向由命令字决定。

PB0～PB7：8 位并行 I/O 线，数据的输入或输出方向由命令字决定。

PC0～PC5：6 位并行 I/O 线，既可作为 6 位通用 I/O 端口，工作在基本 I/O 方式，又可作为 PA 端口和 PB 端口工作在选通方式下的控制信号，这由命令字决定。

TIMER IN（简写为 TIN）：定时器/计数器的计数脉冲输入线。

TIMER OUT（简写为 TOUT）：定时器/计数器的输出线，由定时器/计数器的寄存器决定输出信号的波形。

RESET：复位信号输入线，高电平有效，脉冲典型宽度为 600ns。在该信号的作用下，8155 将复位，命令字被清 0，3 个 I/O 端口被置为输入方式，定时器/计数器停止工作。

VCC：+5V 电源。

GND（VSS）：接地端。

3. 8155 的 RAM 和 I/O 端口寻址

在单片机应用系统中，8155 的 I/O 端口、RAM 和定时器/计数器是按片外数据存储器的 16 位地址统一编址的，其中高 8 位地址控制片选信号 $\overline{\text{CE}}$ 和确定 IO/$\overline{\text{M}}$ 的状态，而低 8 位由 AD0～AD7 确定。当 IO/$\overline{\text{M}}$=0 时，单片机对 8155 中的 RAM 进行读/写操作，RAM 低 8 位编址为 00H～FFH；当 IO/$\overline{\text{M}}$=1 时，单片机对 8155 中的 I/O 端口进行读/写操作。8155 内部 I/O 端口及定时器的低 8 位编址见表 8-7。

表 8-7　8155 内部 I/O 端口及定时器的低 8 位编址

A7	A6	A5	A4	A3	A2	A1	A0	I/O 端口
×	×	×	×	×	0	0	0	命令/状态寄存器（命令/状态端口）
×	×	×	×	×	0	0	1	PA 端口
×	×	×	×	×	0	1	0	PB 端口
×	×	×	×	×	0	1	1	PC 端口
×	×	×	×	×	1	0	0	定时器低 8 位（TL）
×	×	×	×	×	1	0	1	定时器高 8 位（TH）

4. 8155 的命令字和状态字以及 I/O 端口工作方式

（1）8155 的命令字和状态字

8155 的 PA 端口、PB 端口、PC 端口以及定时器/计数器都是可编程的，CPU 通过将用户设定的命令字写入命令字寄存器，实现对工作方式的选择；通过读状态字寄存器判别它们的工作状态。命令字和状态字寄存器共用一个端口地址，命令字寄存器只能写入不能读出，状态字寄存器只能读出不能写入，由此可以区别是命令字还是状态字。

① 8155 的命令字格式如图 8-21 所示。其中 D0 和 D1 分别设置 PA 端口和 PB 端口是输入端口还是输出端口；D3、D2 两位确定了 ALT1～ALT4 这 4 种工作方式。

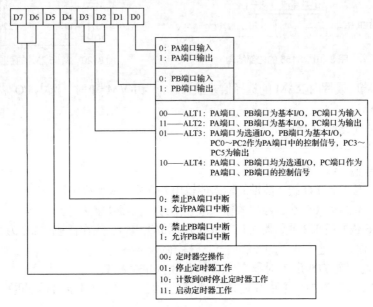

图 8-21　8155 的命令字格式

② 8155 的状态字格式如图 8-22 所示，各位都为 1 时有效。

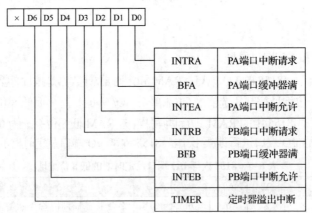

图 8-22　8155 的状态字格式

（2）8155 I/O 端口的工作方式

8155 的 PA 端口和 PB 端口都有基本 I/O 和选通 I/O 两种工作方式。在每种方式下都可通过编程选择输入或输出。PC 端口可以作为基本 I/O 端口，也可以作为 PA 端口、PB 端口工作在选通输入/输出方式时的控制线。

① 基本 I/O 方式。

当 8155 工作于 ALT1、ALT2 方式时，PA、PB、PC 这 3 个端口均为基本 I/O 方式。PC 端口在 ALT1 方式下为输入，在 ALT2 方式下为输出。PA、PB 端口为输入还是输出由命令字的 D0、D1 两位设定。8155 工作于基本 I/O 方式如图 8-23 所示。

② 选通 I/O 方式。

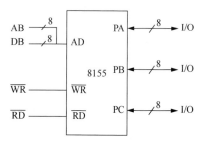

图 8-23　8155 工作于基本 I/O 方式

当 8155 工作于 ALT3 方式时，PA 端口为选通 I/O 方式，PB 端口为基本 I/O 方式。这时 PC 端口的低 3 位用作 PA 端口选通方式的控制信号，其余 3 位用于输出。8155 工作于 ALT3 方式的功能图如图 8-24（a）所示。

当 8155 工作于 ALT4 方式时，PA 端口和 PB 端口均为选通 I/O 方式。这时 PC 端口的 6 位作为 PA 端口、PB 端口的控制信号。其中 PC0～PC2 分配给 PA 端口，PC3～PC5 分配给 PB 端口。8155 工作于 ALT4 方式的功能图如图 8-24（b）所示。

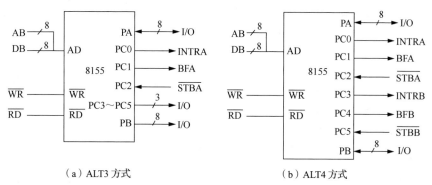

（a）ALT3 方式　　　　　　　　（b）ALT4 方式

图 8-24　8155 工作于选通 I/O 方式

图 8-24 中 INTR 为中断请求输出线，可作为 CPU 的中断源。当 8155 的 PA 端口（或 PB 端口）缓冲器接收到设备输入的数据或设备从缓冲器中取走数据时，INTRA（或 INTRB）变为高电平（仅当命令寄存器中相应中断允许位为 1 时），向 CPU 申请中断，CPU 对 8155 相应的 I/O 端口进行一次读/写操作，INTR 变为低电平。

BFA/BFB 为 PA/PB 端口缓冲器满标志输出线，缓冲器存有数据时，BF 为高电平，否则为低电平。$\overline{STB}$ 为设备选通信号输入线，低电平有效。

5. 8155 的定时器/计数器

8155 有一个 14 位减法计数器，从 TIN 引脚输入计数脉冲，当计数器减到 0 时，从 TOUT 引脚输出一个信号，同时将状态字中的 TIMER 置位（读出后清 0），这样可实现计数或定时。

使用 8155 定时器/计数器（简称定时器）必须首先设定其工作状态、时间常数（即定时初值）和 TOUT 引脚的输出信号形式。

定时器的工作状态由上述 8155 命令字的高 2 位设定，说明如下。

00：空操作，即不影响定时器工作。

01：停止定时器工作。

10：若定时器未启动，表示空操作；若定时器正在工作，则在计数到 0 时停止工作。

11：启动定时器工作，在设置时间常数和输出方式后立即开始工作；若定时器正在工作，则表示要求在这次计数到 0 后，定时器以新设置的计数初值和输出方式开始工作。

定时器的时间常数和 TOUT 引脚的输出信号形式由定时器的低字节寄存器和高字节寄存器设定，其格式如图 8-25 所示。

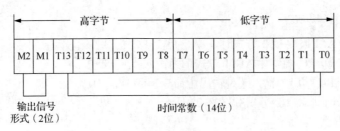

图 8-25 定时器的时间常数和输出信号形式

M2、M1 用来设定 TOUT 引脚的 4 种输出信号形式，如图 8-26 所示。

图 8-26 中从"开始计数"到"计数到 0"为一个计数（定时）周期。在 M2M1=00（或 10）时，输出为单个方波（或单个脉冲）。当 M2M1=01（或 11）时，输出为连续方波（或连续脉冲），在这种情况下，当一次计数完毕后计数器能自动恢复初值，重新开始计数。

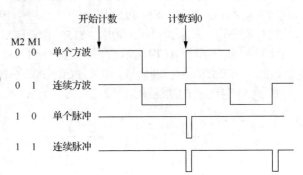

图 8-26 8155 定时器的输出信号形式

如果时间常数为偶数，则输出的方波是对称的；如果时间常数为奇数，则输出的方波不对称，输出方波的高电平比低电平多一个计数间隔。由于上述原因，时间常数最小应为 2，因此能设定的时间常数范围为 0002H～3FFFH。

8155 允许 TIN 引脚输入脉冲的最高频率为 4MHz。

6. 8155 与 51 单片机连接

（1）接口电路

51 单片机可以直接和 8155 连接，而不需要任何外加逻辑电路，其接口电路如图 8-27 所示。

由于 8155 片内有地址锁存器，因此 P0 端口输出的低 8 位地址不需另加锁存器，可直接与 8155 的 AD0～AD7 相连，用单片机 ALE 引脚控制在 8155 中锁存。高 8 位地址由 $\overline{CE}$ 及 IO/$\overline{M}$ 的地址控制线决定。

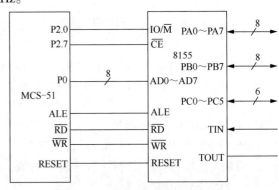

图 8-27 8155 与 51 单片机的接口电路

（2）8155 片内 RAM 地址范围

图 8-27 中 8155 片内 RAM 地址范围如下。

片选								片内 RAM 单元地址							
A15	A14	A13	A12	A11	A10	A9	A8	A7	A6	A5	A4	A3	A2	A1	A0
0	1	1	1	1	1	1	0	0	0	0	0	0	0	0	0
0	1	1	1	1	1	1	0	1	1	1	1	1	1	1	1

RAM 地址：7E00H～7EFFH。

（3）8155 片内各 I/O 端口地址

图 8-27 中 8155 片内各 I/O 端口地址范围如下。

A15	A14	A13	A12	A11	A10	A9	A8	A7	A6	A5	A4	A3	A2	A1	A0
0	1	1	1	1	1	1	1	×	×	×	×	×	0	0	0
0	1	1	1	1	1	1	1	×	×	×	×	×	1	0	1

A3～A7 为地址重叠范围，这里取 0。

命令/状态口地址：7F00H。

PA 端口地址：7F01H。

PB 端口地址：7F02H。

PC 端口地址：7F03H。

定时器低 8 位地址：7F04H。

定时器高 8 位地址：7F05H。

（4）编程示例

【例 8-1】 在图 8-27 所示电路中，把立即数 10H 送入 8155 RAM 的 20H 单元。

8155 RAM 的 20H 单元的地址为 7E20H。

汇编语言程序如下。

```
MOV    A,#10H              ;立即数送入 A
MOV    DPTR,#7E20H         ;DPTR 指向 8155 RAM 的 20H 单元
MOVX   @DPTR,A             ;立即数送入 8155 RAM 的 20H 单元
```

C51 程序如下。

```
#include<reg51.h>
#define uchar unsigned char
uchar xdata *px=0x7E20;
void main( )
{
    *px =0x10;
}
```

【例 8-2】 在图 8-27 所示电路中，要求 PA 端口为基本输入方式，PB 端口为基本输出方式，定时器作方波发生器，对输入 TIN 的方波进行 24 分频。

汇编语言程序如下。

```
MOV    DPTR,#7F04H         ;指向定时器低 8 位
MOV    A,#18H              ;计数常数为 18H，即 24
MOVX   @DPTR,A             ;计数常数装入定时器
INC    DPTR                ;指向定时器高 8 位
MOV    A,#40H              ;设定时器输出方式为连续方波输出
MOVX   @DPTR,A             ;装入定时器高 8 位
MOV    DPTR,#7F00H         ;指向命令/状态口
MOV    A,#0C2H             ;使用命令字设定 PA 端口为基本输入方式，PB 端口为基本输出方式，
                           ;并启动定时器
MOVX   @DPTR,A
```

C51 程序如下。

```
#include<reg51.h>
#define uchar unsigned char
uchar xdata *px=0x7F04;
uchar xdata *pd=0x7F00;
void main( )
{   *px=0x18;
    px++;
    *px=0x40;
    *pd=0x0C2;
}
```

8.5 单片机扩展系统外部地址空间的编址方法

在 51 单片机扩展系统中，有时既需要扩展程序存储器，又需要扩展数据存储器。还可能需要扩展 I/O 端口，而且经常同时扩展多个存储器芯片，这就需要对这些芯片进行地址的统一编址及分配。

8.5.1 单片机扩展系统地址空间编址

所谓编址，就是使用系统提供的地址线，通过适当的连接，使片外存储器的每一个单元或扩展 I/O 端口的每一个端口都对应一个地址，以便 CPU 进行读写操作。

编址时应统筹考虑以下方面。

① 51 单片机外部地址空间有两种：程序存储器地址空间和数据存储器地址空间，其大小均为 64KB。

② 外部扩展 I/O 端口占用片外数据存储器地址空间，与片外数据存储器统一编址，单片机用访问片外数据存储器的指令来访问外部扩展 I/O 端口。

③ 单片机扩展系统中占用同类地址空间的各芯片的地址不允许重叠。但由于单片机访问片外程序存储器与访问片外数据存储器（包括外部 I/O 端口）时，会分别产生 $\overline{PSEN}$ 与 $\overline{RD}$、$\overline{WR}$ 两类不同的控制信号，因此，占用不同类（指片外程序存储器、数据存储器）地址空间的各芯片的地址可以重叠。

④ 任一存储单元的地址包括片地址和片内地址。该存储单元所在的存储器芯片位置为片地址，该存储单元所在片内位置为片内地址。

⑤ 编址方法分为两步：存储器（I/O 端口）芯片编址和芯片内部存储单元编址。芯片内部存储单元编址由芯片内部的地址译码电路完成，对使用者来说，只需把芯片的地址线与相应的系统地址总线相连即可实现芯片内部存储单元的编址。芯片的编址实际上就是如何选择芯片。绝大多数的存储器和 I/O 端口芯片都设有片选信号端，可以使用线选法或译码法识别片地址。

⑥ 51 单片机扩展系统外部地址空间由 16 位地址总线（A0～A15）产生，其中高 8 位地址总线（A8～A15）由 P2 端口（P2.0～P2.7）直接提供，因此片选信号只能由 P2 端口未被芯片地址线占用的位线产生。

8.5.2 线选法

线选法是指 51 单片机的 P2 端口未被扩展芯片的片内地址线占用的其他位直接与外接芯片的片选端相连，一般片选有效信号为低电平。

线选法的特点是连接简单，不必专门设计逻辑电路，但是各个扩展芯片占有的空间地址不连续，因而地址空间的利用率低。线选法适用于扩展地址空间容量不太大的场合。

【例 8-3】 利用 74LS373、2764 和 6264 为 8051 单片机分别扩展 16KB（独立编址 $\overline{EA}$=0）片外程序存储器和 16KB 数据存储器。

2764（6264）的容量为 8KB，扩展 16KB 程序（数据）存储器需要 2 片；由于 2764（6264）片内需要 13 条地址线（A0～A12），因此未被占用的 3 条地址线（A13～A15），可作为单片机 P2 端口（P2.5～2.7）采用线选法扩展的控制端。由于程序存储器地址和数据存储器地址允许重叠，一片程序存储器和一片数据存储器允许共用一条地址总线作为片选线。因此，采用 P2.5 和 P2.6 分别作为线选（芯片）的地址线（P2.7 可以置 1）。线选法扩展 16KB 程序存储器和 16KB 数据存储器的接口电路如图 8-28 所示。

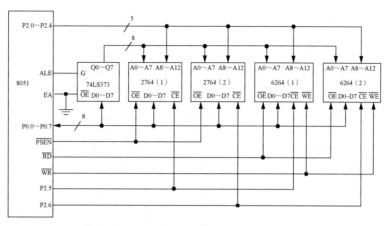

图 8-28　线选法扩展 16KB 程序存储器和 16KB 数据存储器接口电路

各存储芯片的地址编码见表 8-8。

表 8-8　各存储芯片的地址编码

存储器	A15～A13	A12～A0	地址编码
2764（1）	110	0000000000000～1111111111111	C000H～DFFFH
2764（2）	101	0000000000000～1111111111111	A000H～BFFFH
6264（1）	110	0000000000000～1111111111111	C000H～DFFFH
6264（2）	101	0000000000000～1111111111111	A000H～BFFFH

8.5.3　译码法

译码法是指 51 单片机 P2 端口未被扩展芯片片内地址线占用的其他位，经译码器译码，译码输出信号线作为外接芯片的片选信号，一般片选信号为低电平有效。

译码法的特点是在地址总线数量相同的情况下，可以比线选法扩展更多的芯片，而且可以使各个扩展芯片占用连续的地址空间，因而适用于扩展芯片数量多、地址空间容量大的复杂系统。

【例 8-4】　利用 74LS373、2732 为 8051 单片机扩展 32KB（独立编址 $\overline{EA}$=0）程序存储器。

2732 的容量为 4KB，扩展 32KB 程序存储器需要 8 片。2732 片内地址线为 A0～A11，对应 8051 单片机的 P0 端口和 P2.0～P2.3；未被占用的地址总线有 4 条（A12～A15），对应 8051 单片机的 P2.4～P2.7。本例采用译码法进行扩展，可以用 P2.4～P2.6（P2.7 置 1）经 3-8 译码器 74LS138 译码，将译码输出信号作为片选信号。译码法扩展 32KB 程序存储器的接口电路如图 8-29 所示。

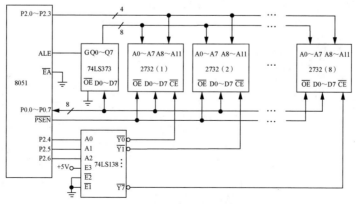

图 8-29　译码法扩展 32KB 程序存储器的接口电路

223

各存储芯片的地址编码见表 8-9。

表 8-9　各存储芯片的地址编码

存储器	A15～A12	A11～A0	地址编码
2732（1）	1000	000000000000～111111111111	8000H～8FFFH
2732（2）	1001	000000000000～111111111111	9000H～9FFFH
2732（3）	1010	000000000000～111111111111	A000H～AFFFH
2732（4）	1011	000000000000～111111111111	B000H～BFFFH
2732（5）	1100	000000000000～111111111111	C000H～CFFFH
2732（6）	1101	000000000000～111111111111	D000H～DFFFH
2732（7）	1110	000000000000～111111111111	E000H～EFFFH
2732（8）	1111	000000000000～111111111111	F000H～FFFFH

8.6　8155 扩展键盘与显示器设计实例

通常可以通过 8155、8255 等并行接口芯片进行外部扩展，也可以通过单片机的串行口进行外部扩展，还可以通过专用键盘、显示接口芯片进行外部扩展，如通过 8279 进行键盘扩展等。

本节以 AT89C51 单片机经 8155 扩展键盘及显示器为例，介绍并行接口芯片的应用技术。

1. 硬件电路

单片机经 8155 扩展 4×4 键盘和 4 位数码管，仿真电路如图 8-30 所示。

P2.7 为 8155 片选输入信号（低电平有效），P2.0 为 I/O 口、RAM 选择输入信号（高电平选择 I/O 口），P2.7 作为片选信号，8155 I/O 口地址可设置为 7F00H～7F05H。LED 数码管为共阴极连接，采用动态显示。

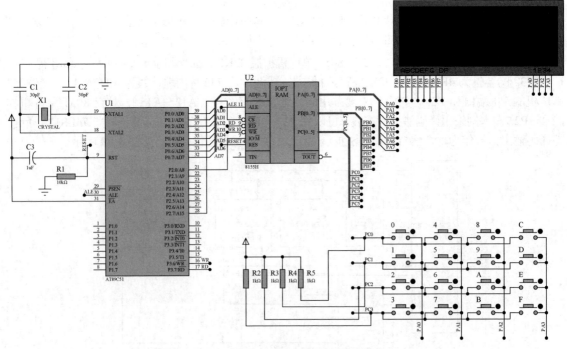

图 8-30　8155 扩展键盘和显示器仿真电路

2. 程序设计

图 8-30 中，按键扫描子程序可以仿照 7.1.3 节所述 4×4 键盘的扫描方法来完成。

C51 程序如下。

```c
#include <reg51.h>
#include "absacc.h"
#define uchar unsigned char
#define uint unsigned int
#define COM8155 XBYTE[0x7F00]
#define PA8155  XBYTE[0x7F01]
#define PB8155  XBYTE[0x7F02]
#define PC8155  XBYTE[0x7F03]
#define TL8155  XBYTE[0x7F04]
#define TH8155  XBYTE[0x7F05]
#define RAM8155 XBYTE[0x7E01]
uchar wei=0x01;
bit press_flag = 0;
uchar code tab[]={0x3F,0x06,0x5B,0x4F,0x66,0x6D,0x7D,0x07,
                  0x7F,0x6F,0x77,0x7C,0x39,0x5E,0x79,0x71,0x00};
uchar key_scan();
void delay(uchar m)                 //延时程序
{
    uchar a,b,c;
    for(c=m;c>0;c--)
          for(b=142;b>0;b--)
                for(a=2;a>0;a--);
}
void  main()
{
    uchar num[4]= {0x10,0x10,0x10,0x10},i = 0;
    uchar key_value,weitemp;
    bit key_p = 0;
    COM8155=0x03;                   //初始化 8155
    while(1)
    {
        PB8155 = 0x00;
        PB8155 = tab[num[i]];
        key_value = key_scan();
        wei = wei << 1;              //左移控制字，准备点亮下一位
        if(wei == 0x10)
        wei = 0x01;
        i++;
        if(i == 4)
            {
                i = 0;
            }
        if(key_value != 0x10)
            {
                weitemp = wei;      //记录有按键按下时扫描到哪一位，以判断键弹起
            }
        if(weitemp == wei)
            {
                if(key_value == 0x10)   //检测到无效值，说明按键弹起
                    key_p = 1;
```

```
            }
        if(key_value != 0x10)
            if(press_flag&key_p)
                {
                    num[3] = num[2];
                    num[2] = num[1];
                    num[1] = num[0];
                    num[0] = key_value;
                    press_flag = 0;
                    key_p = 0;
                }
        }
    }
uchar key_scan( )
{
    uchar keyv,keyh,keyh1,key;
    PA8155= ~wei;
    switch(wei)
        {
        case 0x1: keyv = 0;break;
        case 0x2: keyv = 4;break;
        case 0x4: keyv = 8;break;
        case 0x8: keyv = 12;break;
        default:    ;
        }
    keyh = PC8155 & 0x0F;
    delay(10);
    keyh1 = PC8155 & 0x0F;
    if(keyh == keyh1)
    {
        switch(keyh)
            {
                case 0xE: key = 0;break;
                case 0xD: key = 1;break;
                case 0xB: key = 2;break;
                case 0x7: key = 3;break;
                default: key = 4;
            }
    }
    else
        key = 4;
    if( key == 4 )
        return 0x10;                    //无键按下，返回无效值
    else
    {
        key = keyv+key;
        press_flag = 1;
        return (key);
    }
}
```

3. 仿真调试

Proteus 仿真调试，设键盘按序输入 1、5、b、9，结果如图 8-31 所示。

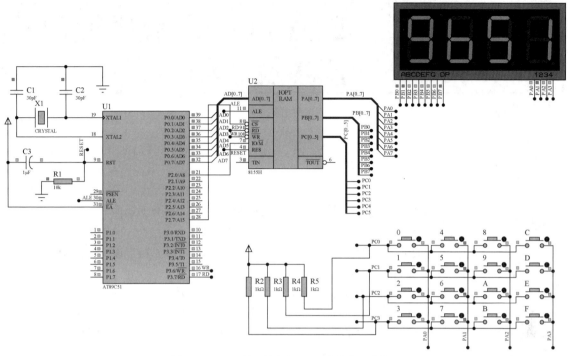

图 8-31　8155 扩展键盘和显示器的仿真调试结果

8.7　思考与练习

1. 通常 8051 单片机给用户提供的 I/O 端口有哪几个？在需要扩展片外存储器时，I/O 端口如何使用？

2. 在 51 单片机应用系统中，外接程序存储器和数据存储器的地址空间允许重叠而不会发生冲突，为什么？外部 I/O 接口地址是否允许与存储器地址重叠？为什么？

3. 在通过 MOVX 指令访问片外数据存储器时，通过 I/O 端口的哪些位产生哪些控制信号？

4. 片外存储器的片选方式有几种？各有哪些特点？

5. 简述 51 单片机 CPU 访问片外扩展程序存储器的过程。

6. 简述 51 单片机 CPU 访问片外扩展数据存储器的过程。

7. 现要求为 8051 单片机扩展 2 片 2732 作为片外程序存储器，试画出电路图，并指出各芯片的地址范围。

8. 设某一 8051 单片机系统需要扩展 2 片 2764 EPROM 芯片和 2 片 6264 SRAM 芯片，试画出电路图，并说明存储器的地址分配情况。

9. 一个 8051 单片机应用系统扩展了 1 片 8155，晶振频率为 12MHz，具有上电复位功能，P2.1～P2.7 作为 I/O 端口线使用，8155 的 PA 端口、PB 端口为输入口，PC 端口为输出口。试画出该系统的逻辑图，并编写初始化程序。

10. 8155 TIN 引脚的输入脉冲频率为 1MHz，请编写能在 TOUT 引脚输出周期为 8ms 方波的程序。

11. 现要求 8155 的 A 端口为基本输入，B 端口、C 端口为基本输出，启动定时器工作，输出连续方波，请编写 8155 的初始化程序。

12. 试设计一个 8051 单片机应用系统，使该系统扩展 1 片 27256、1 片 6264 和 1 片 8155。请画出系统电路图，并分别写出各芯片的地址。

第9章　D/A 与 A/D 转换接口技术及应用

在单片机应用领域中，特别是在实时控制系统中，常常需要把外界连续变化的物理量（如温度、压力、湿度、流量、速度等）变换成数字信号送入单片机内进行加工、处理。而单片机输出的数字信号需要转换成控制设备所能接收的连续变化的模拟信号。

通常利用传感器将被控对象的物理量转换成易传输、易处理的连续变化的电信号，再将其转换成单片机能接收的数字信号，这种转换称为 A/D（模/数）转换，完成此功能的器件称为 A/D 转换器；而将单片机输出的数字信号转换为模拟信号，称为 D/A（数/模）转换，完成此功能的器件称为 D/A 转换器。

51 单片机在对模拟信号进行 D/A 及 A/D 转换时，一般采用系统扩展技术。

本章从应用的角度来介绍典型的 D/A、A/D 转换器及其接口电路和控制程序。

9.1　D/A 转换器与单片机的接口

D/A 转换包括并行 D/A 转换和串行 D/A 转换，转换后模拟量的位数有 8 位、10 位、12 位和 16 位。D/A 转换器主要用于将计算机输出的数字量转换为模拟量，以实现对外部模拟设备及部件的控制。

9.1.1　并行 D/A 转换器

并行 D/A 转换器的转换时间短、响应速度快，用于需要快速进行 D/A 转换的实时控制系统。

1. 并行 D/A 转换器的基本原理

D/A 转换器的基本功能就是将输入的用二进制表示的数字信号转换成相对应的模拟信号输出。实现这种转换的基本方法是将相应的二进制数的每一位，产生一个相应的电压（电流），而这个电压（电流）的大小正比于相应的二进制的权。加权网络 D/A 转换器的简化结构如图 9-1 所示。

在图 9-1 中，$K_0, K_1, \cdots, K_{n-1}, K_n$ 是一组由数字输入量的第 0 位，第 1 位，$\cdots$，第 $n-1$ 位，

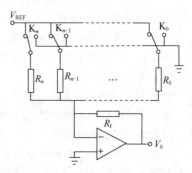

图 9-1　加权网络 D/A 转换器的简化结构

第 n 位（最高位）控制的电子开关，相应位为 1 时开关接向左面（V_{REF}），为 0 时接向右面（地）。V_{REF} 为高精度参考电压源的电压。R_f 为运算放大器的反馈电阻。$R_0, R_1, \cdots, R_{n-1}, R_n$ 称为权电阻，取值为 $R, 2R, 4R, 8R, \cdots, 2(n-1)R, 2nR$。运算放大器的输出电压为：

$$V_0 = -V_{REF}R_f\sum_{i=0}^{n}\frac{D_i}{R_i} = -V_{REF}R_f\left(\frac{D_0}{R_0} + \frac{D_1}{R_1} + \frac{D_2}{R_2} + \cdots + \frac{D_n}{R_n}\right)$$

$$= -\frac{R_f}{R}V_{REF}\left(D_0 + \frac{D_1}{2} + \frac{D_2}{4} + \frac{D_3}{8} + \cdots \frac{D_n}{2^n}\right)$$

式中的 $D_0 \sim D_n$ 表示数字信号对应的每一位的二进制数的值。

当 R、R_f 和 V_{REF} 一定时，其输出量取决于二进制数的值。但在制造 A/D 转换器时，要保证各加权电阻的倍数关系比较困难，所以在实际应用中大多采用图 9-2 所示的 T 形网络（也称为 R-$2R$ 电阻网络）。

T 形网络中仅有 R 与 $2R$ 两种电阻，制造方便，同时还可以将反馈电阻也设置在同一块集成芯片中，并且使 $R_f = R$，则满足此条件的输出电压关系式为：

$$V_0 = -V_{REF}\sum_{i=0}^{n}\frac{D_i}{2^n}$$

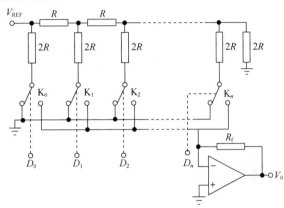

图 9-2　T 形网络 D/A 转换器结构

2. D/A 转换器的主要参数

D/A 转换器的主要参数如下。

① 分辨率。D/A 转换器能够转换的二进制的位数越多，分辨率也越高，一般为 8 位、10 位、12 位、16 位等。当分辨率的位数为 8 位时，如果转换后电压的满量程为 5V，则它输出的可分辨出的最小电压为 5V/255，即约 19.6mV。

② 建立时间。建立时间是衡量 D/A 转换的速率快慢的一个重要参数，一般是指输入数字量变化后，输出的模拟量稳定到相应数值范围所需的时间，一般为几十纳秒至几微秒。

③ 线性度。线性度是指当数字量变化时，D/A 转换器输出的模拟量按比例关系变化的程度。由于理想的 D/A 转换器是线性的，实际的转换结果是有误差的，D/A 转换器模拟输出偏离理想输出的最大值称为线性误差（即线性度）。

④ 输出电平。输出电平有电流型和电压型两种。电流型输出电流在几毫安到几十毫安；电压型输出电压一般在 5～10V。

3. 集成 D/A 转换器实例——DAC0832

下面主要介绍 DAC0832 的内部结构及引脚特性。

DAC0832 是采用 CMOS 工艺制成的 DIP 单片 8 位 D/A 转换器，转换速度为 1μs，可直接与单片机的 8 位数据总线接口相连，数字信号逻辑为 TTL 电平。DAC0832 的内部结构如图 9-3 所示。

DAC0832 可以产生两个输出电流信号 I_{OUT1} 和 I_{OUT2}。DAC0832 采用 8 位 DAC 寄存器双缓冲方式，这样可以在模拟信号输出的同时，送入下一个数据，以便提高转换速度。

DAC0832 引脚如图 9-4 所示，各引脚的功能如下。

D0～D7：8 位数据输入线。

ILE：数据允许锁存线。

$\overline{CS}$：芯片选择线。

$\overline{WR1}$：输入寄存器写选通线。

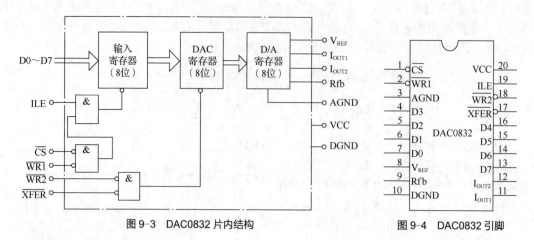

图 9-3　DAC0832 片内结构　　　　　　图 9-4　DAC0832 引脚

$\overline{\text{XFER}}$：数据传送线。

$\overline{\text{WR2}}$：DAC 寄存器的写选通线。

V_{REF}：基准电压输入线。

Rfb：反馈信号输入线。

I_{OUT1}：电流输出 1。

I_{OUT2}：电流输出 2。

VCC：电源输入线。

AGND：模拟地。

DGND：数字地。

4. 并行 D/A 转换器与 51 单片机的接口实例

本节以 8 位并行 D/A 转换器 DAC0832 为例，介绍 D/A 转换器与 51 单片机的接口及应用技术。

DAC0832 是电流输出型 D/A 转换器。当 D/A 转换结果需要电压输出时，可在 DAC0832 的 I_{OUT1}、I_{OUT2} 输出端连接一运算放大器，将电流信号转换成电压输出。由于 DAC0832 内有两个缓冲器，可使其运行在单缓冲器或双缓冲器工作方式。

（1）单缓冲器工作方式

在单缓冲器工作方式下，输入寄存器的信号和 DAC 寄存器的信号同时控制，使一个数据直接写入 DAC 寄存器。或者可以将两个寄存器的控制信号并接，使之同时选通。单缓冲器工作方式适用于只有一路模拟输出或多路模拟量不需要同步输出的系统。

DAC0832 工作于单极性单缓冲器方式时与 8051 单片机的接口仿真电路如图 9-5 所示。

在图 9-5 中，将 VCC 和 ILE 引脚并接于+5V 电源，$\overline{\text{WR1}}$、$\overline{\text{WR2}}$ 引脚并接于 8051 单片机的 $\overline{\text{WR}}$ 引脚，$\overline{\text{CS}}$ 和 $\overline{\text{XFER}}$ 引脚并接于 8051 单片机的 P2.7（线选），则 DAC0832 的地址为 7FFFH。

单片机对 DAC0832 执行一次写操作，则把数字量直接写入 DAC 寄存器，模拟输出随之变化。DAC0832 的输出经运算放大器转换成电压输出 V_{OUT}。为了保证转换精度，V_{REF} 接标准电源，当 V_{REF} 接+10V 或-10V 时，V_{OUT} 的输出范围为 0～+10V 或-10～0V；当 V_{REF} 接+5V 或-5V 时，则 V_{OUT} 的输出范围为 0～+5V 或-5～0V。

（2）双缓冲器工作方式

在双缓冲器工作方式下，输入寄存器的信号和 DAC 寄存器的信号分开控制，要进行两步写操作，先将数据写入输入寄存器，再将输入寄存器的内容写入 DAC 寄存器并启动转换，这种方式一般应用于多路模拟量需同步输出的系统。输出电压可为单极性输出，也可为双极性输出。

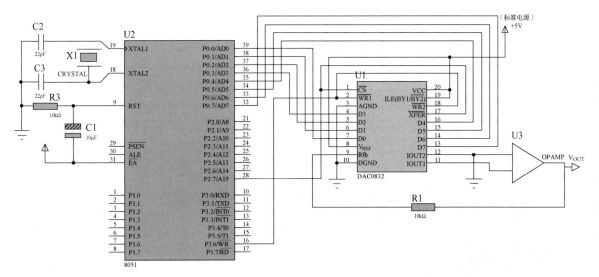

图 9-5 DAC0832 工作于单极性单缓冲器方式时与 8051 单片机的接口仿真电路

【例 9-1】 在图 9-5 所示电路中，在运算放大器的 V_{OUT} 端输出一个周期性锯齿波电压信号。利用输出信号递增 1 的方法实现锯齿波电压，信号周期取决于指令执行的时间。

（1）汇编语言程序

汇编语言程序如下。

```
START:    MOV    DPTR, #7FFFH      ;指向 DAC0832 的地址
          MOV    A, #00H           ;转换数字初始值
LOOP:     MOVX   @DPTR, A          ;写数据到 DAC0832，启动转换
          INC    A                 ;转换数字量加 1
          AJMP   LOOP              ;循环
          END
```

（2）C51 程序

相同功能的 C51 程序如下。

```c
/*******************************************************************
程序功能：连续访问外部 DAC 寄存器，产生锯齿波
*******************************************************************/
#include<reg51.h>                 //头文件包含
#include<absacc.h>
/*******************************************************************
主函数
*******************************************************************/
void main()
{
    unsigned char a=0;             //控制波形累加深度
    while(1)
    {
        XBYTE[0x7FFF]=a;
        a++;
        delay();                   //加入延时函数，控制其周期

    }
}
```

（3）仿真调试

仿真运行，虚拟示波器显示锯齿波，仿真调试结果如图 9-6 所示。

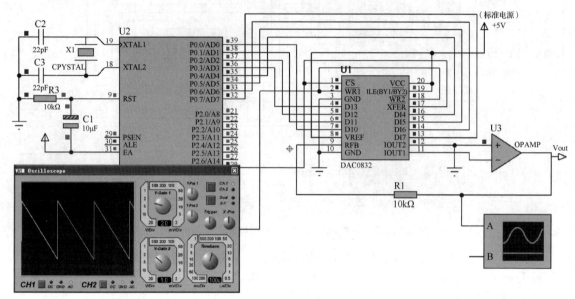

图 9-6　仿真调试结果

9.1.2　串行 D/A 转换器

前面介绍的并行 D/A 转换器的转换速度快，但芯片引脚比较多、接口电路复杂。为了简化接口电路，同时受 51 单片机 I/O 引脚的限制，在一些对 D/A 转换速度没有特殊要求的情况下，可以采用串行 D/A 转换器实现 D/A 转换。

下面以 I^2C 总线串行 D/A 转换芯片 MAX517 为例，介绍串行 D/A 转换器与 51 单片机的接口电路及编程。

1. I^2C 总线

I^2C 总线是一种简单、双向同步串行通信总线。I^2C 总线由串行数据线 SDA 和串行时钟线 SCL 组成，挂在总线上的所有器件都可以通过软件寻址并建立主从关系（主器件既可以作为发送端，又可以作为接收端），从而实现发送端到接收端的数据通信。

I^2C 总线标准传输速率为 100kbit/s，最大传输速率为 400kbit/s。

串行时钟线 SCL 可以作为启动串行口发送的握手控制信号。

I^2C 总线通信应遵循的基本协议如下。

① SDA=1（高电平）、SCL=1（高电平）时，总线处于不忙状态。

② SDA=1（下降沿）、SCL=1（高电平）时，数据传送开始。

③ SDA=1（上升沿）、SCL=1（高电平）时，数据传送结束。

④ 数据转换开始后，SCL=1（高电平）时，数据线 SDA 必须保持稳定；若 SDA 改变时，必须在 SCL=0（低电平）下进行。

2. D/A 转换芯片——MAX517

串行 D/A 转换芯片 MAX517 为 8 脚、DIP 的 8 位电压输出型 D/A 转换器，输出为双极性工作方式。MAX517 芯片及引脚分配如图 9-7 所示。

图 9-7　MAX517 芯片及引脚分配

MAX517 各引脚功能为：1 脚（OUT）为 D/A 转换输出线；2 脚（GND）为接地线；3 脚（SCL）为串行时钟线；4 脚（SDA）为串行数据线；5、6 脚（AD0、AD1）为选择通道线（由于 MAX517 仅有一个通道，可以选择 AD0=AD1=0，接地）；7 脚（VDD）为+5 V 电源线；8 脚（REF）为基准电压输入线。

该芯片的数据传输时序及详细情况请读者查阅相关手册和资料。

3．MAX517 与 51 单片机的接口电路

下面以 MAX517 产生一个幅值为 3V 的锯齿波为例，介绍 MAX517 与 51 单片机的接口电路和应用程序。

（1）接口电路

要求实现按下 P1.0 端口的开关，MAX517 输出锯齿波，D8 为输出锯齿波指示灯。

MAX517 与 51 单片机的接口仿真电路如图 9-8 所示。可以看出，P2.0 作为 MAX517 的串行时钟线，P2.1 作为 MAX517 的串行数据线，AD0 和 AD1 均接地。

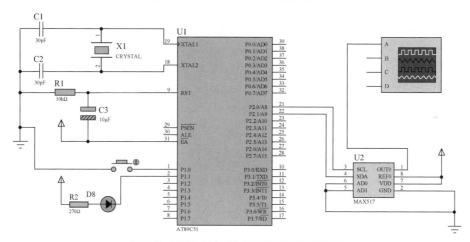

图 9-8　MAX517 与 51 单片机的接口仿真电路

（2）控制程序

该控制程序由 start（起始）函数、stop（停止）函数、send（发送）函数、DACOut（转换）函数及 main（主）函数构成。

C51 程序如下。

```c
#include<reg51.h>
#include<intrins.h>
#define uchar unsigned char
sbit on=P1^0;
sbit SDA=P2^1;                //MAX517串行数据线
sbit SCL=P2^0;                //MAX517串行时钟线
sbit led=P1^1;
void start(void)
{
```

```
            SDA=1;
             SCL=1;
             _nop_();
             SDA=0;
             _nop_();
  }
  void stop(void)
  {
       SDA=0;
        SCL=1;
       _nop_();
        SDA=1;
       _nop_();
  }
  void ack(void)
  {
        SDA=0;
        _nop_();
        SCL=1;
        _nop_();
        SCL=0;
  }
  void send(uchar ch)
  {
      uchar BitCounter=8;
         uchar tmp;
      do{
            tmp=ch;
            SCL=0;
            _nop_();
            if((tmp&0x80)==0x80)
                     SDA=1;
            else
                     SDA=0;
            SCL=1;
            tmp=ch<<1;
            ch=tmp;
            BitCounter--;
            }
      while(BitCounter);
      SCL=0;
  }
  void DACOut(uchar ch)
   {
        start();
           send(0x58);
        ack();
           send(0x00);
        ack();
           send(ch);
        ack();
        stop();
   }
  void main(void)
  {   uchar i;
      while(1)
      { led=1;
```

```
          if(on==0)
            {led=0;
             for(i=0;i<=150;i++)
                {
                  DACOut(i);
                }
            }
          }
        }
```

（3）仿真调试

运行调试，按下 P1.0 端口的控制开关，D8 指示灯点亮，示波器显示 MAX517 输出的锯齿波波形及幅值（3V），仿真调试结果如图 9-9 所示。

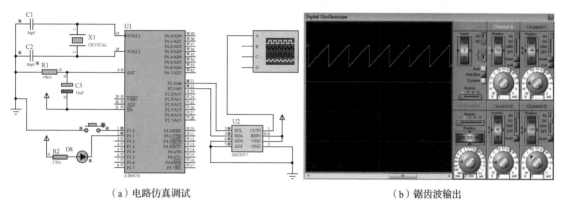

（a）电路仿真调试　　　　　　　　　　　　（b）锯齿波输出

图 9-9　仿真调试结果

9.2　A/D 转换器与单片机的接口

A/D 转换器包括并行 A/D 转换器和串行 A/D 转换器，转换后数字量的位数有 8 位、10 位、12 位和 14 位。A/D 转换器主要用于将输入通道连续变化的模拟量转换为计算机能够识别的数字量，以实现对模拟量的控制和数字显示。

9.2.1　并行 A/D 转换器

并行 A/D 转换器的转换速度快，常用于需要快速进行 A/D 转换的实时控制系统。

A/D 转换器通常包括的控制信号有：模拟输入信号、数字输出信号、参考电压、启动转换信号、转换结束信号、数据输出允许信号等。

1. 并行 A/D 转换器的基本原理

根据 A/D 转换器的原理可以将 A/D 转换器分成两大类：一类是直接型 A/D 转换器，其输入的模拟电压被直接转换成数字代码输出，不经任何中间变量；另一类是间接型 A/D 转换器，其输入的模拟电压先转换成某种中间变量（时间、频率、脉冲宽度等），再把这个中间变量转换为数字代码输出。

目前应用较广泛的主要有逐次逼近式 A/D 转换器（直接型）、双积分式 A/D 转换器、计数式 A/D 转换器和 V/F（Voltage/Frequency，压频）变换式 A/D 转换器（间接型）等。本小节主要介绍逐次逼近式 A/D 转换器和双积分式 A/D 转换器。

（1）逐次逼近式 A/D 转换器

逐次逼近式 A/D 转换器是一种速度较快、精度较高的转换器。其外部元件较少，是使用较多的一种 A/D 转换器，但其抗干扰能力较差。一般逐次逼近式 A/D 转换器的转换时间大约在几微秒到几百微秒之间。

逐次逼近式 A/D 转换器的结构如图 9-10 所示。逐次逼近的转换方法是用一系列的基准电压同输入电压比较，以逐位确定转换后数据的位是 1 还是 0，确定次序是从高位到低位。逐次逼近式 A/D 转换器由电压比较器、8 位 D/A 转换器、逻辑控制电路、逐次逼近寄存器和输出缓冲寄存器组成。

启动逐次逼近式 A/D 转换器时的工作过程如下。

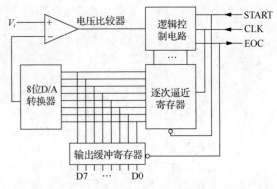

图 9-10　逐次逼近式 A/D 转换器的结构

① 取第一个基准电压为最大允许电压的 1/2，与输入电压相比较，如果电压比较器输出为低电平，电压大于 0，而小于最大允许电压的 1/2，则最高位清 0；如果电压比较器输出为高电平，则最高位置 1。

② 根据最高位的值为 0 或 1，取第二个基准电压为第一个基准电压减去或者加上最大允许电压的 1/4，再继续和输入电压进行比较。如果大于基准电压，次高位置 1；如果小于基准电压，次高位清 0。

③ 依次进行多次比较，就可以使基准电压逐渐逼近输入电压的大小，最终使基准电压和输入电压的误差最小，同时由多次比较也确定了各个位的值。

逐次逼近法也称为二分搜索法。

（2）双积分式 A/D 转换器

双积分式 A/D 转换器的工作原理是将模拟电压转换成积分时间，然后用数字脉冲计时的方法转换成相应的计数脉冲数，最后将代表模拟输入电压大小的脉冲数转换成对应的二进制数或 BCD 码输出。这是一种间接的 A/D 转换技术。

双积分式 A/D 转换器由电子开关、积分器、比较器、计数器和逻辑控制电路等部件组成，如图 9-11（a）所示。

在进行一次 A/D 转换时，电子开关先把 V_X 采样输入积分器，积分器从零开始进行固定时间 T 的正相积分，时间 T 到后，电子开关将与 V_X 极性相反的基准电压 V_{REF} 输入积分器进行反相积分，到输出为 0V 时停止反相积分。

由图 9-11（b）所示的积分器输出波形可以看出：在反相积分时，积分器的斜率是固定的，V_X 越大，积分器的输出电压也越大，反相积分时间越长。计数器在反相积分时间内所计的数值就是与输入电压 V_X 在时间 T 内的平均值对应的数字量。

由于这种 A/D 转换器要经历正、反相两次积分，故转换速度较慢。但是，由于双积分式 A/D 转换器外接器件少、抗干扰能力强、成本低、使用比较灵活，具有极高的性价比，故在一些要求转换速度不高的系统中应用广泛。

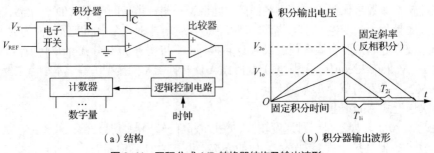

（a）结构　　　　　　　　　（b）积分器输出波形

图 9-11　双积分式 A/D 转换器结构及输出波形

2. A/D 转换器的主要参数

A/D 转换器的主要参数如下。

① 分辨率。分辨率表示变化一个相邻数码所需要输入的模拟电压的变化量，也就是表示转换器对微小输入量变化的敏感程度，通常用位数表示。A/D 转换器的转换位数越高，分辨率越高。例如，对 8 位 A/D 转换器，其数字输出量的变化范围为 0～255，当输入电压的满刻度为 5V 时，数字量每变化一个数字所对应的输入模拟电压的值为 5V/255，即约 19.6mV，其分辨能力即为 19.6mV。当检测输入信号的精度较高时，需采用分辨率较高的 A/D 转换器。

② 量程。即所能转换的电压范围，如 0～5V、0～10V、-5～5V 等。

③ 转换误差。指一个实际的 A/D 转换器量化值与一个理想的 A/D 转换器量化值之间的最大偏差，通常用最低有效位的倍数给出。转换误差一般有绝对误差和相对误差两种表示方法。一般常用数字量的位数作为度量绝对误差的单位，如精度为±1/2LSB；用百分比表示满量程时的相对误差，如±0.05%。要说明的是，转换误差和分辨率是不同的概念。转换误差和分辨率一起描述了 A/D 转换器的转换精度。

④ 转换时间。转换时间是指完成一次 A/D 转换所需要的时间，也就是从发出启动转换命令到转换结束所需的时间间隔。

3. A/D 转换器的外部特性

集成 A/D 转换芯片的封装和性能都有所不同。但是从原理和应用的角度来看，A/D 转换器芯片一般具有以下控制信号引脚。

① 启动转换信号引脚（START）。它接收由单片机发出的控制信号，当该信号有效时，A/D 转换器启动并开始转换。

② 转换结束信号引脚（EOC）。它是一条输出信号线。当 A/D 转换完成时，由此线发出结束信号，可利用它向单片机发出中断请求，单片机也可通过查询该信号线来判断 A/D 转换是否结束。

③ 片选信号引脚（$\overline{CS}$）。该引脚为低电平时，则选中该转换芯片。

④ 输出允许控制引脚（OE）。外部控制 OE=1，允许输出转换后的数据。

4. 集成 A/D 转换器实例——ADC0809

（1）ADC0809 的结构

ADC0809 具有 8 路模拟量输入，可在程序控制下对任意通道进行 A/D 转换，输出 8 位二进制数字量，其结构如图 9-12 所示。

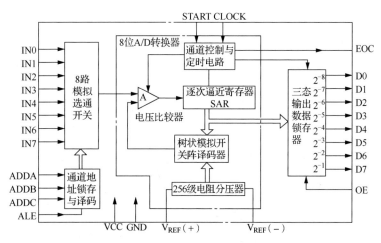

图 9-12　ADC0809 的结构

（2）ADC0809 外部引脚功能

ADC0809 外部引脚如图 9-13 所示，其引脚功能如下。

IN7～IN0：8 路模拟量输入通道，在多路模拟开关控制下，任一时刻只能有一路模拟量实现 A/D 转换。ADC0809 要求输入模拟量为单极性，电压范围为 0～5V，如果信号过小还需要进行放大。对于信号变化速度比较快的模拟量，在输入前应增加采样保持电路。

ADDA、ADDB、ADDC（简称 A、B、C）：8 路模拟开关的 3 位地址选通输入端，用来选通对应的输入通道。其对应关系见表 9-1。

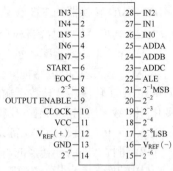

图 9-13　ADC0809 外部引脚

表 9-1　地址码与输入通道的对应关系

地址码			对应输入通道
C	B	A	
0	0	0	IN0
0	0	1	IN1
0	1	0	IN2
0	1	1	IN3
1	0	0	IN4
1	0	1	IN5
1	1	0	IN6
1	1	1	IN7

ALE：地址锁存输入线，该信号的上升沿可将地址选择信号 A、B、C 锁入地址寄存器。

START：启动转换输入线，其上升沿用以清除 A/D 内部寄存器，其下降沿用以启动 A/D 转换器，开始 A/D 转换工作。

ALE 和 START 两个信号线可连接在一起，当通过软件输入一个正脉冲时，便立即启动 A/D 转换。

EOC：转换结束信号线，EOC=0，表示正在进行转换；EOC=1，表示转换结束。

D7～D0（2^{-1}～2^{-8}）：8 位数据输出线，为三态缓冲输出形式，可直接接入单片机的数据总线。

OUTPUT ENABLE（OE）：输出允许控制线，OE=1，输出转换后的 8 位数据；OE=0，数据输出端为高阻态。

CLOCK：时钟信号线。ADC0809 内部没有时钟电路，所需时钟信号由外界提供。输入时钟信号的频率决定了 A/D 转换器的转换速度。ADC0809 可正常工作的时钟频率范围为 10～1280kHz，典型值为 640kHz。

MSB 和 LSB：MSB 代表高位，LSB 代表低位。

V_{REF}（+）和 V_{REF}（-）：是内部 A/D 转换器的参考电压输入线。

VCC 和 GND：VCC 为+5V 电源接入线，GND 为接地线。

一般把 V_{REF}（+）与 VCC 连接在一起，V_{REF}（-）与 GND 连接在一起。

（3）ADC0809 的工作时序

ADC0809 的工作时序如图 9-14 所示。

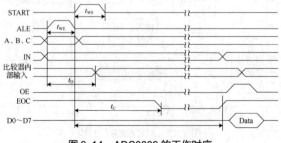

图 9-14　ADC0809 的工作时序

其中各时间量说明如下。

t_{WS}：最小启动脉冲宽度，典型值为 100ns，最大值为 200ns。

t_{WE}：最小 ALE 脉冲宽度，典型值为 100ns，最大值为 200ns。

t_D：模拟开关延时，典型值为 1μs，最大值为 2.5μs。

t_C：转换时间，当时钟频率为 640kHz 时，典型值为 100μs，最大值为 116μs。

在 ALE=1 期间，模拟开关的地址（ADDA、ADDB、ADDC）存入地址锁存器；在 ALE=0 时，地址被锁存，START 的上升沿复位 ADC0809，下降沿启动 A/D 转换。OE 为输出允许控制端，在转换完成后用来打开输出三态门，以便从 ADC0809 输出此次的转换结果。

5. 并行 A/D 转换器与 51 单片机的接口实例

本节以 ADC0809 为例，介绍并行 A/D 转换器与 51 单片机的（数据传送）接口及应用。

ADC0809 与 51 单片机的（数据传送）接口可以采用延时输入方式、查询方式和中断方式。下面主要介绍延时输入方式和查询方式。

（1）延时输入方式接口

延时输入方式接口电路如图 9-15 所示。延时输入方式在启动 A/D 转换后，必须通过软件延时来保证 CPU 在读取数据时该次转换已经完成。

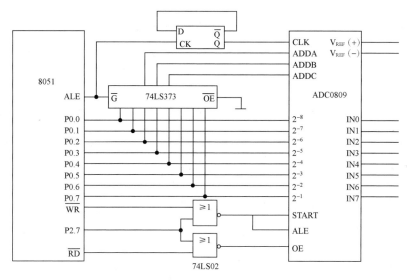

图 9-15　ADC0809 与 8051 延时输入方式接口电路

在图 9-15 中，接口电路特征如下。

① 由于 ADC0809 片内无时钟，因此，当系统主频为 6MHz 时，ALE 为 1MHz，将其经 D 触发器 2 分频后得到 500kHz 的 A/D 转换时钟脉冲（与 ADC0809 的 CLK 引脚连接）；当系统主频为 12MHz 时，ALE 为 2MHz，则需要经 4 分频后与 ADC0809 的 CLK 引脚连接。

② 8051 单片机通过 P2.7 引脚和 $\overline{RD}$、$\overline{WR}$ 一起控制 ADC0809 工作，以防止系统中有多个外部设备时出现地址重叠的现象。

③ 启动 A/D 转换时，由单片机的写信号 $\overline{WR}$ 和 P2.7 经或非门共同控制 ADC0809 的地址锁存和转换启动。

④ 在读取转换结果时，用单片机的读信号 $\overline{RD}$ 和 P2.7 经或非门后，产生正脉冲作为 OE 信号，用以打开输出三态门。

P2.7 与 ADC0809 的 ALE、START 和 OE 信号之间有如下关系：

$$ALE = START = \overline{WR} + P2.7$$
$$OE = \overline{RD} + P2.7$$

因此，P2.7 应置为低电平，其输入通道 0～7 的地址分别是 7FF8H～7FFFH。

【例 9-2】 编写图 9-15 所示电路的接口控制程序，采用延时输入方式分别对 8 路模拟信号轮流采样一次，并把结果依次存到片内数据存储器。

汇编语言程序如下。

```
MAIN:   MOV     R1,#30H          ;R1 指向数据存储区首地址 30H
        MOV     DPTR,#7FF8H      ;DPTR 指向输入通道 0
        MOV     R7,#08H          ;通道数为 8
LOOP:   MOVX    @DPTR,A          ;启动 A/D 转换
        MOV     R6,#0AH          ;延迟一段时间
DELAY:  NOP
        NOP
        NOP
        DJNZ    R6,DELAY
        MOVX    A,@DPTR          ;转换结果读入累加器 A
        MOV     @R1,A            ;存储数据
        INC     DPTR             ;修改输入通道指针
        INC     R1               ;修改数据存储区指针
        DJNZ    R7,LOOP          ;检查是否采样完毕
        …
```

C51 程序如下。

```
/********************************************************************/
//程序功能：对 8 路模拟信号轮流采样一次，并把结果依次存到数组中
/********************************************************************/
#include<reg51.h>                //头文件定义
#include<absacc.h>
unsigned char a[8];
/********************************************************************
延时函数
********************************************************************/
void delay(unsigned char m)
{
    unsigned char i,j;
    for(i=0;i<m;i++)
        for(j=0;j<123;j++);
}
/********************************************************************
主程序
********************************************************************/
void main()
{
    unsigned char i;
    XBYTE[0x7FF8] = a[0];
    for(i=0;i<8;i++)
    {
        delay(10);
        a[i] = XBYTE[0x7FF8+i];
```

```
    }
    while(1);
}
```

（2）查询方式接口

在图 9-15 所示电路基础上，将 ADC0809 的 EOC 端经反相器接入 P3.2（即外部中断 0）引脚，作为 CPU 查询信号或中断请求信号。用电位器 RV1、RV4 分压输出产生的模拟电压分别作为输入通道 IN0、IN4 的输入信号，仿真接口电路如图 9-16 所示。

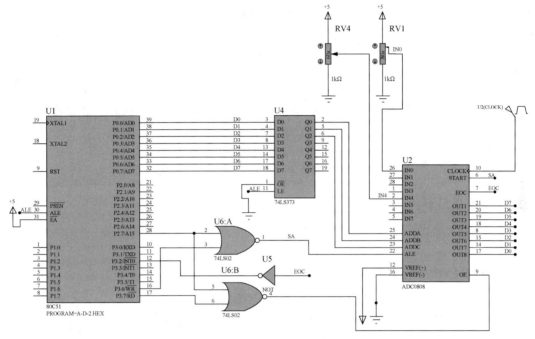

图 9-16　ADC0808 与 80C51 查询方式仿真接口电路

Proteus 中用 ADC0808 替代 ADC0809，两者功能和引脚基本一致。

【例 9-3】 编写图 9-16 所示电路的接口控制程序，采用查询方式对 8 路模拟信号轮流采样一次，并把结果依次存入起始地址为 30H 的片内 RAM 存储单元。

汇编语言程序如下

```
MAIN:    MOV     R1,#30H          ;R1 指向数据存储区首地址
         MOV     DPTR,#7FF8H      ;DPTR 指向输入通道 0
         MOV     R7,#08H          ;通道数为 8
LOOP:    MOVX    @DPTR,A          ;启动 A/D 转换
HERE:    JB      P3.2, HERE       ;查询转换是否结束
         MOVX    A, @DPTR
         MOV     @R1, A
         INC     DPTR
         INC     R1
         DJNZ    R7, LOOP
```

C51 程序如下。

```
/*源程序如下：*/
#include "reg51.h"
#include "absacc.h"
#define  IN0  XBYTE[0x7FF8]        /*定义 IN0 为输入通道 0（地址为 0x7FF8）*/
#define  uchar unsigned char
```

241

```
sbit over = P3^2;
void ad0809(uchar idata *x)    /*定义 ad0809 函数，形参为指针变量 x*/
   {uchar i;
   uchar xdata *adr;
    adr = &IN0;
    for(i=0; i<8; i++)         /*采样输入通道*/
        { *adr=0;              /*启动 ADC0809*/
         i = i; i = i;
         while(over != 0) ;    /*查询转换是否结束*/
         x[i] = *adr;          /*数据依次存入数组 x[i]*/
         adr ++;               /*指向下一通道*/
     }
  }
 void main(void)
 {static uchar idata ad[10]; /*建立静态数组 ad，在函数调用结束后，数组 ad 占用的存储单元不释放
                 而继续保留原数据*/
  ad0809[ad];                 /*调用 ad0809 函数，实参为数组名，即&ad[0]传给形参指针变量 x*/
while(1);
 }
```

9.2.2 串行 A/D 转换器

本小节以高性能的 8 位 串行 A/D 转换芯片 TLC549 为例，介绍串行 A/D 转换器与单片机接口电路和编程。

1. A/D 转换芯片 TLC549

TLC549 为低功耗 8 位串行 A/D 转换器，具有 4MHz 片内系统时钟，其转换时间小于 17μs，最高转换速率为 40000 次/秒。TLC549 芯片和引脚分配如图 9-17 所示。

TLC549 各引脚功能如下。

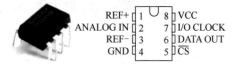

图 9-17 TLC549 芯片和引脚分配

1 脚（REF+）：正基准电压输入线，2.5V≤REF+≤V_{CC}+0.1。

2 脚（ANALOG IN）：模拟信号输入线，0≤ANALOGIN≤V_{CC}，当 ANALOGIN≥REF+电压时，转换结果为 0FFH；当 ANALOGIN≤REF-电压时，转换结果为 00H。

3 脚（REF-）：负基准电压输入线，-0.1V≤REF-≤2.5V。且要求（REF+）-（REF-）≥1V。

4 脚（GND）：接地线。

5 脚（$\overline{CS}$）：片选线，低电平有效（低电平≤0.8V）。

6 脚（DATA OUT）：数字量串行输出线（与 TTL 电平兼容），高位在前，低位在后。

7 脚（I/O CLOCK）：外接时钟输入线。

8 脚（VCC）：系统电源 3V≤V_{CC}≤6V。

该芯片的工作时序及详细情况请读者查阅相关手册和资料。

2. TLC549 与 51 单片机接口实例

（1）接口电路

TLC549 与 51 单片机接口仿真电路如图 9-18 所示。该电路输入模拟信号为 0～5V 电压，P3.0、P3.1、P3.2 引脚分别与 TLC549 的 7 脚、5 脚、6 脚连接，经串行 A/D 转换后，由 P1 端口控制 8 支共阴极连接的 LED 按二进制计数显示电压的二进制值（分辨率为 5V/255，即约 19.6mV），同时经 P0 端口输出控制 4 位 7 段 LED 数码管显示电压数值。

Proteus 中部分元器件的引脚名称与数据手册不同，但功能和引脚序号一致。

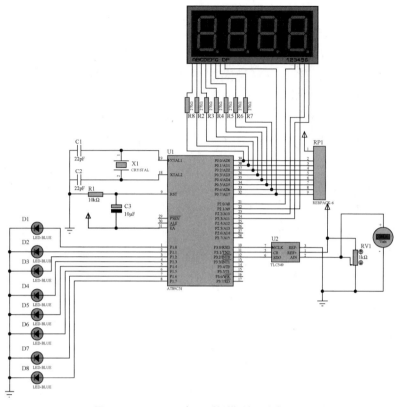

图 9-18　TLC549 与 51 单片机接口仿真电路

（2）控制程序

C51 程序如下。

```c
#include<reg52.h>
sbit SDO = P3^2;
sbitCS = P3^1;
sbit SCLK = P3^0;
sbit qian = P2^0;
sbit bai = P2^1;
sbit shi = P2^2;
sbit ge = P2^3;
unsigned char date[4];
unsigned char code led[18]={0x3F,0x06,0x5B,0x4F,0x66,0x6D,0x7D,0x07,0x7F,0x6F,0x77,
            0x7C,0x39,0x5E,0x79,0x71,0x00,0X80};
void ET0_init()
{
TMOD &= 0x0F;
    TMOD |= 0x01;
    TH0 = (65536-2000)/256;
    TL0 = (65536-2000)%256;
}
void RT1_init()
{
    TMOD &= 0x0F;
    TMOD |= 0x10;
    TH1 = (65536-2000)/256;
    TL1 = (65536-2000)%256;
}
```

```
//主函数
void main()
{
    ET0_init();
    RT1_init();
    ET0 = 1;
    TR0 = 1;
    ET1 = 1;
    TR1 = 1;
    EA = 1;
    CS = 1;
    while(1);
}
//定时器 0 中断
void ET0_INT() interrupt 1
{
    static unsigned char i;
    TH0 = (65536-2000)/256;
    TL0 = (65536-2000)%256;
    P2 |= 0x0F;
    switch(i)
{
        case(0): P0 = date[0];qian = 0;break;
        case(1): P0 = date[1];bai = 0;break;
        case(2): P0 = date[2];shi = 0;break;
        case(3): P0 = date[3];ge = 0;break;
}
    i++;
    if(i==4)
    i=0;
}
void ET1_INT() interrupt 3
{
    unsigned int vt;
    unsigned char i;
    unsigned char AD;
    TH1 = (65536-2000)/256;
    TL1 = (65536-2000)%256;
    CS = 0;
    for(i=0;i<8;i++)
    {
        SCLK = 1;
        AD = ( AD<< 1 )|SDO;
        SCLK = 0;
     }
    CS = 1;
    vt = (500.0/255.0)*AD;
    date[0] =led[vt/1000];
    date[1] =led[vt/100%10]|0x80;
    date[2] =led[vt/10%10];
    date[3] =led[vt%10];
    P1=AD;
}
```

（3）仿真调试

TLC549 与 51 单片机接口仿真调试结果如图 9-19 所示。可以看出模拟输入电压最高为 5V 时，D1～D8 全部点亮，状态为 8 位二进制数的最大值"11111111"，同时 7 段 LED 显示 5.00。

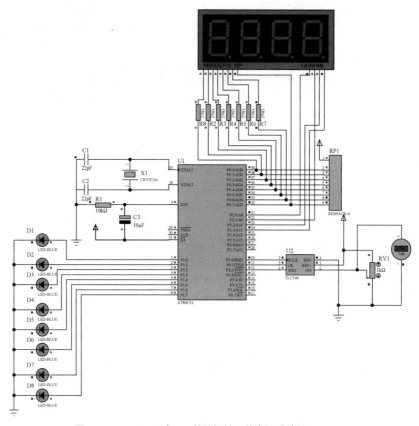

图 9-19　TLC549 与 51 单片机接口仿真调试结果

9.3　思考与练习

1. 用 51 单片机控制 DAC0832 分时输出 1V、2V、3V、4V、5V 电压，并用 1 位 7 段 LED 显示输出电压值。

2. 当系统的主频为 12MHz 时，计算图 9-6 中 DAC0832 产生的锯齿波信号的周期。

3. 编写图 9-5 中用 DAC0832 产生三角波的应用程序。

4. 简述 MAX517 的工作原理，用 51 单片机控制串行 D/A 转换芯片输出一个方波。

5. 对图 9-16 的 A/D 转换电路，若采用中断方式，请编写相应的控制程序。

6. 当图 9-16 的 ADC0809 对 4 路模拟信号进行 A/D 转换时，请编写用查询方式工作的采样程序，并进行 Proteus 仿真，要求如下。

① 4 路采样值（直流 0～5.0V）存放在片内 RAM 的 30H～33H 单元。

② 用 LED 显示当前采样通道和采样数值。

7. 简述 TLC549 芯片的引脚功能。

8. 设计一个 51 单片机控制的串行 A/D 转换接口电路，要求如下。

① 某温度传感器测温范围为 0～1000℃，对应输出的标准电流为 I_O=4～20mA，将 I_O 转换为电压 V_O=1～5 V，作为模拟输出信号。

② 将 V_O 输入给 TLC549，进行 A/D 转换后输入给单片机的 P1 端口。

③ 单片机对数据进行处理后输出数字信号，控制 3 位 7 段 LED 显示对应的电压值。

④ 单片机对数据进行标度变换处理后输出数字信号，控制 3 位 LED 数码管显示对应的温度值。

第 10 章　单片机应用系统开发及设计实例

单片机以其控制灵活、使用方便、价格低廉、可靠性高等一系列特点而广泛应用于各个领域。单片机也成为高等学校相关专业的大学生进行课程设计、毕业设计、学科竞赛及实践创新活动的主要工具。只有把理论知识同具体实际相结合，才能正确回答实践提出的问题，扎实提升理论水平与实战能力。本章首先介绍单片机应用系统的开发过程，然后分类描述常用单片机应用系统设计实例及控制系统的软硬件的设计过程。

10.1　单片机应用系统开发过程

单片机应用系统开发过程一般包括总体设计、硬件设计、软件设计、软硬件仿真调试、电路装配、联机调试、程序下载、脱机运行等环节，如图 10-1 所示。在开发过程中，各个环节相互支持、相互融合，一些比较复杂的控制系统需要反复进行修改才能达到设计要求。

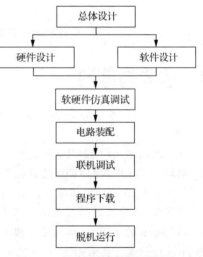

图 10-1　单片机应用系统开发过程

10.1.1　总体设计与软硬件设计

1. 总体设计

在确定了产品或项目的功能和技术指标之后，需要确定系统的组成并进行总体设计。

单片机应用系统的总体设计主要包括系统功能（任务）的分配、确定软硬件任务及相互关系、单片机系统的选型、拟定调试方案和手段等。

（1）设计总体方案

设计总体方案必须确定硬件和软件分别完成的任务。当面对软硬件均能完成或需要软硬件配合才能完成的任务，就要综合考虑软硬件的优势和其他因素（如速度、成本、体积等），确定哪些功能由硬件完成，哪些功能由软件完成，在软硬件设计符合要求的情况下，以系统性能及性价比为考量，从而获得优秀的设计效果。

（2）选择单片机

目前单片机的种类繁多，资源和性能也不尽相同。如何选择性价比更优、开发更容易、开发周期更短的产品，是开发者需要考虑的主要问题之一。目前市场上的主流单片机产品是 51 兼容（STC、AT 系列）、PIC、MSP430 及 AVR 等系列单片机，并且 Proteus 支持上述类型单片机的仿真调试。选择单片机总体上应从两方面考虑：一是目标系统（开发的产品和项目）需要的资源；二是根据成本的控制选择价格合适的产品，即"性价比最优"原则。

在明确总体设计及软硬件任务的情况下，软硬件设计可同步进行。

2. 硬件设计

单片机硬件设计包括以下部分。

① 单片机最小系统设计。

② I/O 接口及扩展电路（需要时）设计。

③ 特殊专用电路（如输入通道信号处理电路、输出通道驱动电路）设计。

④ 在完成系统硬件原理图设计后，可进行元器件配置、参数计算，尤其是单片机 I/O 接口负载能力及集成芯片驱动能力的计算。

⑤ 在仿真原理图设计过程中，尽可能使用与实际元器件一致的仿真元器件。

⑥ 硬件设计需要经过 Proteus 软硬件仿真调试，成功后才可以确定硬件电路。

3. 软件设计

单片机软件设计必须面向单片机系统资源编程，可以在 Keil 51 单片机集成开发环境下进行，在该环境中可用汇编语言编程，也可用 C51 编程。

与汇编语言相比，C51 有如下优点。

① 不要求用户熟悉单片机的指令系统，仅要求用户熟悉单片机系统资源的结构。

② 在用户程序中，寄存器分配、不同存储器的寻址及数据类型等可由编译器管理。

③ 具有典型的结构化程序设计语句和模块化（函数）编程技术，使程序结构清晰、方便移植。

④ 具有将可变的选择与特殊操作组合在一起的能力，提高了程序的可读性。

⑤ 关键字及运算函数可用近似人的思维过程的自然语言方式定义。

⑥ 编程及程序调试时间明显缩短，从而提高了开发效率。

⑦ 提供多种库文件，包含许多标准子程序，具有较强的数据处理能力。

单片机软件设计过程与一般高级语言的软件设计过程基本相同。

10.1.2　软硬件仿真调试、电路装配及联机调试

1. 软硬件仿真调试

设计好的程序在经过编译产生仿真所需文件（如.hex 文件）后，软硬件仿真调试可以选择以下方法。

① 在 Keil 中直接仿真调试。

② 进行 Proteus 软硬件仿真调试。

③ 进行 Keil、Proteus 虚拟仿真联机调试。

④ 软件测试。可以使用一些软件测试的方法对程序功能进行测试，根据软件测试结果对程序和仿真原理图进行不断修改和完善，直至仿真结果满足系统需求。

⑤ 在初步仿真成功后，对于可能存在的实际元器件不能替代的个别虚拟仿真元器件，需要提高仿真电路的真实程度，甚至可以改变硬件电路，使其得到接近真实的仿真效果，达到硬件电路的合理性和可操作性。

2. 电路装配

在仿真调试成功的基础上，要确认仿真电路是否符合实际电路的操作要求，所使用的仿真元器

件是否可选择，在满足要求的情况下可以根据仿真原理图及元器件参数，通过相关工具进行 PCB 制作、电路装配等硬件设计。

在电路装配时应注意以下方面。

① 所选择元器件的质量必须是可靠的，可以用万用表等仪器进行测试。

② 充分考虑元器件的额定电压、电流是否满足电路要求。

③ 单片机 I/O 接口是否需要增加输入信号处理电路或满足负载要求的输出驱动电路。

④ 单片机 I/O 接口是否需要增加抗干扰隔离电路。

⑤ 确认所选择的集成芯片或晶体管的引脚位置。

⑥ 焊接元器件的时间要短，以免元器件受热损坏。

3. 联机调试

电路装配完成后，可以进行联机调试，即借助开发工具对所设计的应用系统的硬件进行检查，排除设计和焊接装配可能导致的故障。联机调试时，可将应用系统中的单片机芯片拔掉，插上开发工具，即 51 单片机仿真器的仿真头，如图 10-2 所示。

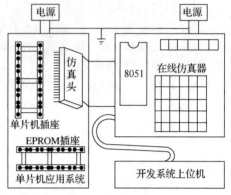

图 10-2　联机调试示意

所谓"仿真头"实际上是一个插头（这里为 51 系列双列 40 引脚），它是仿真器的单片机芯片信号的延伸，即单片机与仿真器共用一块单片机芯片。当在开发系统上联机调试单片机应用系统时，就像使用应用系统中真实的单片机一样。借助于开发系统的调试功能可对单片机应用系统的硬件和软件进行各种检查和调试，尽可能地模拟现场条件，包括人为地制造一些干扰、考察联机运行情况，直至所有功能均能实现且达到设计技术指标。

在确认应用系统的硬件没有问题后，可进入程序下载阶段。

对于简单的单片机应用系统，如果能够确认设计和装配的硬件电路正确，联机调试阶段可以省略。

10.1.3　程序下载

联机调试完成后，将程序写入（下载）单片机程序存储器。

下载程序常用的方法有 ISP 下载、IAP 下载、直接 USB 下载等。

1. STC-ISP 下载

在上位机运行 STC-ISP 软件，用串口线可以直接将.hex 文件写入单片机芯片。该方法简单方便，适用于以 STC 系列单片机为主芯片的开发电路。

STC-ISP 软件下载程序操作步骤如下。

① 正确配置单片机开发电路。通过计算机的 RS-232C 串口与 STC 单片机的应用电路连接（ISP 在线下载），其下载电路原理如图 10-3 所示。也可以通过计算机的 USB 口使用 USB 转 RS-232C 串口数据线下载程序（下载电路原理图可查阅相关技术资料）。

② 在计算机上安装 STC-ISP 软件并启动该软件，工作窗口如图 10-4 所示，读者可以通过相关网站下载此软件。

③ 选择所用单片机型号，打开程序文件，选择需要下载的.hex 文件。

④ 设置串口和通信速度。选择所用串口号，通常选择 COM1。最高波特率可以选择默认值，如果所用计算机配置较低，可以选择低一些的波特率。

⑤ 设置其他选项。一般选择默认设置。

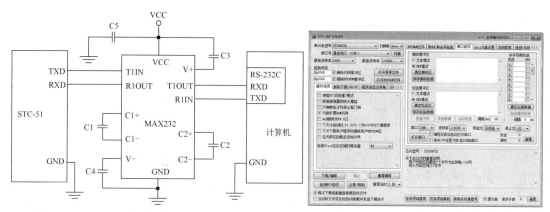

图 10-3 RS-232C 串口与 STC 单片机下载电路原理

图 10-4 STC-ISP 工作窗口

⑥ 下载时对单片机的要求为冷启动。首先断开单片机电路工作电源，然后单击 STC-ISP 工作窗口的"下载/编程"按钮，接着给单片机电路通电，便开始下载程序。"重复编程"按钮常用于大批量的编程。

⑦ 下载完成后，可直接接通单片机电路，观察结果是否符合功能要求。如果有误，可排查原因，处理后重新下载程序，直至符合设计功能要求。

2. AT 单片机 ISP 下载测试

下面以 AT89S52 单片机为例，说明如何使用 AVR_fighter 下载软件将生成的.hex 文件下载到单片机中。

① USB-ISP 下载线实物如图 10-5（a）所示，一端为 USB 公口，另一端为排线。将 USB-ISP 的排线端插入电路板的 ISP 接口，一般的 ISP 接口定义如图 10-5（b）所示。

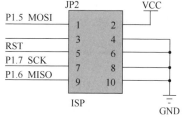

（a）USP-ISP 下载线实物

（b）ISP 接口定义

图 10-5 USP-ISP 下载

② 将 USB-ISP 插入计算机的 USB 接口，将会提示有新设备，安装完驱动之后，计算机的设备管理器窗口中出现设备 "USB asp"，如图 10-6 所示，说明驱动安装成功。

③ 打开 ISP 下载软件 AVR_fighter，启动界面如图 10-7 所示。

图 10-6 设备管理器窗口

图 10-7 AVR_fighter 启动界面

④ 进入 AVR_fighter 主窗口，如图 10-8 所示。编程的所有操作都可在"编程选项"选项卡内完成。在"芯片选择"下拉列表中选择所用的单片机"At89s52"，单击"设置"按钮可以查询芯片的相关信息，如 ID、Flash 大小等；单击"读取"按钮可测试电路板的单片机和 ISP 接口电路是否正常，如果正常则在"选项及操作说明"文本框中显示"读取芯片特征字……完成"。

⑤ 装载.hex 文件。单击窗口菜单栏中的"装 FLASH"按钮，选择 Keil 工程生成的.hex 文件，切换到"FLASH 内容"选项卡，"FLASH 内容"选项卡如图 10-9 所示。

图 10-8　AVR_fighter 主窗口　　　　图 10-9　"FLASH 内容"选项卡

⑥ 下载.hex 文件。单击菜单栏中的"芯片编程"按钮或者"编程选项"选项卡中的"编程"按钮，都可以实现单片机程序的下载，如图 10-10 所示。

⑦ 系统测试。.hex 文件下载成功之后，系统会直接运行程序。可以测试程序在单片机硬件电路上运行是否正常。如果运行异常则说明存在问题，排除故障，重复相关操作过程，直到运行正常。

图 10-10　程序下载

10.1.4　脱机运行

程序下载工作完成后，需脱机运行，以确定应用系统能否可靠、稳定运行。电路系统没有变化、电源使用正确，则脱机运行一般是成功的。若出现问题则大多出现在复位、晶体振荡、"看门狗"等电路方面，可有针对性地予以解决。可将系统样机现场运行进行考核，进一步暴露存在的问题。现场考核要考察样机对现场环境的适应能力、抗干扰能力。对样机还需进行较长时间的连续运行和测试试验，以充分考察系统的稳定性和可靠性。

经过较长时间的现场运行和全面严格的检测、调试后，如果确认系统已稳定、可靠并已达到设计要求，就可以进行资料整理，编写技术文档，进行产品鉴定或验收，最后交付使用、投入运行或定型投入生产。

10.2　单片机（数字量）应用系统设计实例

本节以单片机控制数字量的典型应用系统为例，介绍单片机应用系统设计开发过程。

10.2.1　简易数控增益放大器

放大器一般是用来对模拟小信号进行放大的，其增益（电压放大倍数）可以通过改变反馈电阻进行线性调节。数控增益放大器就是通过数字控制信号（0 和 1）对放大器增益进行控制，其优点是可以通过按键方便地对放大器的增益进行改变或设定。

1. 设计要求

用单片机实现对小信号运算放大器的增益进行数字化增、减调节，其增益调节范围为 1～8，并用数字显示当前增益值。

2. 硬件设计

在 ISIS 原理图编辑窗口放置元件并布线，设置相应元件参数，简易数控增益放大器仿真电路如图 10-11 所示。

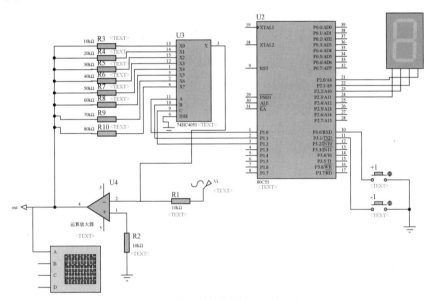

图 10-11　简易数控增益放大器仿真电路

运算放大器采用反向输入比例放大电路，其增益为：

$$A_v = -\text{out}/\text{vi} = -R_f/R_1$$

R_f（即 $R3～R10$）为运算放大器的负反馈电阻。

74HC4051 是 8 通道模拟多路选择器/多路分配器，单片机 P1 端口（P1.0～P1.2）控制该芯片地址输入信号 A、B、C，分时将 8 个电阻 R3～R10 接入各路分配器时，增益分别为 1、2、3、…、7、8。P3.0 和 P3.1 分别控制按键实现增益加、减控制。P2 端口低 4 位输出 BCD 码，控制 7 段 LED 数码管显示当前增益值。

3. 程序设计

程序设计要求键盘消除抖动，当 P3.0 和 P3.1 按键按下后再抬起时控制增益有效，实现增益加 1 或减 1。

（1）汇编语言控制程序

汇编语言控制程序如下。

```
        DEC_FLAG BIT 20H.0
        INC_FLAG BIT 20H.1
START:  MOV P1, #0
        MOV P2, #1
        SETB INC_FLAG
        SETB DEC_FLAG
KEY1:   JNB P3.0, AGAIN
        SJMP KEY2
```

```
AGAIN:    CALL  DELAY
          JNB  P3.0,  GETKEY
          SJMP  KEY2
GETKEY:   JNB  P3.0,  $
          JNB  INC_FLAG,  KEY1
          SETB  DEC_FLAG
          INC  P1
          INC  P2
          MOV  A, P1
          CJNE  A, #7, KEY1
          CLR  INC_FLAG
KEY2:     JNB  P3.1, AGAIN1
          SJMP  KEY1
AGAIN1:   CALL  DELAY
          JNB  P3.1, GETKEY1
          SJMP  KEY1
GETKEY1:  JNB  P3.1, $
          JNB  DEC_FLAG, KEY1
          SETB  INC_FLAG
          DEC  P1
          DEC  P2
          MOV  A, P1
          CJNE  A, #0, KEY2
          CLR  DEC_FLAG
          SJMP  KEY1
 DELAY:   MOV  R7,  #0FH
LOOP1:    MOV  R6,  #0FFH
LOOP2:    NOP
          NOP
          NOP
          NOP
          NOP
          DJNZ  R6,  LOOP2
          DJNZ  R7,  LOOP1
          RET
          END
```

（2）C51 控制程序

C51 控制程序如下。

```c
#include <reg51.h>
#define uchar unsigned char
uchar code tab[]={0x00,0x01,0x02,0x03,0x04,0x05,0x06,0x07};
sbit keyA =P3^0;
sbit keyB =P3^1;
int a=0;
void delay_ms(unsigned int m)            /*延时函数*/
{
    unsigned int i,j;
    for (i=0; i<m; i++)
    {
      for(j=0; j<124; j++);
    }
}
uchar keyscan( )                         /*读键盘，消除抖动*/
{
   if(keyA==0)
```

```
        {
            delay_ms(5);
            if(keyA==0)
            { a++;
            if(a>6)
            a=7;
            while(1)
            if(keyA==1) break;
            }
        }
    if(keyB==0)
        {
            delay_ms(5);
            if(keyB==0)
            { a--;
            if(a<1)
            a=0;
            while(1)
        if(keyB==1) break;
            }
        }
return a;
}
void main( )
{ uchar k;
P1=0x00;
 while(1)
  { k=keyscan();
        P1=tab[k];                  /*控制增益*/
        k++;
        P2=k;                       /*显示增益数值*/
  }
}
```

4. 仿真调试

仿真调试步骤如下。

① 在 Keil 环境下建立工程，输入源程序代码，输入文件名（.c 或.asm）并保存，编译生成.hex 文件。

② 在 Proteus 环境中打开仿真电路文件，双击仿真电路图中的单片机图标，弹出的对话框如图 10-12 所示。在该对话框中，选择生成的.hex 文件和设置晶振频率等，单击"OK"按钮，加载.hex 文件。

③ 单击仿真运行按钮，仿真调试结果如图 10-13 所示。

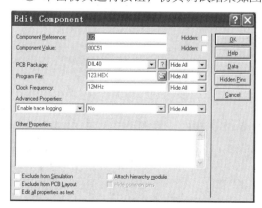

图 10-12　加载.hex 文件

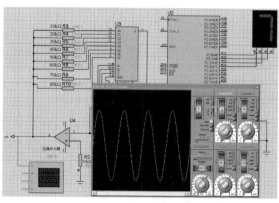

图 10-13　仿真调试结果

5. 电路装配

仿真调试成功后，进行 PCB 制作及电路装配（略）。

6. 程序下载

下载程序到单片机并进行调试。如果存在问题，可以重复以上相关过程，直至满足设计的功能要求。

如果控制程序为.asm 源程序，也可以在 Proteus 仿真窗口中选择"Source"后直接建立和编辑.asm 文件，对该文件编译后自行加载 CPU，即可进行仿真调试（详见本书电子资源中的 Proteus 使用简介）。

10.2.2 秒计时器

以秒（s）为单位的计时器（简称秒计时器），可使用单片机定时器等功能部件来实现，十分方便、简单、可靠。

1. 设计要求

利用单片机设计多功能秒计时器。秒计时器开始运行时，显示"00"；第一次按下按键 K1 后，从 0 计时至 99；第二次按下按键 K1 后，计时停止，显示当前计时值；第三次按下按键 K1 后，计时器复位，显示"00"。

2. 硬件设计

秒计时器所需元件清单：AT89C51、CAP、CAP-ELEC、CRYSTAL、RES、7SEG-COM-CAT-GRN、PULLUP、BUTTON。在 ISIS 原理图编辑窗口放置元件并布线，设置相应元件参数。秒计时器仿真电路如图 10-14 所示。

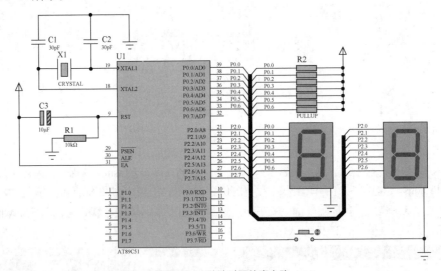

图 10-14　秒计时器仿真电路

3. 程序设计

（1）汇编语言控制程序

汇编语言控制程序如下。

```
        SEC  EQU  40H
        TCO  EQU  41H
        KCO  EQU  42H
        KEY  BIT  P3.4
        ORG  0000H
        LJMP START
        ORG  000BH
```

```
        LJMP INT_T0
START:  MOV DPTR,#TABLE
        MOV P0,#3FH                 ;开始显示"00"
        MOV P2,#3FH
        MOV SEC,#00H
        MOV TCO,#00H
        MOV KCO,#00H
        MOV TMOD,#01H               ;设 T0 工作于模式 1
        MOV TL0,#0DCH               ;赋初值
        MOV TH0,#0BH
K1:     JB KEY,$                    ;等待按键
        MOV A,KCO
        CJNE A,#00H,K2              ;第一次按键,启动 T0
        SETB EA
        SETB TR0
        SETB ET0
        JNB KEY,$
        INC KCO
        LJMP K1
K2:     CJNE A,#01H,K3             ;第二次按键,关闭 T0
        CLR TR0
        CLR ET0
        CLR EA
        JNB KEY,$
        INC KCO
K3:     CJNE A,#02H,K1             ;第三次按键,返回初始状态
        JNB KEY,$
        LJMP START
INT_T0: MOV TL0,#0DCH
        MOV TH0,#0BH
        INC TCO
        MOV A,TCO
        CJNE A,#02H,IN2
        MOV TCO,#00H
        INC SEC
        MOV A,SEC
        CJNE A,#100,IN1
        MOV SEC,#00H
IN1:    MOV A,SEC
        MOV B,#10
        DIV AB
        MOVC A,@A+DPTR             ;显示时间
        MOV P0,A
        MOV A,B
        MOVC A,@A+DPTR
        MOV P2,A
IN2:    RETI
TABLE:  DB 3FH,06H,5BH,4FH,66H,6DH,7DH,07H,7FH,6FH
DELAY:  MOV R6,#20
D1:     MOV R7,#248
        DJNZ R7,$
        DJNZ R6,D1
        RET
        END
```

（2）C51 程序

C51 程序如下。

```
#include < AT89X51.H>
unsigned char code dispcode[]={0x3f,0x06,0x5b,0x4f,0x66,0x6d,
                               0x7d,0x07,0x7f,0x6f};        /*LED 数码管译码表*/
unsigned char second;
unsigned char keycnt;
unsigned int tcnt;
void main(void)
{
unsigned char i,j;
TMOD=0x02;                                                /*定时器 0 工作在模式 2 */
ET0=1;                                                    /*允许定时器 0 中断*/
EA=1;                                                     /*CPU 开中断*/
second=0;                                                 /*设置 second 变量初值*/
P0=dispcode[second/10];                                   /*显示定时值的十位*/
P2=dispcode[second%10];                                   /*显示定时值的个位*/
while(1)
  { if(P3_4==0)                                           /*P3.4 引脚连接的按键按下*/
      { for(i=20;i>0;i--)
          for(j=248;j>0;j--);
        if(P3_4==0)                                       /*如果确认按键按下*/
        { keycnt++;                                       /*次数变量加 1*/
           switch(keycnt)
             { case 1:TH0=0x06;TL0=0x06; TR0=1;break;     /*启动定时器 0*/
               case 2: TR0=0; break;                      /*停止定时器 0*/
               case 3: keycnt=0;second=0;break;
               }
           while(P3_4==0);                                /*等待按键抬起*/
           }
        }
 P0=dispcode[second/10];
 P2=dispcode[second%10];
  }
}
void t0(void) interrupt 1 using 0                         /*定时器 0 中断服务程序*/
{
   tcnt++;                                                /*每中断 1 次, tcnt 加 1*/
   if(tcnt==400)
     {
     tcnt=0;                                              /*将 tcnt 清 0*/
     second++;                                            /*second 变量加 1*/
     if(second==100)                                      /*如果 second 变量等于 100*/
      second=0;                                           /*second 变量清 0*/
      }
}
```

4. 仿真调试

打开 Keil，输入汇编语言程序或 C 语言源程序并保存，编译生成.hex 文件。在 ISIS 仿真原理图中给单片机加载.hex 文件，仿真调试结果如图 10-15 所示。

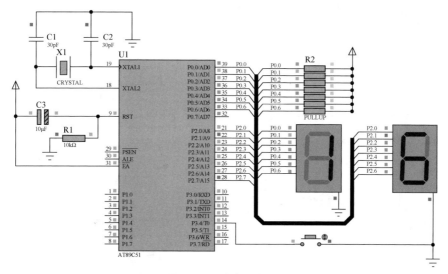

图 10-15　仿真调试结果

10.2.3　智能循迹小车

智能循迹小车以单片机控制为核心，同时运用了简单机械结构、传感器等知识。该项目可以增强学生的学习兴趣，提高学生的实践能力和解决实际问题的能力。智能循迹小车控制系统也是一般机器人制作的基本控制单元。

1. 设计要求

在一个 $1m^2$ 的白色场地上，有一条宽为 20mm 的闭合黑线，不管黑线如何弯曲，小车都能够按照预先设计好的路线自动行驶不断前行。

2. 硬件设计

整体电路以 8051 单片机为核心，主控部分 Proteus 仿真电路如图 10-16 所示。

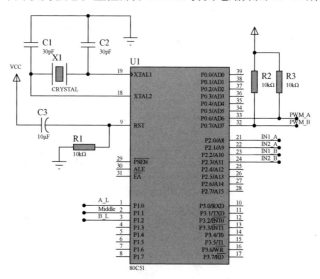

图 10-16　主控部分 Proteus 仿真电路

电动机驱动仿真电路采用 L278 专用电动机驱动芯片来驱动电动机的运行，如图 10-17 所示。循迹检测传感器由 3 个 Q187 光耦合器和 3 个 LM324 构成，如图 10-18 所示。

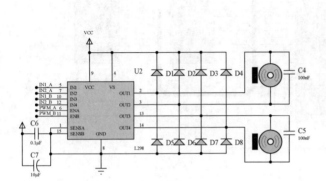

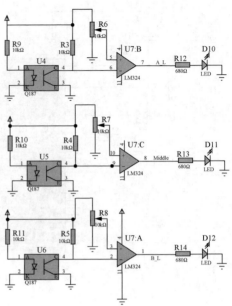

图 10-17　电动机驱动仿真电路　　　　　图 10-18　循迹检测传感器仿真电路

3. 程序设计

程序功能：小车启动后，前 3s 是前进状态，接下来的 3s 是后退状态，之后保持循迹状态。

接口说明：P2 端口的低 4 位分别接的是 L278N 的 IN1_A、IN2_A、IN1_B、IN2_B。

P1.0：连接循迹检测的 A_L 端口。

P1.1：连接循迹检测的 Middle 端口。

P1.2：连接循迹检测的 B_L 端口。

P0.6：连接 L278N 的 ENA 端口。

P0.7：连接 L278N 的 ENB 端口。

C51 程序如下。

```c
#include <reg52.h>
#define  uchar unsigned char
#define  uint  unsigned int
#define Dianji_Control P2              //电动机控制宏的定义
#define A_Qian 0x01
#define A_Hou 0x02
#define B_Qian 0x04
#define B_Hou 0x08
#define Stop 0x00
#define A_B_Qian 0x0A
#define A_B_Hou 0x05
sbit A_L   = P1^0;                     //循迹检测的定义
sbit Middle = P1^1;
sbit B_L   = P1^2;
sbit PWM_A = P0^6;                     //模拟 PWM
sbit PWM_B = P0^7;
uint t0;                               //控制定时时间变量
/********************************************************************
函数功能：定时器 0 配置
********************************************************************/
void Timer0_Config( )
```

```
{
TMOD = 0x01;
TH0 =(65535 - 50000)/ 256;
TL0 =(65535 - 50000)% 256;
EA = 1;
ET0 = 1;
TR0 = 1;
}
/*******************************************************************
函数功能: A、B 两车轮全部正转, 向前走
*******************************************************************/
void Qianjin( )
{
Dianji_Control = A_B_Qian;
}
/*******************************************************************
函数功能: A、B 两车轮全部反转, 向后退
*******************************************************************/
void Houtui( )
{
Dianji_Control = A_B_Hou;
}
/*******************************************************************
函数功能: 向 A 轮的反方向转弯, 即 A 轮转, B 轮停
*******************************************************************/
void A_zhuan( )
{
Dianji_Control = A_Qian;//控制前进方向, 驱动 A 电动机转动, B 电动机停止转动
}
/*******************************************************************
函数功能: 向 B 轮的反方向转弯, 即 A 轮停, B 轮转
*******************************************************************/
void B_zhuan( )
{
Dianji_Control = B_Qian;//控制前进方向, 驱动 B 电动机转动, A 电动机停止转动
}
/*******************************************************************
函数功能: 循迹功能, 沿着黑线走
*******************************************************************/
void Xunji( )
{
if((A_L == 0)&& (Middle == 0)&& (B_L == 0))
Qianjin( );          //3 个循迹检测均在黑线上, 保持前进
if(A_L == 1)         //传感器 A 检测到黑线, A 轮转, B 轮停, 往 B 轮方向转, 直到 A_L=0
A_zhuan( );
if(B_L == 1)         //传感器 B 检测到黑线, B 轮转, A 轮停, 往 A 轮方向转, 直到 B_L=0
B_zhuan( );
if(((A_L == 1) && (B_L == 1))||(Middle == 1))
Houtui( );           //如果 A_L=1、B_L =1 或者 Middle=1, 小车严重偏离黑线轨道, 后退到原来正确的位置
}
void main ( )
{
```

259

```
Timer0_Config( );
PWM_A = 1;                              //PWM_A、PWM_B 设置为有效电平 1
PWM_B = 1;
while(1)
    {
        if(t0 < 60)                     //前 3s 左右是前进状态
                Qianjin( );
        if((t0 >= 60) && (t0 < 120))    //接下来的 3s 内是后退状态
                Houtui( );
        if(t0 > 120)                    //之后保持循迹状态
        {
                TR0 = 0;
                Xunji( );
        }
    }
}
void time0( ) interrupt    1            //定时器 0 中断服务程序
{
TH0 =(65536-50000)/ 256;
TL0 =(65536-50000)% 256;
t0++;
}
```

4. 仿真调试

由于黑线循迹检测传感器的输出为开关量，因此可以用开关替代传感器进行仿真，Proteus 完整的仿真调试结果如图 10-19 所示。当 B_L 传感器检测不到黑线时，一个电动机倒转，另一个电动机停转，实现小车转向，电动机仿真状态如图 10-20 所示。

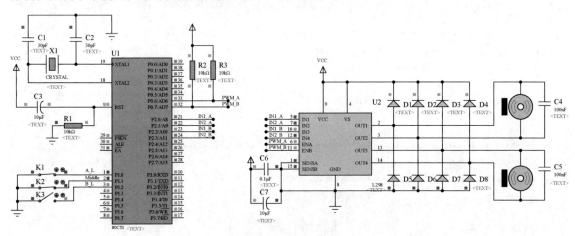

图 10-19　仿真调试结果

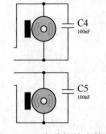

图 10-20　电动机仿真状态

10.2.4　多功能 8 位抢答器

抢答器已经广泛应用在行业技能竞赛、学生学科知识竞赛等场合。用 51 单片机设计实现的抢答器电路简单、使用可靠、操作方便。

1. 设计要求

用单片机实现多功能 8 位抢答器，要求其具有开始抢答、选手编号、倒计时时间设置、秒计时声音提示及数字显示等功能。

2. 硬件设计

在 ISIS 原理图编辑窗口放置元件并布线，设置相应元件参数，8 位抢答器仿真电路如图 10-21 所示。

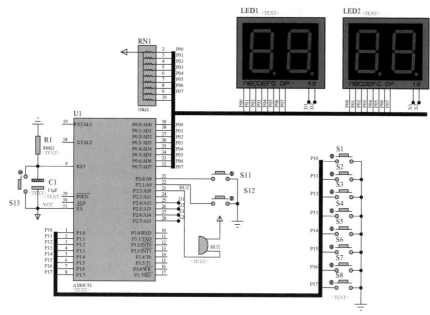

图 10-21　8 位抢答器仿真电路

按键 S12 可以调整抢答倒计时时间及控制抢答后的系统复位，按键 S11 控制开始抢答，P0 端口输出控制 LED1 和 LED2 分别显示倒计时时间及抢答选手编号。P2.4～P2.7 作为动态显示的位控制信号，P2.2 控制蜂鸣器的秒计时声音提示。8 位选手分别控制 S1～S8 按键，待主持人按下 S11 按键后开始抢答，第一个按下抢答按键的选手的编号将被显示，声音提示停止，其他按键均被屏蔽，直到系统复位。

3. 程序设计

程序设计要求对键盘 S1～S8、S11 及 S12 进行消抖处理，LED1 和 LED2 进行动态显示，通过定时器中断产生秒计时单位。

C51 控制部分程序如下（完整程序见本书电子资源）。

```c
#include<reg51.h>
#define uchar unsigned char
#define uint unsigned int
#define  max 20
uchar tab[]={0x3f,0x06,0x5b,0x4f,0x66,0x6d,0x7d,0x07,0x7f,0x6f};
sbit d1=P2^4;
sbit d2=P2^5;
sbit x1=P2^6;
```

```
sbit x2=P2^7;
sbit k1=P1^0;
sbit k2=P1^1;
sbit k3=P1^2;
sbit k4=P1^3;
sbit k5=P1^4;
sbit k6=P1^5;
sbit k7=P1^6;
sbit k8=P1^7;
sbit zk1=P2^0;
sbit zk2=P2^1;
sbit buz=P2^2;
uchar d_num,cnt;
uchar x_flag;
void jianpan();
void init(void)              //定时器 0 初始化
{
    TMOD=0x01;
    TL0=0xB0;
    TH0=0x3C;
    TR0=1;
    ET0=1;
    EA=1;
    d_num=max;
}
void delay(uint xms)         //延时函数
{
    uint x,y;
    for(x=xms;x>0;x--)
     for(y=110;y>0;y--);
}

void display()               //显示函数
{  ... }                     //详见电子资源

void timer0(void) interrupt 1 //定时器 0 中断函数
 {  ... }                     //详见电子资源

void jianpan()               //键盘识别函数
 {  ... }                     //详见电子资源

void main()                  //主函数
{    init();
     while(1)
     {
      jianpan();
      display();
     }
}
```

4. 仿真调试

仿真调试步骤如下。

① 在 Keil 环境下建立工程，输入源程序代码，输入文件名（.c）并保存，编译生成.hex 文件。

② 在 Proteus 环境中设置晶振频率，加载.hex 文件。

③ 单击仿真运行按钮，8 位抢答器仿真调试结果如图 10-22 所示。可以看出，在抢答开始倒计时 11s 时，S3 按键按下，抢答成功。

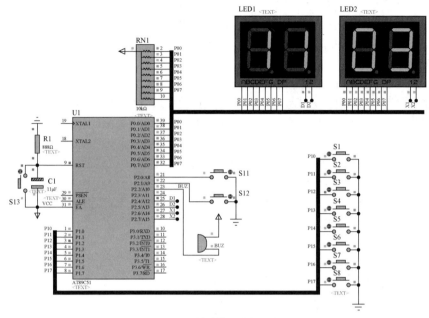

图 10-22　8 位抢答器仿真调试结果

10.2.5　LED 点阵显示系统

LED 点阵显示已经广泛应用在系统的信息显示，以及广告、商场、银行、车站等公共信息展示场合。

1. 设计要求

设计 LED 点阵显示系统，基本功能和要求如下。

① 要求在 16×32 的点阵上显示汉字、字母和数字。

② 点阵可以水平移动显示和垂直滚动显示。

③ 通过按键能够切换显示方式。

2. 硬件设计

（1）元器件

选取所需的基本元器件，点阵显示要求为 16×32，由于驱动需要的 I/O 口较多，直接用单片机的 I/O 口不能满足需要，因此这里选择用 74LS595 和 74LS154 进行 I/O 口扩展，元器件见表 10-1。

表 10-1　元器件

元器件名称	参数/型号	数量	关键字
单片机	80C51	1	80C51
晶振	12MHz	1	Crystal
瓷片电容	30pF	2	Cap
电解电容	10μF	1	Cap-Pol
电阻	10kΩ	4	Res
74LS595		4	74LS595
74LS154		1	74154
点阵显示	16×16	2	LED-16X16-RED
开关		3	Switch

（2）点阵显示基本原理

点阵显示系统是由若干个单元点阵模块组成一个大的显示屏。

单元点阵模块是按照矩阵的形式组合在一起的，目前市场上有 5×8、8×8、16×16 等类型，根据 LED 的直径分为 1.7mm、3.0mm、5.0mm 等，点阵模块按颜色分有单色（红色）、双色（红色和绿色，如果同时发光可显示黄色）和全彩（红色、绿色和蓝色，调整 3 种颜色的亮度可显示不同的颜色）等。8×8 单色点阵的结构如图 10-23 所示。

由图 10-23 可知，LED 连接成矩阵的形式，同一行 LED 的阳极共接在一起，同一列 LED 的阴极共接在一起。只有当 LED 阳极加高电平、阴极加低电平时，LED 才能被点亮。

按照点亮的规则，一个 16×16 的汉字点阵显示数据（汉字的字模编码）需要占用 32 字节。例如，"系"字的汉字字模编码显示如图 10-24 所示。字模软件设置按照从左向右，从上到下的顺序，字节正序（左为高位，右为低位）排列，将字模取出存放于字模数组，行线循环选通，列线查表输出，点亮相应的 LED，每个字需要多次循环扫描才能稳定显示。

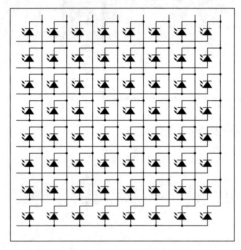

图 10-23　8×8 单色点阵的结构

图 10-24　字模

（3）74LS595、74LS154 简介

74LS595 是一个 8 位串行输入转并行输出的移位寄存器，它具有数据存储寄存器等优点。74LS595 在移位的过程中，输出端的数据可以保持不变，因此，在串行速度比较慢的场合，点阵显示没有闪烁感。

74LS154 是一个 4-16 译码器，其功能及引脚可查阅相关资料。

（4）仿真电路

LED 点阵显示系统 Proteus 仿真电路如图 10-25 所示。

3. 程序设计

LED 点阵显示系统 C51 程序代码见本书电子资源。

4. 仿真调试

仿真调试步骤如下。

① 建立 Keil 工程，输入程序代码，编译产生.hex 文件。

② 在 Proteus 中设置仿真环境，加载.hex 文件。

③ 仿真运行。

LED 点阵显示系统 Proteus 仿真结果如图 10-26 所示。

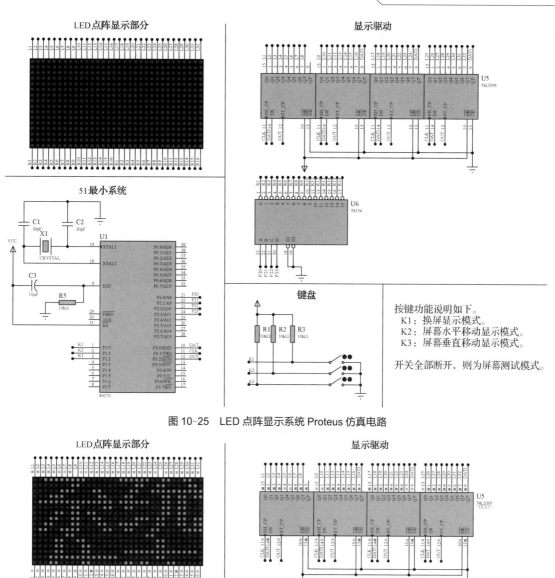

图 10-25 LED 点阵显示系统 Proteus 仿真电路

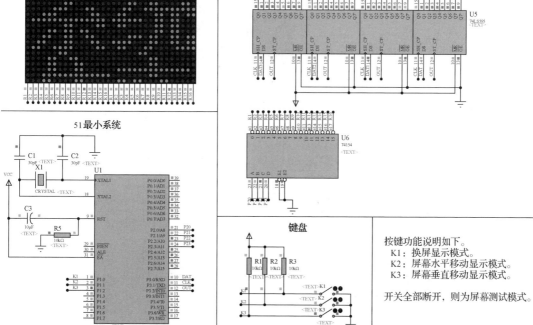

图 10-26 LED 点阵显示系统 Proteus 仿真结果

10.3　单片机（模拟量）应用系统设计实例

本节以单片机控制模拟量的典型应用系统为例，介绍单片机应用系统设计开发过程。

10.3.1　数字测量仪表

数字测量仪表一般用于对模拟量传感器输出的直流电压信号（如 0～5V）或电流信号（如 4～20mA）进行测量和显示。

对于不同的传感器（如热电阻、热电偶、压力传感器）可以测量不同的物理量，其测量信号由传感器（变送器）将其转换为标准模拟电压信号后，经 A/D 转换器转换为数字信号输入单片机，单片机通过软件进行标度变换后显示不同的物理量。

数字测量仪表在外加不同传感器电路的支持下，选择串行 A/D 转换器 TLC549，可以实现对多种物理量的数字化测量及显示。

TLC549 是 TI 公司生产的 8 位串行 A/D 转换器芯片。该芯片通过引脚 $\overline{CS}$ 、I/O CLOCK、DATA OUT 与单片机进行连接，TLC549 芯片引脚功能参见 9.2.3 小节。

1. 设计要求

由单片机控制 TLC549 芯片完成 8 位串行 A/D 转换并显示模拟电压值。

2. 硬件设计

数字测量仪表仿真电路如图 10-27 所示，调整电位器 RV1 对电源的分压来替代传感器输出的标准电压信号，由 TLC549 转换器实现对电位器 RV1 上的模拟电压的采集，单片机通过 P1.0、P1.1 及 P1.2 引脚与 TLC549 相连接，通过 4 位共阴极数码管实时显示采集到的电压值，采用动态扫描，数码管显示采用两片 74HC573 来分别驱动数码管段选信号和位选信号，单片机的 P0 端口控制段码的输出，P3 端口输出位码的输出。

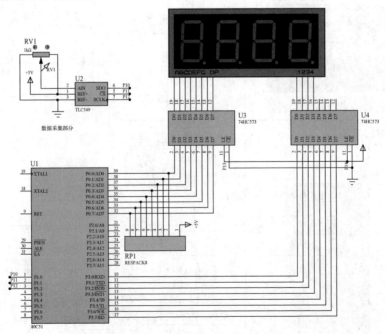

图 10-27　数字测量仪表仿真电路

注意，该电路为 Proteus 仿真电路，在实际电路中，LED 数码管的每一段应该串接一个限流电阻。

3. 程序设计

在 C51 程序中，由主函数读取 TLC549 的当前电压转换值，并将其换算成十进制的数值，然后送到 LED 数码管上显示。为使显示稳定，每次读出的电压值扫描显示 10 次。

C51 程序如下。

```
/***********************************************************************/
//功能：串行 A/D 转换器 TL549 进行一路模拟量的测量
/***********************************************************************/
#include<reg51.h>
#include<intrins.h>
#define  uint unsigned int                  //宏定义
#define  uchar    unsigned char
sbit   CLK    =P1^2;                         //定义 TLC549 串行总线操作端口
sbit   DAT    =P1^0;
sbit   CS =P1^1;
unsigned char code lab[]={0x3F,0x06,0x5B,0x4F,0x66,0x6D,0x7D,0x07,0x7F,0x6F,0x77,
                  0x7C,0x37,0x5E,0x77,0x71};
uchar     bdata     ADCdata;
sbit      ADbit=ADCdata^0;
uchar     disp_buffer[4];
/***********************************************************************/
//延时程序（参数为延时毫秒数）
/***********************************************************************/
void delay(uint  x)
{
    uint  i,j;
    for(i=0;i<x;i++)
    {
          for(j=0;j<124;j++)
          {;}
    }
}
/***********************************************************************/
// 函 数 名：TLC549_READ
// 功    能：A/D 转换子程序
// 说    明：读取上一次 A/D 转换的数据，启动下一次 A/D 转换
/***********************************************************************/
uchar TLC549_READ( )
{
    uchar i;
    CS=1;
    CLK=0;
    DAT=1;
    CS=0;
    for(i=0;i<8;i++)
    {
        CLK=1;
        _nop_( );              //空操作，生一个机器周期的时间延迟
        _nop_( );
        ADCdata<<=1;           //读出 ADC 端口值
        ADbit=DAT;
        CLK=0;
```

```
                _nop_( );
        }
    return (ADCdata);
}
/**********************************************************************/
//显示函数
/**********************************************************************/
void display( )
{
    uchar i,temp;
    temp=0xFE;
    for(i=4;i>0;i--)
    {
        if(i==4)
        {
            P0=lab[disp_buffer[i-1]]|0x80;  //添加小数点
        }
        else
            P0=lab[disp_buffer[i-1]];
        P3=temp;
        delay(2);
        P3=0xFF;
        temp=(temp<<1)|0x01;
    }
}
/**********************************************************************/
// 函 数 名: main
// 功    能: 主程序
/**********************************************************************/
void main( )
{
    uchar i,ADC_DATA;                  //定义 A/D 转换数据变量
    float b;
    uint a;
    while(1)
    {
        TLC549_READ( );                //启动一次 A/D 转换
        delay(1);
        ADC_DATA=TLC549_READ( );       //读取当前电压值的 A/D 转换数据
        b=ADC_DATA*0.0176;
        a=b*1000+0.5;
        disp_buffer[3]=a/1000;
        disp_buffer[2]=(a%1000)/100;
        disp_buffer[1]=a%100/10;
        disp_buffer[0]=a%10;
        for(i=0;i<10;i++)
            display( );
    }
}
```

4. 仿真调试

调整电位器 RV1 上的模拟电压数值，数字测量仪表仿真调试结果如图 10-28 所示。

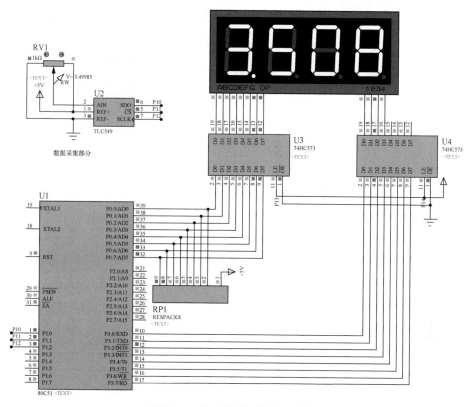

图 10-28　数字测量仪表仿真调试结果

10.3.2　热电偶温度控制系统

热电偶是温度控制系统中常用的测温传感器，其特点是测量线路简单、测量准确度高、复现性好、测温范围大，已成为工业生产过程中标准温度测量传感器之一。

1. 设计要求

用 51 单片机实现热电偶测温并用数字显示温度值，同时实现对温度的二位式（定值）控制。

2. 硬件设计

（1）元器件

① 热电偶按其材料划分为各种不同分度号，在一定的温度下，不同分度号的热电偶的输出电压值也不相同，这里选择分度号为 "K" 的热电偶。

② 选择 K 型热电偶数字传感器 MAX6675 芯片（必须与热电偶分度号一致）。MAX6675 是一个 12 位串行输出的热电偶 A/D 转换器，可以把热电偶输出的模拟电压信号转换为数字信号，具有冷端自动补偿校正功能和断偶保护功能。

③ 利用继电器控制温度的加热，以实现二位式温度控制。

（2）仿真电路

热电偶温度控制系统仿真电路如图 10-29 所示。其中 U2（MAX6675）通过单片机 P1.1（时钟）、P1.2（片选）的控制，将 SO 输出的串行数据送给 P1.1。P0 端口输出温度显示数据的段码，P2.0 和 P2.1 作为显示器的位选信号。P2.2 输出位信号控制继电器开关（加热器），P2.3 控制电风扇仿真作为温度系统的干扰。

注意，实际电路中，P0 端口每一位与 7 段 LED 之间要串接一个限流电阻。

269

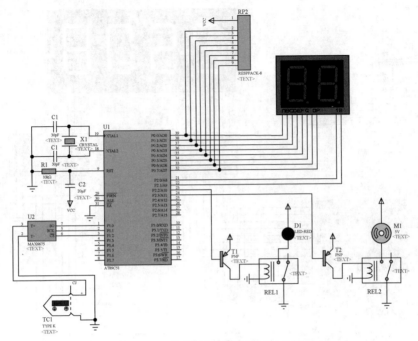

图 10-29 热电偶温度控制系统仿真电路

3. 程序设计

通过编程实现设置系统温度初始值为 90℃，系统温度小于或等于 89℃开始加热，大于 89℃停止加热，等于或大于 91℃开始散热。

热电偶温度控制系统 C51 程序代码见本书电子资源。

4. 仿真调试

仿真调试步骤如下。

① 建立 Keil 工程，输入程序代码，编译产生.hex 文件。

② 在 Proteus 中设置仿真环境，加载.hex 文件。

③ 仿真运行。

热电偶温度控制系统仿真结果如图 10-30 所示。在发生热电偶断路故障时，断偶保护功能为停止加热、只有散热，同时显示二位数据的最大值 99，如图 10-31 所示。

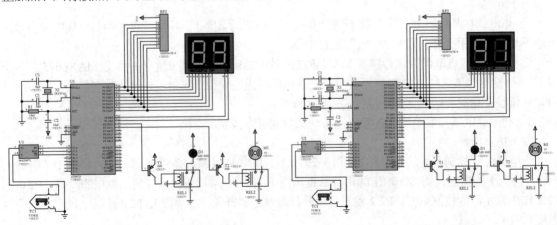

（a）REL1 触点导通开始加热　　　　　　　　　（b）REL2 触点导通开始散热

图 10-30 热电偶温度控制系统仿真结果

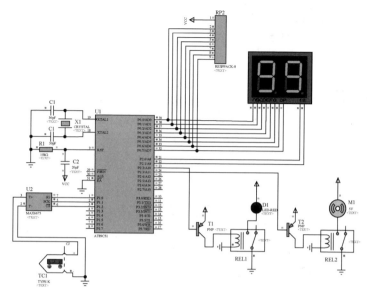

图 10-31　热电偶断偶保护仿真结果

10.4　单片机（综合）应用系统设计实例

本节以直流电动机转速 PID 控制系统、舵机闭环控制系统、基于蓝牙技术遥控的单片机及多功能 LCD 电子时钟为例，介绍单片机综合应用系统的设计实例。

10.4.1　直流电动机转速 PID 控制系统

直流电动机转速 PID 控制系统是一个典型的计算机闭环控制系统，该系统通过测量电动机转速、PID 控制算法及 PWM 输出实现对直流电动机转速的控制。

1. 系统要求

系统基本功能和要求如下。

① 要求能控制电动机的正反转与停止。

② 能够显示电动机当前转速及运行状态。

③ 能够通过按键设置电动机转速及各项参数。

④ 控制电动机快速达到设定转速。

2. 系统分析

（1）闭环控制系统

系统要求电动机转速稳定在设定值（在规定的偏差内）。因此，应该设计为一个负反馈闭环（定值）控制系统，如图 10-32 所示。

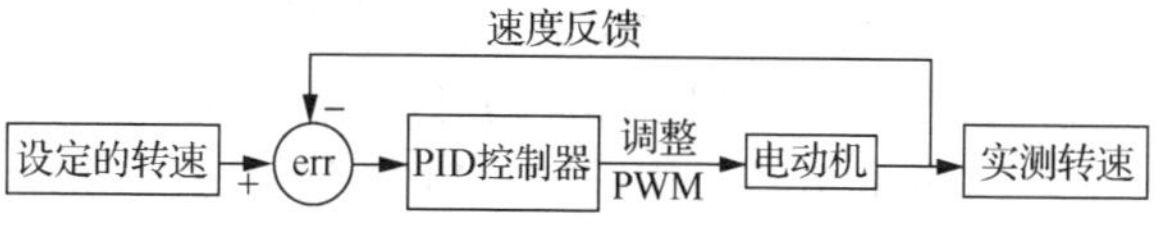

其中，err 为设定转速与实测转速之差。

（2）电动机转速的检测

通过测量电动机编码器输出方波的脉冲宽度可快速计算出当前电动机的转速。

（3）PID 控制算法

系统要求电动机转速受干扰发生变化时，能经过系统调节快速达到设定转速，因此，可采用 PID 控制算法。

图 10-32　PID 控制系统框架

（4）PWM 实现模拟量控制

通过 PWM（脉冲宽度调制信号，调节占空比）输出控制电动机转速的模拟量变化。

3. PID 控制算法

设系统电动机速度测量值与设定值之间的偏差如下。

$$e(t) = 测量值-设定值$$

PID 控制算法的数学公式（模拟量）如下。

$$u(t) = K_P\left[e(t) + \frac{1}{T_I}\int_0^t e(t)\mathrm{d}t + T_D \mathrm{d}e(t)/\mathrm{d}t \right]$$

其中：

$e(t)$：控制器输入信号，一般为输入信号与反馈信号之差。

$u(t)$：控制器输出信号。

K_P：控制器比例系数。

T_I：控制器积分时间常数。

T_D：控制器微分时间常数。

PID 算法的输出 $u(t)$ 与偏差成比例、积分和微分运算（变化率）关系。

计算机为了实现 PID 运算，必须对模拟量的数学公式离散化，以便于程序设计。

（1）位置式 PID 算法

位置式 PID 算法（控制器）的输出就是执行机构的实际位置，适用于执行机构不带积分部件的对象。经离散化处理后的位置式 PID 算法公式如下。

$$t \approx kT(k = 0,1,2,\cdots)$$
$$e(t) \approx e(kT)$$
$$\int e(t)\mathrm{d}(t) \approx \sum_{j=0}^{k} e(jT)T = T\sum_{j=0}^{k} e(jT)$$
$$\frac{\mathrm{d}e(t)}{\mathrm{d}t} \approx \frac{e(kT)-e[(k-1)]T}{T}$$
$$u(k) = K_P\{e(k) + \frac{T}{T_I}\sum_{j=0}^{k} e(j) + \frac{T_D}{T}[e(k)-e(k-1)]\}$$
$$= K_P e(k) + K_I\sum_{j=0}^{k} e(j) + K_D[e(k)-e(k-1)]$$

由于位置式 PID 算法在每次采样计算时要对偏差进行累加，控制器的输出与过去的整个状态有关，因此，容易产生较大的累积计算误差。位置式 PID 控制器在计算机出现故障时，由于执行机构本身无积分（记忆）功能，因此对系统影响也较大。

（2）增量式 PID 算法

增量式 PID 算法输出的是控制量的增量（变化量），可以减小计算误差对控制量的影响，该算法适用于执行机构带积分部件的对象，如步进电动机等。

经离散化处理后的增量式 PID 算法公式如下。

$$\Delta u(k) = u(k)-u(k-1)$$
$$= K_P e(k) + K_I\sum_{j=0}^{k} e(j) + K_D[e(k)-e(k-1)] -$$
$$K_P e(k-1) - K_I\sum_{j=0}^{k-1} e(j) - K_D[e(k-1)-e(k-2)]$$
$$= K_P[e(k)-e(k-1)] + K_I e(k) + K_D[e(k)-2e(k-1)] + e(k-2)]$$

增量式 PID 控制器在计算机出现故障时，由于执行机构本身有记忆功能，仍可保持原来位置，对系统影响较小。

4. 硬件设计

（1）选择元器件

LCD 采用 LCD1602，状态指示采用 LED，键盘采用单列的按键即可。元器件见表 10-2。

表 10-2　元器件

元器件名称	参数/型号	数量	关键字
单片机	AT89C52	1	AT89C52
晶振	12MHz	1	Crystal
瓷片电容	30pF	2	Cap
电解电容	10μF	1	Cap-Pol
电阻	10kΩ	5	Res
按键		4	Button
液晶显示器	LCD1602	1	Lm016L
电位器		1	Pot-hg
LED	红色	1	LED-Red
LED	黄色	1	LED-Yellow
LED	绿色	1	LED-Green
晶体管	PNP	2	PNP
晶体管	NPN	2	NPN
与非门	74LS00	1	74ls00
电动机	带编码器	1	Moto-Encoder

（2）仿真电路

打开 Proteus 原理图编辑窗口，按照表 10-2 中关键字选择元器件，如在元器件选择关键字栏输入 "mot"，选择 "MOTER-ENCODER"，然后放置元器件，如图 10-33 所示。这种电动机自带编码器，通过测量编码器的输出可以计算出电动机的转速。MP1、MP2 引脚分别为电动机输出端。电动机下方的绿色方框在运行时可显示电动机的转速，单位是 r/min。上边的 3 个引脚中，左侧引脚功能是电动机每转一圈输出多个脉冲，正、负脉冲宽度相同，默认为 12，可以在 "Edit Component" 对话框中设置；中间引脚功能是电动机每转一周输出一个脉冲；右侧引脚功能是可以输出多个脉冲，其相位与左侧引脚不同。

设置相关参数，如双击电路中电动机图标，弹出 "Edit Component" 对话框，如图 10-34 所示。

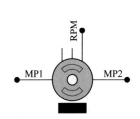

图 10-33　带编码器的电动机

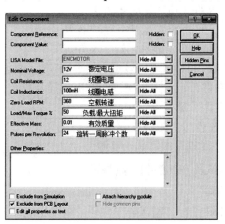

图 10-34　电动机参数设置

为了配合电路可以将电动机额定工作电压改为 5V；为了使测得的转速更准确，将旋转一周的脉冲个数改为 128。首先测出正脉冲宽度，然后计算 60s 内含的正脉冲宽度的个数，即可求出电动机的转速，转速计算公式如下。

$$转速=（60000000μs/正脉冲宽度/128）×2$$

直流电动机转速 PID 控制系统 Proteus 仿真电路如图 10-35 所示。

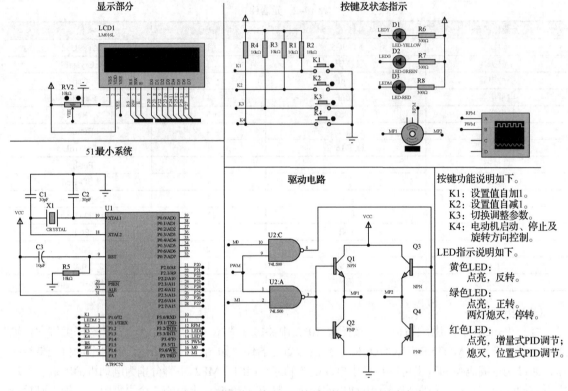

图 10-35　直流电动机转速 PID 控制系统 Proteus 仿真电路

5.　程序设计

直流电动机转速 PID 控制系统采用模块化（文件）程序设计方法。C51 程序包含文件如下。

① head.h 文件（定义.h 文件及数据类型等）。
② delay.h 文件（声明延时函数）。
③ delay.c 文件（声明毫秒级延时函数）。
④ lcd1602.h 文件（显示函数头文件）。
⑤ lcd1602.c 文件（LCD 显示文件）。
⑥ key.h 文件（定义工程用到的按键扫描函数及公共变量）。
⑦ key.c 文件（键盘识别文件）。
⑧ main.c 文件（主函数文件）。

各文件程序代码见本书电子资源。

6.　仿真调试及 PID 控制参数整定

（1）仿真调试

① 建立 Keil 工程，输入程序代码，编译生成.hex 文件。
② 仿真调试，将生成的.hex 文件加载到单片机中，实现系统的仿真运行。

（2）PID 控制参数整定

控制系统主要是通过调节比例系数 kp、积分系数 ki（积分时间 Ti=1/ki）和微分系数 kd（微分时间 Td=1/ kd），使电动机转速在受到扰动时，在 PID 算法控制下，使电动机按一定的变化规律尽快恢复到设定值，满足控制系统要求。

可以根据经验先确定 kp、ki、kd 参数进行编程，然后根据系统运行状态进行 PID 控制参数整定（本系统 PID 控制参数整定必须通过修改 main.c 文件中的 void init() 函数体的 kp、ki、kd 变量的数值实现）。

一般来说，在干扰作用下，PID 控制参数整定的总体规则如下。

① 当电动机转速达到系统设定值的时间较长时，说明 PID 控制作用较弱，可以增加 PID 输出控制量（选择增加 kp 或 ki）；当电动机转速出现"振荡"时，说明 PID 控制作用较强，可以减少 PID 输出控制量。

② 当电动机转速消除偏差的时间较长时，需要增强积分控制作用（增加 ki）；当电动机转速在设定值上下振荡时，需要减弱积分控制作用。

③ 当电动机转速与设定值偏差较大时，需要增强微分控制作用（增加 kd）；当电动机转速振荡较频繁时，需要减弱微分控制作用。

PID 控制参数的整定需要结合以上规则，并根据经验反复调整，才能达到较好的控制效果。

直流电动机转速 PID 控制系统的 Proteus 仿真结果如图 10-36 所示（电动机转速达到设定转速）。

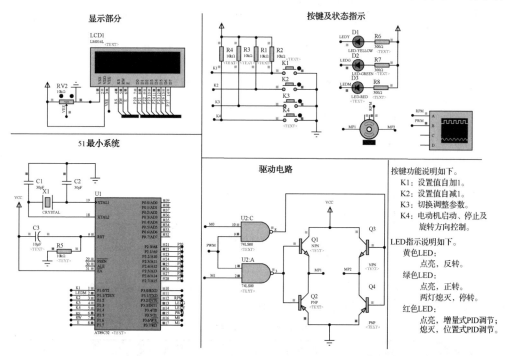

图 10-36　直流电动机转速 PID 控制系统的 Proteus 仿真结果

10.4.2　舵机闭环控制系统

单片机可以实现对舵机的控制，舵机是机器人、无人机等常用的控制单元。

1. 设计要求

舵机闭环控制系统的基本功能和要求如下。

① 控制两路舵机。

② 通过按键调整舵机的角度位置信号，控制舵机角度按一定规律随其变化。

③ 显示两路舵机的角度。

④ 系统启动时要求舵机舵盘初始位置在中间（既能左转，又能右转），能够通过按键控制回到中间位置。

2. 硬件设计

根据上述设计要求，本系统可以采用 PWM 输出控制舵机。

（1）舵机基本工作原理

舵机是一种实现精确角度控制的伺服电动机。标准舵机基本结构如图 10-37 所示，主要由小型直流电动机、变速齿轮组、电位器和控制电路板 4 部分组成，其工作过程可简化为一个典型的闭环控制系统，如图 10-38 所示。通过向舵机输入端输入 PWM 控制信号作为角度信号输入，可以控制舵机输出角度。要求 PWM 控制信号频率为 50Hz，脉冲宽度的变化范围为 0.5～2.5ms，舵机输出角度对应为 0～180°，PWM 控制信号示意如图 10-39 所示。

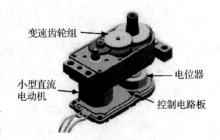

图 10-37　标准舵机基本结构

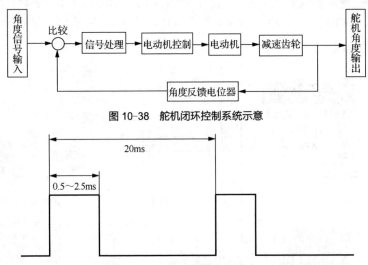

图 10-38　舵机闭环控制系统示意

图 10-39　PWM 控制信号示意

（2）硬件电路

选取所需的基本元器件，见表 10-3。Proteus 舵机闭环控制系统仿真电路如图 10-40 所示。其中，按键 K1、K2 分别用于舵机输出角度的加、减操作。

表 10-3　基本元器件

元器件名称	参数/型号	数量	关键字
单片机	80C51	1	80c51
晶振	24MHz	1	Crystal
瓷片电容	30pF	2	Cap
电解电容	10μF	1	Cap-Pol
电阻	10kΩ	5	Res
8 位一体 LED 数码管	蓝色共阳极	1	7Seg-MPX8-ca-blue
锁存器	74HC573	2	74HC573.IEC
按键		4	BUTTON
舵机	标准 PWM 驱动	2	Motor-Pwmservo

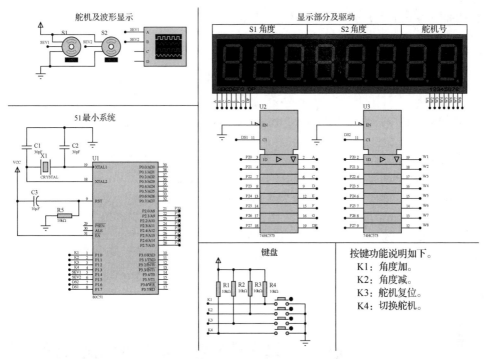

图 10-40　Proteus 舵机闭环控制系统仿真电路

3. 程序设计

根据功能要求，单片机需要输出一个脉冲宽度可调的 PWM 控制信号。普通的 51 单片机是没有内置硬件 PWM 功能的，但是可以通过软件模拟生成 PWM 控制信号。根据 PWM 控制信号的频率和脉冲宽度的要求，可计算出定时器最大定时时间为 0.5ms，经定时器溢出 40 次，作为 PWM 控制信号的一个周期，即可实现输出频率为 50Hz。但是这样只能控制 5 个角度的变化。因此，将定时器的定时时间在 0.5ms 的基础上按比例缩小，这里设置为 25μs，使定时器溢出次数扩大至 800，即可得到系统要求的 PWM 控制信号。为了提高 PWM 控制信号输出精度，可以将单片机的晶振频率设计为 24MHz。

程序流程图如图 10-41 所示。

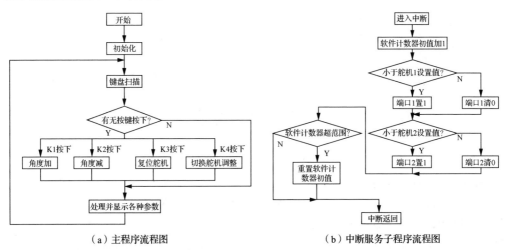

（a）主程序流程图　　　　　　（b）中断服务子程序流程图

图 10-41　程序流程图

舵机闭环控制系统 C51 程序见本书电子资源。

4. 仿真调试

仿真调试步骤如下。

① 建立 Keil 工程，输入源码，编译生成.hex 和.omf 文件，以便运行和仿真。

② 修改 Proteus 中仿真舵机 Motor-Pwmservo 的属性，如图 10-42 所示。

舵机默认属性的最小角度值为-70、最大角度值为 70，根据设计要求更改为 0 和 180；舵机默认属性的最小脉冲宽度为 1ms，最大脉冲宽度为 2ms，根据设计要求更改为 0.5ms 和 2.5ms。

③ 仿真运行。将生成的.oem 文件载入仿真电路单片机中，单击"运行"按钮，可实现系统的仿真运行。通过按键可以控制舵机的运行。如果系统运行中出现问题，可利用 Proteus 的调试功能，进行系统仿真调试。舵机闭环控制系统 Proteus 仿真结果如图 10-43 所示，虚拟示波器显示的 PWM 波形如图 10-44 所示。

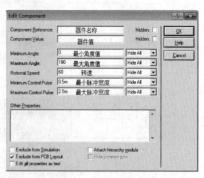

图 10-42　舵机属性修改

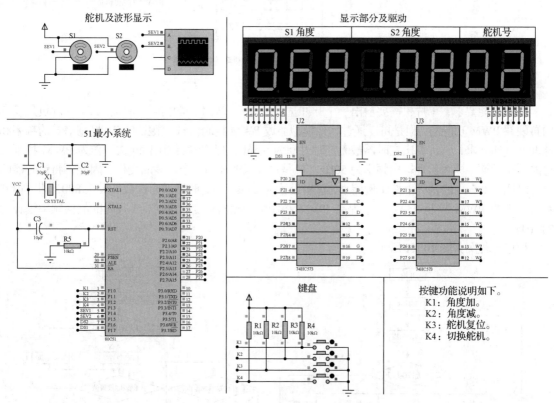

图 10-43　舵机闭环控制系统 Proteus 仿真结果

5. 程序下载、脱机运行

① 根据 Proteus 的仿真原理，通过 PCB 制作实物电路，并检测各部分电路是否正常。

② 使用 ISP 软件将生成的.hex 文件下载到单片机。

③ 上电运行系统，检测系统各项功能是否正常。一般情况，经过 Proteus 仿真成功的系统，在实物电路中也是成功的。

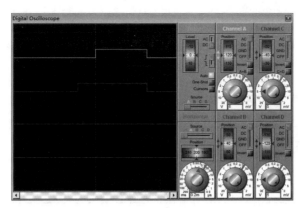

图 10-44　PWM 波形

10.4.3　基于蓝牙技术遥控的单片机应用实例

蓝牙（Bluetooth）是一种可实现固定设备、移动设备和楼宇个人域网之间的短距离数据交换的无线技术标准，使用 2.4~2.4835GHz 的 ISM（Industria Scientific and Medical band，工业、科学和医疗频带）波段的 UHF（Ultrahigh Frequency，特高频）无线电波进行无线遥控。

使用蓝牙技术可以十分方便地对单片机应用系统进行无线遥控。

1. 设计要求

使用蓝牙技术遥控单片机应用系统（小车），基本功能如下。

① 用户可用手机通过蓝牙控制连接小车。

② 手机远程遥控小车的动作（前进、后退、左转和右转等操作）。

2. 硬件设计

（1）设计思路

① 51 单片机通过对驱动芯片 L298 的操作，控制两个微型直流电动机实现小车的前进、后退、左转和右转。

② 蓝牙遥控功能，在系统中配备蓝牙模块实现。

③ 小车动作的控制，通过车体上的单片机读取蓝牙的指令数据实现。

④ 由于 Proteus 内并没有蓝牙仿真模块，因此在仿真电路中，蓝牙模块与单片机的连接是通过串口实现的。Proteus 中的 COMPIM 虚拟元器件可实现计算机的物理串口和 Proteus 中的虚拟串口的映射，利用该虚拟元器件实现 Proteus 中单片机和实体蓝牙模块的连接。蓝牙模块通过计算机的物理串口映射后与 Proteus 中的仿真系统进行通信。

（2）元器件

选取所需的基本元器件，本系统所需元器件见表 10-4。

表 10-4　元器件

元器件名称	参数/型号	数量	关键字
单片机	80C51	1	80C51
晶振	11.0592MHz	1	CRYSTAL
瓷片电容	30pF	2	CAP
电解电容	10μF	1	CAP-ELEC
电阻	10kΩ	1	RES
驱动模块		1	L298
直流电动机		2	MOTOR-DC
虚拟器件		1	COMPIM

（3）HC05 模块简介

采用高性能主从一体蓝牙串口模块 HC05。HC05 模块实物如图 10-45 所示。

HC05 模块引脚名称及功能见表 10-5。

表 10-5　HC05 模块引脚名称及功能

引脚编号	引脚名称	引脚功能
1	EN	使能引脚，接 3.3V 可进入 AT 模式（不同底板有所不同）
2	VCC	模块供电引脚，3.3～6V
3	GND	模块接地引脚
4	TXD	串口数据发送，TTL 电平
5	RXD	串口数据接收，TTL 电平
6	STATE	连接状态指示，连接前为低电平，连接后为高电平

图 10-45　HC05 模块实物

HC05 模块部分工作参数及特点如下。

① 采用 CSR 主流蓝牙芯片，遵循蓝牙 2.0 协议标准。

② 模块供电电压：3.3～3.6V。

③ 默认参数：波特率为 9600bit/s，配对码为 1234，工作在从机模式。

④ 核心模块尺寸：27mm×13 mm×2mm。

⑤ 工作电流：不大于 50mA（以实测为准）。

⑥ 通信距离：空旷条件下 10m 以内，正常使用环境 8m 以内。

⑦ 支持使用 AT 指令更改工作模式。

（4）蓝牙模块通信

直接用手机与蓝牙模块进行配对，单片机通过串口接收蓝牙模块发送的指令。蓝牙模块通过 USB 转串口模块连接到仿真系统所在计算机的 USB 接口上，如图 10-46 所示。

（5）Proteus 中的 COMPIM 虚拟器件

在元器件栏中输入关键字"COMPIM"，选择该器件加入电路图编辑窗口，双击该元件图标弹出"Edit Component"对话框，如图 10-47 所示。

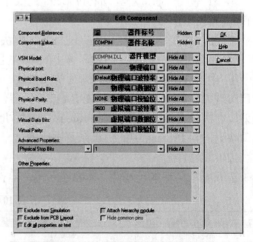

图 10-46　蓝牙模块与计算机的 USB 连接示意　　　图 10-47　COMPIM 虚拟元件属性设置

在图 10-47 所示的对话框中，可设置物理串口的端口号、停止位、数据位、校验位、波特率等参数。COMPIM 器件可以将物理端口的波特率转换为虚拟元件连接的单片机的波特率。例如，如果使用的外部设备的波特率为 115200bit/s，而普通的 51 单片机的波特率在晶振频率为 11.0592MHz 时的最高波特率为 19200bit/s，那么可以将"Physical Baud Rate"（物理端口波特率）设置为 115200bit/s，将"Virtual Baud Rate"（虚拟端口波特率）设置为 9600bit/s，实现不同波特率的外设和仿真电路中 51 单片机的通信。

　　本例中用的蓝牙模块内置的固件，默认的波特率是 9600bit/s，可以直接与仿真电路中的 51 单片机直接通信。这里将"Physical port"（物理端口号）修改为计算机对应的 USB 转串口的端口号，物理端口波特率和虚拟端口波特率都改为 9600bit/s，如图 10-47 所示。

　　（6）仿真电路

　　蓝牙遥控的单片机控制小车运行仿真电路如图 10-48 所示。

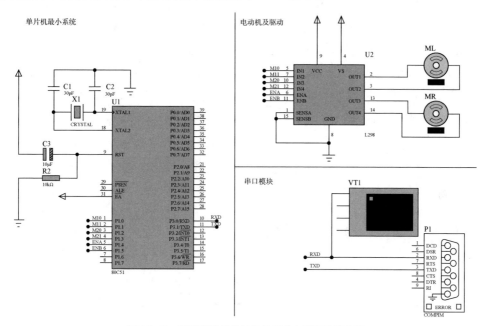

图 10-48　蓝牙遥控的单片机控制小车运行仿真电路

3. 程序设计

　　要求当系统开始运行时，两个电动机处于停止状态。用户通过手机连接蓝牙模块，然后发送指令（设"w"表示前进、"s"表示后退、"a"表示左转、"d"表示右转）。仿真系统根据接收到的数据，实现对小车运动的控制。

　　C51 程序如下。

```c
#include <reg51.h>
typedef unsigned char uint8;
typedef unsigned int uint16;
/*---------------------------
定义驱动电动机运动状态对应的数据
---------------------------*/
#define GO    0xF5
#define BACK  0xFA
#define LEFT  0xF6
#define RIGHT 0xF9
/*---------------------------
定义电动机驱动 L298 对应的引脚
---------------------------*/
sbit M10 = P1^0;
sbit M11 = P1^1;
sbit M20 = P1^2;
```

```
sbit M21 = P1^3;
sbit ENA = P1^4;
sbit ENB = P1^5;
/*----------------------------
函数名: InitUART
函数功能: 串口初始化
输入: 无
返回值: 无
----------------------------*/
void InitUART(void)
{
    TMOD = 0x20;                    //设置定时器1工作在模式2
    SCON = 0x50;                    //串口工作在方式1，允许接收数据
    TH1 = 0xFD;
    TL1 = TH1;
    PCON = 0x00;                    //波特率不翻倍
    EA = 1;
    ES = 1;                         //打开中断
    TR1 = 1;                        //启动定时器
}
void main(void)
{
    InitUART();
    while(1);
}
void UARTInterrupt(void) interrupt 4
{
   if(RI)                           //RI 为 1，表示接收中断
   {
      RI = 0;
      switch(SBUF)                  //判断串口数据
      {
         case 'w':P1 = GO;    break; // 'w'，电动机 ML、MR 正转，小车前进
         case 's':P1 = BACK; break; // 's'，电动机 ML、MR 反转，小车后退
         case 'a':P1 = LEFT; break; // 'a'，电动机 ML 反转，电动机 MR 正转，小车左转
         case 'd':P1 = RIGHT; break; //'d'，电动机 MR 反转，电动机 ML 正转，小车右转
         default:P1 = 0;            //其他数据， ML、MR 停止转动
      }
   }
   else
      TI = 0;                       //清除发送中断标志位
}
```

4. 仿真调试

仿真调试步骤如下。

① 建立 Keil 工程，输入源码，编译生成.hex 文件。

② 按照 "COMPIM" 器件的使用方法将 USB 转串口接入计算机，查看对应的串口端口号，设置 "COMPIM" 对应的物理串口。

③ 将.hex 文件加载到仿真电路的单片机中，并运行仿真。

④ 通过手机的蓝牙调试 App 发送不同的指令，观察系统运行的状态。

例如，发送指令"w"，在仿真电路图的虚拟终端 VT1 中可以观察到发送的指令，同时可观察到两个电动机正转。

蓝牙遥控的单片机控制小车仿真调试结果如图 10-49 所示。

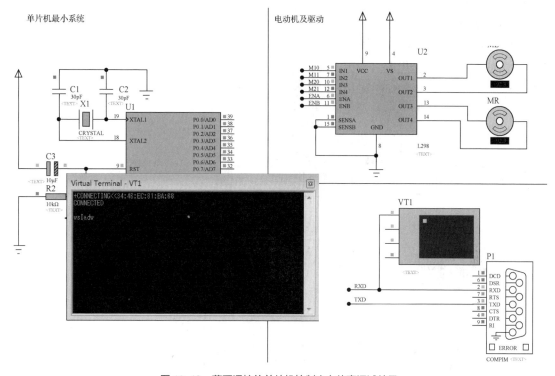

图 10-49　蓝牙遥控的单片机控制小车仿真调试结果

10.4.4　多功能 LCD 电子时钟

1. 设计要求

用 51 单片机实现多功能 LCD 电子时钟，可以利用按键设置日历、时间及检测当前环境温度，具备显示日历、时间、温度等功能。

2. 硬件设计

（1）元器件

主控芯片采用 AT89C52 单片机，日历时钟计时采用 Dallas 公司的 DS1302 实时时钟芯片实现，检测温度采用 DBS18B20 传感器，显示器采用 LCD1602。

按键 S1 实现人工复位，按键 S2 实现减 1，按键 S3 实现增量 1，按键 S4 实现功能选择，按键 S5 实现模式选择（正常计时、设置日期时间、设置闹铃）。

① DS1302 实时时钟芯片内含有一个实时时钟/日历和 31 字节静态 RAM，具有计算 2100 年之前的日历和时间的能力，同时具有闰年调整的能力。DS1302 芯片通过简单的串行（同步）接口与单片机进行通信。硬件接口仅包含 RES 复位、I/O 数据线、SCLK 串行时钟 3 根线，工作电压为 2.0～5.5V，该芯片详细资料参阅本书电子资源或相关手册。

② DBS18B20 是常用的数字温度传感器，可以将温度产生的模拟信号转换为数字串行信号输出。DBS18B20 芯片分辨率为 9～12 位，对应的温度分辨率分别为 0.5℃、0.25℃、0.125℃和 0.0625℃，对应的温度最大转换滞后时间分别为 375ms、187.5ms、93.75ms、750ms，可实现高精度快速测温。

测温范围为-55～125℃，工作电压为 3～5.5V，硬件接口为独特的单线接口方式，仅需要一根信号线就可以实现与微处理器的双向串行通信。DS18B20 引脚定义 DQ 为数字信号输入/输出端、GND 为电源地、VDD 为外接供电电源输入端（在使用寄生电源供电方式时接地），该芯片详细资料参阅本书电子资源或相关手册。

（2）仿真电路

多功能 LCD 电子时钟仿真电路如图 10-50 所示。

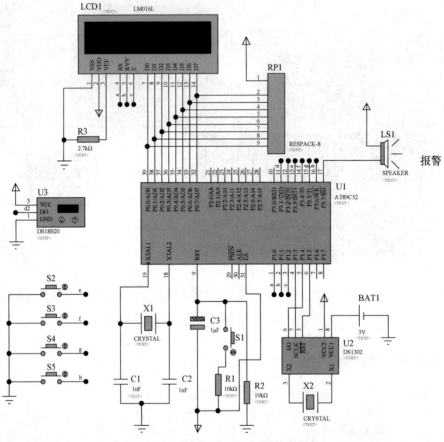

图 10-50　多功能 LCD 电子时钟仿真电路

3. 程序设计

多功能 LCD 电子时钟采用模块化（文件）程序组合设计方法。C51 程序包含文件如下。

① dianzishizhong.c（主控程序）。

② ds1302.h。

③ eeprom52.h。

④ lcd1602.h。

⑤ nongli.h。

多功能 LCD 电子时钟 C51 程序代码见本书电子资源。

4. 仿真调试

仿真调试步骤如下。

① 建立 Keil 工程，输入程序代码，编译产生.hex 文件。

② 仿真运行，多功能 LCD 电子时钟仿真调试结果如图 10-51 所示。

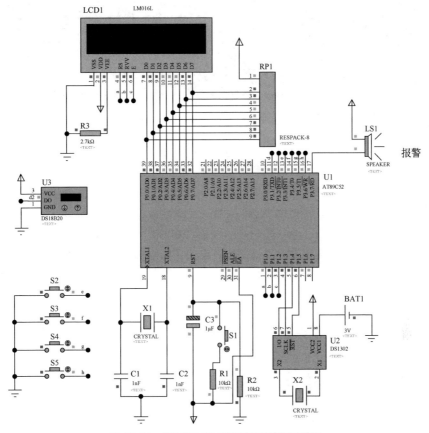

图 10-51　多功能 LCD 电子时钟仿真调试结果

10.5　思考与练习

1. 哪些场合适合使用单片机应用系统？
2. 什么是 ISP 技术？在单片机开发过程中如何使用？
3. 简述单片机应用的开发过程。
4. 指出 Proteus 仿真电路设计及调试在单片机开发过程中的位置、作用及需要注意的问题。
5. 使用 51 单片机设计一个信号发生器，可以产生正弦波、三角波和锯齿波。
6. 设计完成一个电子时钟，可以根据需要选择实现下列功能。
① 具有显示年、月、日、时、分、秒的功能。
② 具有校正功能。
③ 可以选用 LED 数码管或者 LCD 显示。
④ 能够显示星期、温度等信息（发挥部分）。
⑤ 具有整点报时、设定闹钟等附加功能（发挥部分）。

11 第11章　单片机应用系统抗干扰技术

单片机系统主要用于电子工程、电子测量仪器、实际生产现场控制及嵌入式系统等方面。由于应用时的环境各不相同，存在各种随机干扰侵袭，尤其是工业生产环境往往干扰严重，会直接影响单片机系统工作的可靠性。因此，在完成单片机应用系统功能设计后，除了验证和测试系统功能的正确性外，还必须考虑系统的工作环境并进行软硬件抗干扰设计，以保证单片机系统正常运行。

本章主要介绍单片机应用系统的主要干扰源和硬件、软件抗干扰措施。

11.1　干扰源

在单片机系统中，经常会出现一些与有用信号无关的电压或电流，它们会对单片机的正常工作产生影响，这种无关的电压或电流信号称为干扰（也称为噪声），产生干扰的因素称为干扰源。

11.1.1　干扰源、传播途径及干扰分类

干扰的来源有很多种，通常所说的干扰主要是电气干扰。

1. 干扰源

干扰源主要来自产生干扰的元件、设备或信号。例如，雷电、电动机启动和停止，以及高频脉冲等都可能成为干扰源。

对系统的干扰来自干扰源，干扰源在系统内外都可能存在。在系统外部，一些大功率的用电设备以及电力设备可能成为干扰源；在系统内部，电源变压器、开关、电路元器件之间的耦合及电源线等也可能成为干扰源。

2. 干扰传播途径

对单片机形成干扰的基本途径为：干扰源→干扰传播路径→受干扰敏感器件。

① 干扰传播路径是指从干扰源传播到单片机的通路。

② 对单片机的干扰总是以空间辐射、电源供电通道和信号输入过程通道等三种方式进入单片机的。

③ 受干扰敏感器件是指容易被干扰源干扰的对象。例如，单片机及其外部设备，包括弱信号放大器、A/D 转换器、D/A 转换器及开关电路等。

3. 干扰分类

由于各个单片机应用系统所处环境不同，面临的干扰源不同，对系统的影响也不相同，因此相应采取的抗干扰措施也不尽相同。对单片机应用系统的干扰一般有以下几类。

① 来自供电系统的干扰。例如，电源开关的通断、大功率用电设备的启动和停止会使供电电压波动，电网上常常出现几百伏甚至几千伏的尖峰脉冲干扰，这种干扰对系统危害非常严重，也非常广泛，它可能会使由同一电网供电的单片机系统无法正常运行。

② 过程通道的干扰。在单片机的开关量 I/O 通道和模拟量 I/O 通道中，不可避免地使各种干扰和噪声直接进入单片机系统。同时，在 I/O 通道中的控制线及信号线彼此之间会产生电磁感应干扰，从而使单片机应用系统运行错误，甚至会使整个系统无法正常运行。

③ 空间干扰。空间干扰主要来自辐射电磁波、广播电台发出的电磁波及各种临近电气设备发射的电磁干扰等。如果单片机应用系统工作在电磁波较强的区域而没有采取相关的防护措施，单片机就可能因干扰而不能正常工作。空间干扰一般可通过适当的屏蔽及接地措施加以解决。

11.1.2　串模干扰与共模干扰

根据进入系统输入通道的干扰的作用方式，可分为串模干扰和共模干扰。

1. 串模干扰

串模干扰指的是干扰信号（V_{nm}）与输入通道有效信号（信号源 V_s）串联叠加后进入单片机系统。输入通道串模干扰如图 11-1 所示。

串模干扰也称作差模干扰，是在由两条信号线本身作为回路时，由于外界干扰源或设备内部耦合而产生的干扰信号。串模干扰与有效信号串联后作用于输入端，由于串模干扰与被测信号所处的地位相同，因此一旦产生串模干扰，就不容易消除。

常见的串模干扰源如下。

① 高压输电线产生的空间电磁场。

② 与信号线平行铺设的电源线产生的工频感应电压。

③ 大电流变化（如电动机启动和停止）所产生的空间电磁场。

④ 信号源本身的飘移、纹波和噪声。

⑤ 电源变压器屏蔽不良或稳压滤波效果不良的电源。

由于来自传感器或信号源的有效信号电压通常仅有几十毫伏（甚至更小），信号线上的电磁感应电压、静电感应电压、信号源及电源噪声等干扰电压都可达到毫伏级，这种干扰信号同样经输入通道被采样、放大、转换和处理，从而引入串模干扰，使有效信号产生严重失真，给系统带来严重隐患。

2. 共模干扰

共模干扰指的是干扰信号（V_{cm}）同时作用在输入通道的两个输入端上，即在两根信号线上对地产生幅度相等、相位相同的干扰电压。输入通道共模干扰如图 11-2 所示。

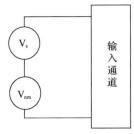

图 11-1　输入通道串模干扰

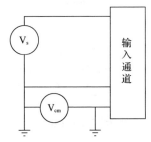

图 11-2　输入通道共模干扰

在图 11-2 中，在没有干扰电压 V_{cm} 的情况下，V_s 和通道输入端对地电位是相同的。如果存在干扰电压 V_{cm}，信号源 V_s 的接地端和输入通道的接地端必然会存在一定的电位差，这对于输入通道的两个输入端来说，其对地电位分别是 $V_s +V_{cm}$ 和 V_{cm}，因此，V_{cm} 是两个输入端共有的干扰电压。

常见的共模干扰源如下。

① 由电网进入的共模干扰源。外界电磁场在电缆或信号线上感应出来的电压（相对于大地是等幅同相）是共模干扰。例如，雷电、附近发生的电弧、附近的电台或其他大功率辐射装置在电缆上产生的干扰。

② 由空间电磁辐射进入的共模干扰源。由于电磁辐射产生的共模干扰是通过空间感应到电缆和信号线上的，因此，只在较高频率时才容易产生。电磁辐射产生的共模干扰的频率主要集中在 1MHz 以上。但是，对于很强的、距离较近的磁场辐射源（例如开关电源），也会感应产生频率较低的共模干扰。

11.1.3 电网及电路干扰

电网及电路干扰是在单片机系统设计时必须考虑解决的问题。

1. 电网干扰

电网干扰主要指通过电源线传入系统的干扰和系统内部产生的干扰。

（1）电网上的干扰通过电源线传入系统

电网上的干扰可以分为连续干扰和瞬态干扰。这些干扰既可以是共用电网的其他设备产生的传导性干扰，也可以是空间的电磁波在电力线上感应产生的共模干扰。

在电网干扰中，对于系统威胁非常大的是幅度很大的瞬态干扰，这也是经常发生的干扰。瞬态干扰主要有两个来源，一个是电网上的感性负载断开时产生的脉冲电压，另一个是雷电发生时在电力线上感应的脉冲电压。

（2）系统内部干扰进入电网

系统内部干扰主要来自设备中的开关电源。开关电源具有体积小、效率高及调压范围宽等优点，但是开关电源会产生电源奇次谐波发射和开关频率的射频发射，从而以电子发射方式或线路传导方式干扰电子电路工作的稳定性及可靠性。

2. 电路干扰

电路本身对单片机系统的干扰主要指电路中分布电容产生的干扰。

在单片机电路中的元器件及导线之间必然存在着分布电容，由于分布电容的存在而产生的耦合，称为电容耦合，又称为电场耦合或静电耦合。

当具有一定频率的信号电压作用于电路（导体）时，分布电容通过耦合对临近导体会产生电位的变化，其影响是不容忽视的。

11.2 硬件抗干扰措施

在单片机应用系统中，抗干扰技术对于提高系统工作的可靠性是非常重要的。一个系统能否正常工作，不仅取决于系统的设计思想和方法，还取决于系统采取的抗干扰措施。

一个好的电路设计，应充分考虑系统中可能会引起干扰的部件，并采取必要的硬件抗干扰措施，抑制干扰源、切断干扰传播途径。因此，在单片机硬件功能设计时，应同步设计硬件抗干扰电路。

11.2.1 串模干扰与共模干扰的抑制

所谓抑制干扰，就是将干扰信号强度降低到相对于实际信号强度可忽略的程度。本小节分别介绍串模干扰与共模干扰的抑制方法。

1. 串模干扰的抑制

由于串模干扰与被测信号所处的地位相同，因此抑制串模干扰首先应防止它的产生。在单片机系统中，常用的抑制串模干扰的措施如下。

（1）采用低通滤波器

常用的低通滤波器有 RC 滤波器、LC 滤波器及其组合。Π型 RC、LC 滤波器电路如图 11-3 所示。

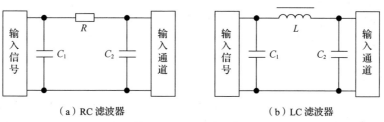

（a）RC 滤波器　　　　　　（b）LC 滤波器

图 11-3　Π型滤波器电路

为了提高放大器动态性能及共模抑制比，一般情况下单片机系统的输入滤波器采用两级 RC 滤波器，如图 11-4 所示。可以根据被测信号的变化速率及信号源内阻确定 RC 时间常数。在图 11-4 所示电路中，如果取电阻 $R=75\Omega$，电容 $C=500\mu F$，该滤波器时间常数一般小于 200ms，它可以使工频串模干扰信号强度衰减至原来的 1/600。

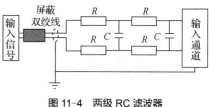

图 11-4　两级 RC 滤波器

当被测信号的频率较高时，可以相应改变 R、C 参数，减小时间常数。

（2）放大被测信号

对于输入信号应首先进行前置放大，以提高信噪比，并尽可能早地进行 A/D 转换。

（3）选择元器件

采用高阈值电平的元器件可以抑制低噪声干扰；采用低速逻辑器件可以抑制高频干扰。

（4）采用屏蔽双绞线

屏蔽双绞线把信号线扭绞在一起，因此能使信号回路包围的面积大为减少，而且两根信号线到干扰源的距离基本相等，其分布电容也大致相同，故能使由磁场和电场通过感应耦合进入回路的串模干扰大大减少。

（5）电磁屏蔽

对传感器、变压器等电气元件进行电磁屏蔽，屏蔽层良好接地。

（6）主动隔离

在实际电路中，应当尽量避免干扰场的形成。例如，将信号线远离电源线；合理布线，减少杂散磁场的产生。

2. 共模干扰的抑制

共模干扰会使测量信号产生畸变，抑制共模干扰通常采取以下措施。

（1）接地和浮地

① 信号源及系统屏蔽接地。

系统和信号源外壳需要稳定接地，保持零电位。信号源电路及系统也需要稳定接地，但应防止因接地方式不恰当，形成接地回路引入的干扰，通常采用单点接地。

在实际应用中，将屏蔽和接地结合起来应用，可以抑制大部分的干扰。屏蔽层也采用单点接地。

② 为了提高系统的抗干扰能力，通常在低电平测量中都把输入信号的模拟地浮地（与地绝缘），以切断共模干扰电压的泄漏途径，使干扰无法进入。

（2）模拟信号采用双端差分放大器

设计比较完善的单片机系统输入通道的模拟信号双端差分放大器，是抑制共模干扰的有效方法。

（3）模拟信号地与逻辑信号地完全隔离

利用变压器耦合或光耦合器可以把模拟信号地与逻辑信号地完全隔离（详见 11.2.4 小节），使共模信号构不成干扰回路而得到抑制。

以上介绍的干扰抑制方法，其抑制干扰的作用是叠加的。通常，可以采取其中的一种或几种方法来提高被测信号的抗干扰能力。

11.2.2 I/O 通道干扰的抑制

I/O 通道是单片机与外部设备（I/O 对象）进行信息传输的唯一路径。由于 I/O 对象所涉及部件较多，与单片机之间的通信线路较长，是干扰进入单片机系统的主要途径。同时，I/O 通道中的控制线及信号线之间的电磁感应也会产生干扰，从而使单片机系统运行出错，甚至无法正常运行。

实现 I/O 信号与系统 I/O 通道的电气隔离，是抑制 I/O 通道干扰的有效方法。对 I/O 通道干扰的抑制主要采用隔离技术、双绞线传输及阻抗匹配等方法。

常用的开关量隔离器有光电隔离器、继电器、光电隔离固态继电器。

1. I/O 通道的开关量电气隔离元件及电路

（1）光耦合器及应用电路

光耦合器采用光作为传输信号的媒介，实现电气隔离。

单片机光耦合器 Proteus 仿真电路如图 11-5 所示。

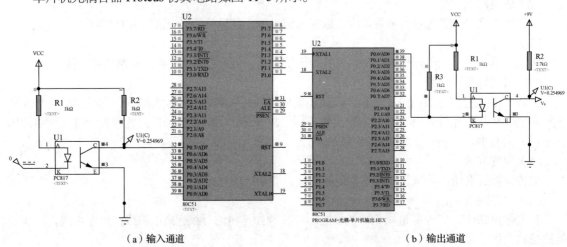

（a）输入通道　　　　　　　　　　　　　　（b）输出通道

图 11-5　单片机光耦合器 Proteus 仿真电路

（2）其他开关量电气隔离元件及电路

其他开关量电气隔离元件及电路包括继电器输出隔离电路、固态继电器输出隔离等。

I/O 通道的开关量电气隔离元件及电路的详细介绍见 7.3 节。

2. I/O 通道的模拟信号隔离

（1）隔离放大器

隔离放大器通常用于模拟信号的隔离和放大，如输入信号（4～20mA）等模拟信号，也可以对正弦信号和一些非正弦信号进行隔离。

隔离放大器的基本作用是隔离、放大、转换及低通滤波，它可以滤除高频干扰。

可以采用隔离放大器直接对 A/D 转换前或 D/A 转换后的模拟信号进行隔离，但所用的隔离放大器必须满足 A/D、D/A 转换的精度和线性要求。

（2）模拟信号的数字隔离

为了实现 I/O 通道模拟信号的隔离，可以对 A/D 转换后或 D/A 转换前的数字信号首先进行光耦合隔离，以实现被隔离的两端没有电气上的联系。

在输入通道进行 A/D 转换结束时，首先将转换后的数字信号进行隔离，再送入单片机。在输出通道进行 D/A 转换时，首先对单片机输出的数字信号（地址信号、控制信号及数据信号）进行锁存，然后将数字信号进行隔离后再进行 D/A 转换。数字信号隔离后进行 D/A 转换的接口电路如图 11-6 所示。

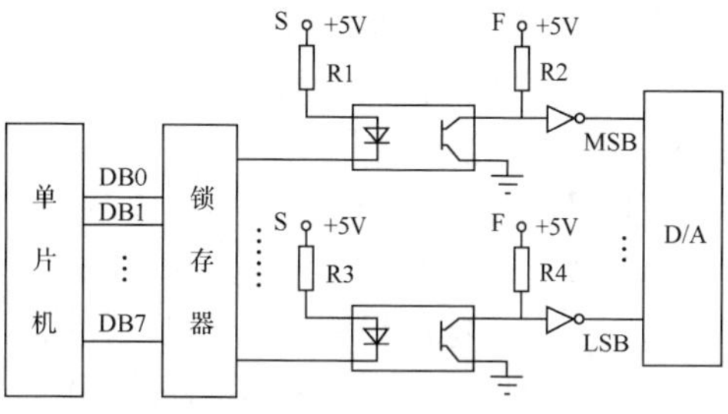

图 11-6　数字信号隔离后进行 D/A 转换的接口电路

3. 传输线的抗干扰措施

I/O 通道传输线一般应采用屏蔽双绞线。

屏蔽双绞线是较常用的一种传输线，其波阻抗高、抗共模干扰能力强，对电磁场具有一定的抑制效果。采用屏蔽双绞线可以抑制电磁感应干扰；采用金属网屏蔽可以抑制静电感应干扰。

在 I/O 通道使用屏蔽双绞线时应注意以下方面。

① 信号线屏蔽层只允许一端接地，应选择在信号源一侧接地。若信号源浮地时，屏蔽层接入信号源的低电位端。

② 放大器的两根输入线对屏蔽层的绝缘电阻尽可能对称，即尽量减少线路的不平衡电阻。

③ 信号在传输线上传输，可能产生反射现象造成波形畸变，对单片机产生干扰。当传输线的特征阻抗 R_P 与负载电阻 R 相等（匹配）时，将不产生反射现象。因此，在传输线较长时（10m 以上），在发送信号端和接收信号端都要接匹配电阻，使负载阻抗与信号源阻抗相互适配，同时，也可以得到最大功率输出。

11.2.3　电网及电路干扰的抑制

本小节主要介绍电网（单片机供电电源）对系统产生干扰的抑制，以及单片机电路 PCB 设计中如何防范干扰的产生。

1. 电源抗干扰

在通过电网对单片机电路供电的系统中，电网产生的干扰对系统的影响是十分严重的，必须进行硬件抗干扰设计。电网干扰的抑制一般采用如下方法。

① 单片机输入电源与强电设备动力电源分路使用。

② 在对单片机供电中，首先采用具有静电屏蔽和抗电磁干扰的隔离电源变压器，如图 11-7 所示。

（a）不闭合屏蔽层通过电容接地　　（b）不闭合铜片或非磁性导电纸屏蔽层

图 11-7　隔离电源变压器屏蔽层接地

　　隔离变压器的初级线圈和次级线圈之间均采用隔离屏蔽层，即用漆包线或铜等非导磁材料在初级线圈和次级线圈绕一层，但电气上不能与初级线圈、次级线圈短路。各初级线圈、次级线圈间的静电屏蔽一端与初级线圈间的零电位线相接（另一端必须悬空），通过电容耦合接地，如图 11-7（a）所示。

　　隔离变压器使初级线圈与次级线圈的电气完全绝缘，起保护、防雷和滤波作用，从而有效地抑制来自电源及高频杂波等的干扰。

　　一般情况下，静电屏蔽可以在初级线圈、次级线圈之间设置一片不闭合的铜片或非磁性导电纸的屏蔽层，如图 11-7（b）所示。隔离变压器的外壳应加屏蔽并可靠接地。

　　③ 交流电源输入端加低通滤波器，可滤掉高频干扰。滤波器的输入、输出引线必须相互隔离，以防止感应和辐射耦合。

　　④ 直流输出部分采用大容量电解电容进行平滑滤波。

　　⑤ 对于功率不大的小型或微型计算机系统，为了抑制电网电压起伏的影响，可安装交流电源稳压器。

　　⑥ 各独立电路模块单独供电，并用集成稳压模块实现稳压或两级稳压。

　　⑦ 电路中尽量提高接口器件的工作电压，以提高接口的抗干扰能力。例如，单片机输出端控制驱动的直流继电器，选用 24V 继电器就比选用 6V 继电器的抗干扰效果好。

　　⑧ 抑制反电动势的抗干扰措施。变压器、继电器、电磁阀等工业电气设备多为感性负载，它们在接通或切断电源时会产生很高的反电动势，这不仅可能损坏元件，而且可能产生高频的电磁波干扰，再通过电源直接侵入单片机装置。抑制反电动势的抗干扰措施通常是在感性负载两端并联反向的续流二极管和 RC 吸收电路。

　　单片机抗干扰供电系统如图 11-8 所示。

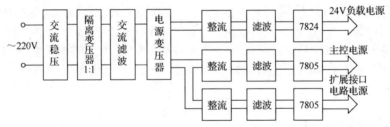

图 11-8　单片机抗干扰供电系统

2. 电路抗干扰

　　在单片机电路功能设计正确的情况下，PCB 设计的好坏对系统影响很大。

　　PCB 是用来实现电路元器件之间电气连接的重要组件。为了减少干扰，在 PCB 设计过程中应注意以下方面。

　　① PCB 大小要适中。若 PCB 太大，会增加线路阻抗，降低抗干扰能力；若 PCB 太小，线路间易产生干扰，散热不好。

　　② 合理配置去耦电容。直流电源输入端并接 10～100μF 的电解电容；每个 IC 芯片的 VCC 引脚都应连接一个 0.01μF 的陶瓷电容。

　　③ 电容引线尽可能短一些，特别是谐振电容及高频电路电容。电路中充电的储能电容，尽可能采用大容量的钽电容或聚酯电容，而不采用电解电容。

　　④ 选择时尽量采用低速元件。例如，在满足实时控制的条件下，选择时钟频率低的单片机及外部时钟部件。

　　⑤ 尽可能不使用 IC 插座，应把 IC 直接焊在 PCB 上，这样可减少 IC 插座间较大的分布电容。

　　⑥ 电源插接件与信号插接件要远离，信号插接件外面一般应有屏蔽措施。

　　⑦ 元件布置要合理分区。单片机应用电路通常包括模拟电路、数字电路和功率驱动，应将它们

合理分开，使相互间的信号耦合最小。

⑧ 各电路模块要分别单点连接工作电源和接地。

⑨ 晶振、时钟发生器和 CPU 的时钟输入端要尽可能靠近，并远离 I/O 线及接插件。

⑩ 应尽可能加大 PCB 的电源线铜箔宽度，以减少环路电阻。

11.2.4　地线干扰的抑制

单片机应用系统的地（电位）包括模拟地、信号地、数字地、直流地、安全地及系统地等。

模拟地、信号地、数字地、直流地主要是指电路中电源、电压及信号的参考零电位。

在模拟电路中，模拟信号地就是模拟地；在数字电路中，逻辑信号地就是数字地；信号源一端的接地就是信号地；直流电源的负极或正极接地就是直流地。

安全地是使设备机壳与大地等电位，以避免设备机壳带电而影响人体安全和设备安全。安全地又叫作保护地或机壳地、屏蔽地。

系统地是以上几种地的最终连接点，通常直接与大地相连。

正确接地可以使各电路电流经地线时不形成环路，抑制电位差及噪声等干扰电压，消除电磁场及外界干扰，是单片机系统抑制干扰的重要措施。

1. 单片机电路中的参考地

（1）模拟地

模拟电路的直流电源的地称为模拟地，它是模拟信号的零电位（基准）。通常是放大器、采样保持器、A/D 转换器（输入）及 D/A 转换器（输出）信号端的参考基准。在模拟小信号情况下，模拟地线上的噪声直接影响测量精度，甚至可能造成测量数据不能使用。

（2）数字地

数字电路的直流电源的地称为数字地，它是逻辑电平的基准电位。数字逻辑门电路会在地线（零电位）上产生比较大的噪声（电位）。

（3）功率驱动电源地

用于负载的功率驱动电路（直流）电源的地称为功率驱动电源地。由于该电路驱动功率大，在地线上会产生较大的噪声，这个噪声对输出负载的干扰可忽略不计，但对输入微弱的模拟信号，将会产生严重的误差。

2. 地线的抗干扰措施

由以上分析可以看出，为了抑制干扰，数字地、模拟地等不同电路单元是不能共地的。

通常单片机地线的抗干扰主要采取以下措施。

（1）单点并联接地

在单片机系统中，一般可以将电路中的数字地、模拟地各自分别并联。即每个电路用一根专用接地导线，在一点上可靠连接后与相应的电源的地连接，最后将地线连接到总的系统地。数字地、模拟地连接示意如图 11-9 所示。

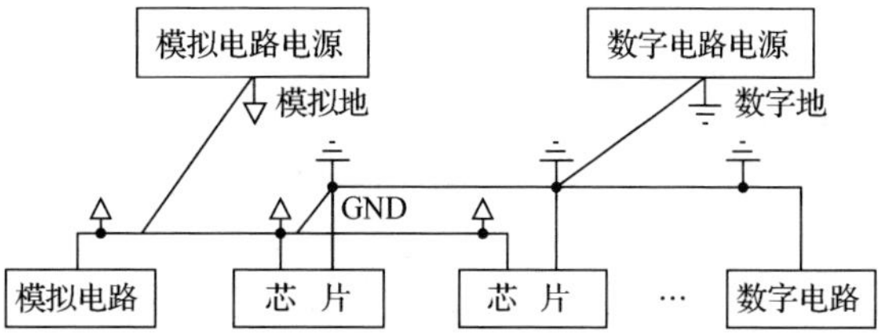

（2）分别接地

电路中同一芯片的数字地、模拟地需要分别接地，例如 A/D、D/A 芯片上的数字地和模拟地分别接地。

图 11-9　数字地、模拟地连接示意

（3）多点接地

在电路工作频率较高时，由于高频电路阻抗高，为抑制干扰，在电路模块内部要尽可能减小地线的电感阻抗，线路不宜过长，每个电路就近接地（多点接地）。通常接地线的长度要控制在几毫米内。

（4）按电路信号频率分类接地

① 当电路信号频率小于 1MHz 时，应尽可能采用单点并联接地（或部分串联后再并联）。

② 当电路信号频率大于 10MHz 时，尽可能采用多点串联接地。

③ 当电路信号频率在 1~10MHz 时，如果地线长度不超过信号波长的 1/20，也可以采用单点接地。

各种接地方式如图 11-10 所示。

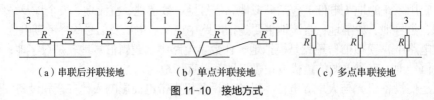

（a）串联后并联接地　　　　（b）单点并联接地　　　　（c）多点串联接地

图 11-10　接地方式

（5）加粗接地线

① 接地线尽可能加粗，一般接地线宽度应在 2~3mm 以上。

② 高频电路部分尽可能采用大面积包围环路地线，以防止高频辐射噪声的干扰。

③ 数字电路中的接地线作为闭环路可以明显提高抗干扰能力。

单片机 A/D、D/A 转换电路地线连接示意如图 11-11 所示。

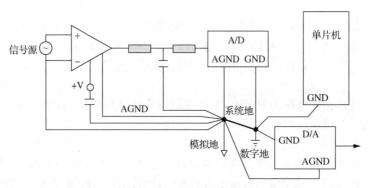

图 11-11　单片机 A/D、D/A 转换电路地线连接示意

11.3　软件抗干扰措施

硬件抗干扰措施是主动地、有针对性地滤除和阻断进入单片机系统的干扰，具有抗干扰及时、抑制干扰类别多及功能强等优势，能够极大限度地削弱干扰对系统的影响。但由于单片机系统工作环境不同，包括元器件本身的差异，干扰对系统的影响具有随机性和不可预测性，仅仅依靠硬件抗干扰措施是不能完全把干扰"拒之门外"的。为此，在提高硬件系统抗干扰能力的同时，通过单片机软件编程的灵活性，设计软件抗干扰措施，同步实施软硬件结合的抗干扰方法，是防范各种干扰、提高单片机工作可靠性的重要举措。

软件抗干扰主要用于解决以下问题。

① 数字量 I/O 中的软件干扰，即利用软件方法削弱干扰对测量信号的影响。

② 当程序受到干扰出现"跑飞"等问题时，用软件方法使程序恢复正常运行。

本节以 51 单片机系统为例，介绍常用的微机系统软件抗干扰方法。

11.3.1　数字信号软件抗干扰

单片机数字输入信号包括模拟量经 A/D 转换后的数字信号和开关量数字信号。

在数字量输入过程中，为抑制干扰对信号输入可靠性的影响，在采集开关量数字信号时，用软件实现多次重复采样，直到得到同样结果时，才能认为该信号有效；在采集模拟量开关信号时，用软件实现多次采样，得到一个数据系列，然后对该数据系列进行数字滤波处理。

软件抗干扰可以进一步提高采样模拟量数据的准确性和开关量信号的可靠性。

1. A/D 转换后数字输入信号的软件抗干扰

利用数字滤波方法可以削弱干扰对模拟信号测量的影响，常用方法如下。

（1）限幅滤波法

限幅滤波法步骤如下。

① 根据系统要求或经验数据确定一个最大偏差 ΔX。

② 比较单片机相邻的 2 次模拟量采样信号。如果差值小于 ΔX，则当前采样数据为有效信号，将其存储；如果差值大于 ΔX，则当前采样数据为无效信号，并将上次采样信号作为本次采样值存储。

限幅滤波可以有效地抑制尖峰脉冲干扰，一般使用子程序实现。

例如，设允许模拟量相邻采样值之差的最大偏差 $\Delta X = M$，D1、D2 为片内 RAM 单元，分别用于存放某模拟输入口在相邻时刻采样的两个数据。如果它们的差值大于 M，则认为发生了干扰，此次输入数据予以剔除，并用 D1 单元的数据取代 D2 单元的数据。

限幅滤波汇编语言子程序见例 3-34。

C51 程序如下。

```c
#include <reg51.h>
#define xx DM
typedef unsigned char uint8;
uint8 lvbo(uint8 d1, uint8 d2)
{ uint8 dt;
    if(d1>d2)
        dt=d1-d2;
    else
        dt=d2-d1;
    if(dt>DM)
        return d1;
    else
        return d2;
}
```

（2）中值滤波法

中值滤波（中位滤波）法是在连续进行 N（N 为奇数）次采样的数据中，将其按大小顺序排列，取中间的数据作为滤波器的输出。

中值滤波法适用于信号变化速率较慢的场合。

（3）算术平均值滤波法

算术平均值滤波法是连续进行 N 次采样，得到 N 个数据 $X_1, X_2, \cdots, X_N$，取这 N 个数据的算术平均值 $Y(k)$ 作为滤波器的输出，平均值计算公式如下。

$$Y(k) = \frac{1}{N} \sum_{i=1}^{N} X_i$$

算术平均值滤波法对滤除被测信号上的随机干扰非常有效。滤波效果与 N 的取值有关，N 取值越大，滤波效果越好，但灵敏度降低，采集数据的速度变慢。

（4）递推平均值滤波法

递推平均值滤波法与算术平均值滤波法的输出结果都是 N 个采样数据的平均值，其主要区别是：递推平均值滤波法不是连续采集 N 点数据，而是保存当前采样点 k 之前的 $N{-}1$ 个采样数据，将这 $N{-}1$ 个数据与当前采样数据 X_k 求和后求取平均值。

由于递推平均值滤波法只需进行一次采样，其采集数据的速度较快。

2. 开关量数字输入信号的软件抗干扰

开关量数字输入信号包括输入按钮、限位开关、开关量传感器等开关信号。由于开关动作时的机械振动或干扰会影响开关量数字输入信号的可靠性，为此可以采用硬件消抖电路滤除开关动作时的机械振动，也可以使用软件编程重复采样来识别开关信号的真实状态。

在采样开关量数字输入信号时，可以根据干扰信号的周期（一般为 10ms 左右）来确定软件采样次数。一般需要采样 2 次或 2 次以上开关量输入信号，每次采样结果必须一致，该开关状态才能被认为有效。软件开关量（键盘）抗干扰编程见 7.1.2 小节。

3. 数字量输出信号的软件抗干扰

不管外部设备是模拟量驱动还是开关量驱动的，单片机输出的控制信号都是以数字量形式出现的。数字量输出信号的软件抗干扰方法是重复输出同一个数据。在重复周期很短的情况下，干扰信号将被有效信号的输出覆盖，以防范干扰引起外部设备的误动作。

11.3.2 CPU 软件抗干扰

当干扰通过总线或其他途径作用到 CPU 时，就会造成 PC 值的改变，引起程序混乱。一些不可预测的随机干扰和现象也会使系统失控，CPU 不能执行正常程序，这种现象通常称为程序"跑飞"。在程序"跑飞"后，使程序恢复正常运行的极简单的方法是硬件 CPU 复位。硬件 CPU 复位包括上电复位和人工（按键）复位，但该复位方法受人为因素影响，只有在系统完全瘫痪时不得已而为之。

本节主要介绍在进行单片机软件设计时，如何发现程序跑飞，并使系统自动、及时地复位，令程序恢复到正常工作状态。

1. 指令冗余

所谓指令冗余，是指在软件设计时，在关键地方人为插入一些单字节指令。

在程序"跑飞"后，有可能使 PC 直接指向双字节指令或三字节指令中的操作数字节单元，CPU 会把该操作数误作为指令的操作码执行，从而引起整个程序混乱。

由于 51 单片机的指令长度不超过 3 字节，可以在程序的关键指令前面插入两条单字节 NOP（空操作）指令。这样即使程序"跑飞"到操作数上，但由于空操作指令 NOP 的存在，被 CPU 识别后仍能正常执行，从而避免了后面的指令和操作数的混乱状态，程序自动恢复正常。

通常可以在程序流向起决定作用的指令（如 RET、RETI、ACALL、LJMP、JZ 等）前面实施指令冗余，以确保这些指令的正确执行。

2. 软件陷阱法

当程序"跑飞"进入非程序区（如未使用的存储空间及数据块），采用指令冗余无法使程序恢复正常运行，此时可采用软件陷阱法，拦截"跑飞"程序。

软件陷阱是用一条引导指令，强行将"跑飞"的程序引向复位入口（地址）或指定程序入口，并在此对程序出错进行处理后，使程序恢复正常运行。软件陷阱指令如下。

```
NOP
NOP
LJMP   ERR
```

软件陷阱指令一般安排在以下地方。

① 未使用的中断区（51 单片机中断服务程序矢量地址为 0003H～002FH）。

② 未使用的大片 ROM 空间。

③ 程序区中的断点（转移指令、中断返回指令）后。

④ 数据表格或散转指令表格的后面。

3. 程序运行监视器

当程序"跑飞"到某一"死循环"程序段，前面所介绍的指令冗余和软件陷阱法是不能使程序恢复正常的。为了及时使系统复位，可以使用自动检测的程序运行监视器，俗称看门狗（WatchDog）。

（1）看门狗功能

看门狗是一个独立的可以重置时间常数的定时（计数器）复位电路，它到达预定的时间时，自动产生一个复位信号。重置时间常数是通过向看门狗提供一个脉冲信号实现的，每次重置后，又重新开始定时。

（2）MAX706 程序运行监视器模块

MAX706 是一种性能优良的低功耗 CMOS 定时器监控电路芯片，广泛应用在单片机程序运行监视电路中。

DIP/SO 封装 MAX706 引脚分配如图 11-12 所示。

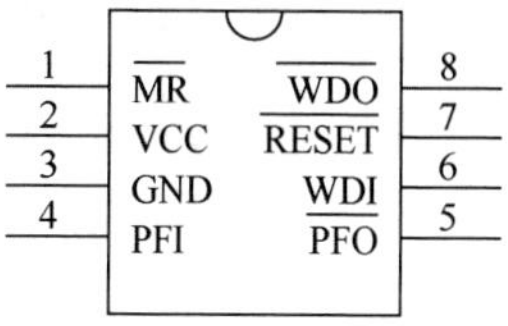

图 11-12　DIP/SO 封装 MAX706 引脚分配

注意　如果使用 uMAX 封装（贴片安装），则引脚位置有所不同。

MAX706 芯片的 8 个引脚功能如下。

$\overline{MR}$（低电平有效）：人工复位。

PFI：电源掉落电压监测输入。

$\overline{PFO}$（低电平有效）：电源掉落信号输出。

WDI：看门狗输入。

$\overline{WDO}$（低电平有效）：看门狗输出。

$\overline{RESET}$（低电平有效）：复位信号输出。

VCC：电源输入。

GND：地。

MAX706 工作状态如下。

① 其内部电路由上电或 $\overline{RESET}$ 置 0 复位。

② 若 WDI 输入高阻态或复位信号有效（$\overline{RESET}$ 置 1），则看门狗定时器功能被禁止，且保持清 0 和不计时状态。

③ 在 WDI 处于非高阻态时，如果 WDI 在 1.6s 内没有收到来自外部单片机的触发信号，则 $\overline{WDO}$ 输出变低（作为复位控制信号）；如果 WDI 在 1.6s 内检测到有高低电平跳变信号，则看门狗定时器清 0 并重新开始计时。

④ 复位信号的产生会禁止定时器功能，一旦复位信号撤销并且 WDI 输入端检测到低电平或高电平跳变，定时器就开始 1.6s 的计时。即 WDI 端的跳变会对定时器清 0 并启动一次新的计时周期。

⑤ 一旦电源电压 VCC 降至复位阈值以下，$\overline{WDO}$ 端也将变为低电平。只要 VCC 升至复位阈值以上，$\overline{WDO}$ 就会立刻变为高电平。

（3）MAX706 电路

基于 MAX706 的 Proteus 仿真电路如图 11-13 所示。

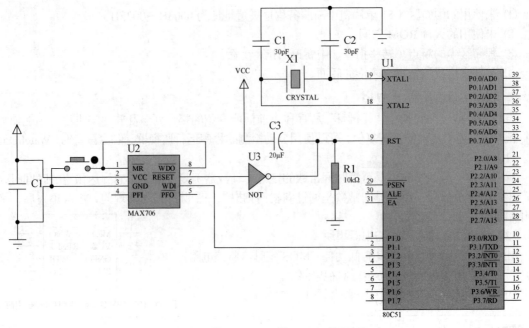

图 11-13 基于 MAX706 的 Proteus 仿真电路

在图 11-13 所示电路中，看门狗的输入引脚 WDI 由单片机的 P1.1 直接控制，在复位信号无效的条件下，单片机程序中增加执行一个由 P1.1 输出的高低电平的跳变，定时器将开始 1.6s 的计时（即 WDI 端的跳变会清 0 定时器并启动一次新的计时周期），使程序正常运行。如果程序陷入死循环，P1.1 输出指令在 1.6s 时得不到执行，则 $\overline{\text{WDO}}$ 输出为低电平，$\overline{\text{WDO}}$ 直接控制（人工）复位 $\overline{\text{MR}}$，看门狗定时器清 0 并重新开始计时，同时 MAX706 使复位信号输出 RESET 有效为低电平（大约 200ms 宽度的低电平脉冲），该低电平经非门输出为高电平，控制单片机的 RST 引脚，使单片机可靠复位，程序重新启动。

11.4 思考与练习

1. 单片机系统中常见的干扰源是通过什么途径进入单片机的？
2. 单片机系统与外部设备电气隔离的含义是什么？指出电气隔离的实现方法。
3. 什么是模拟地、数字地、系统地、安全地？指出接地抗干扰的方法。
4. 指出抑制电源干扰的防范措施。
5. 采用光耦合器对模拟信号进行隔离时，它应该设置在 A/D 或 D/A 转换电路的什么位置？
6. 软件抗干扰和硬件抗干扰的作用有何不同？
7. 对于单片机数字输入信号，如何实现软件抗干扰？
8. 程序冗余、软件陷阱及看门狗抗干扰措施实现的功能是什么？

附录

附录 A　51 单片机指令表

表 A-1　数据传送类指令

助记符	十六进制代码	功能	对标志影响				字节数	机器周期数
			P	OV	AC	Cy		
MOV A,Rn	E8~EF	Rn→A	√	×	×	×	1	1
MOV A,direct	E5	(direct)→A	√	×	×	×	2	1
MOV A,@Ri	E6、E7	(Ri)→A	√	×	×	×	1	1
MOV A,#data	74	data→A	√	×	×	×	2	1
MOV Rn,A	F8~FF	A→Rn	×	×	×	×	1	1
MOV Rn,direct	A8~AF	direct→Rn	×	×	×	×	2	2
MOV Rn,#data	78~7F	data→Rn	×	×	×	×	2	1
MOV direct,A	F5	A→(direct)	×	×	×	×	2	1
MOV direct,Rn	88~8F	Rn→(direct)	×	×	×	×	2	2
MOV direct1,direct2	85	(direct2)→(direct1)	×	×	×	×	3	2
MOV direct,@Ri	86、87	(Ri)→(direct)	×	×	×	×	2	2
MOV direct,#data	75	data→(direct)	×	×	×	×	3	2
MOV @Ri,A	F6、F7	A→(Ri)	×	×	×	×	1	1
MOV @Ri,direct	A6、A7	(direct)→(Ri)	×	×	×	×	2	2
MOV @Ri,#data	76、77	data→(Ri)	×	×	×	×	2	1
MOV DPTR,#data16	90	data16→DPTR	×	×	×	×	3	2
MOVC A,@A+DPTR	93	(A+DPTR)→A	√	×	×	×	1	2
MOVC A,@A+PC	83	PC+1→PC，(A+PC)→A	√	×	×	×	1	2
MOVX A,@Ri	E2、E3	(Ri)→A	√	×	×	×	1	2
MOVX A,@DPTR	E0	(DPTR)→A	√	×	×	×	1	2
MOVX @Ri,A	F2、F3	A→(Ri)	×	×	×	×	1	2
MOVX @DPTR,A	F0	A→(DPTR)	×	×	×	×	1	2
PUSH direct	C0	SP+1→SP，(direct)→(SP)	×	×	×	×	2	2
POP direct	D0	(SP)→(direct)，SP-1→SP	×	×	×	×	2	2
XCH A,Rn	C8~CF	A↔Rn	√	×	×	×	1	1
XCH A,direct	C5	A↔(direct)	√	×	×	×	2	1
XCH A,@Ri	C6、C7	A↔(Ri)	√	×	×	×	1	1
XCHD A,@Ri	D6、D7	A0~A3↔R0~R3	√	×	×	×	1	1

表 A-2　算术运算类指令

助记符	十六进制代码	功能	对标志影响				字节数	机器周期数
			P	OV	AC	Cy		
ADD A,Rn	28~2F	A+Rn→A	√	√	√	√	1	1
ADD A,direct	25	A+(direct)→A	√	√	√	√	2	1
ADD A,@Ri	26、27	A+(Ri)→A	√	√	√	√	1	1
ADD A,#data	24	A+data→A	√	√	√	√	2	1
ADDC A,Rn	38~3F	A+Rn+Cy→A	√	√	√	√	1	1
ADDC A,direct	35	A+(direct)+Cy→A	√	√	√	√	2	1
ADDC A,@Ri	36、37	A+(Ri)+Cy→A	√	√	√	√	1	1
ADDC A,#data	34	A+data+Cy→A	√	√	√	√	2	1
SUBB A,Rn	98~9F	A-Rn-Cy→A	√	√	√	√	1	1
SUBB A,direct	95	A-(direct)-Cy→A	√	√	√	√	2	1
SUBB A,@Ri	96、97	A-(Ri)-Cy→A	√	√	√	√	1	1
SUBB A,#data	94	A-data-Cy→A	√	√	√	√	2	1
INC	04	A+1→A	√	×	×	×	1	1
INC Rn	08~0F	Rn+1→Rn	×	×	×	×	1	1
INC direct	05	(direct)+1→(direct)	×	×	×	×	2	1
INC @Ri	06、07	(Ri)+1→(Ri)	×	×	×	×	1	1
INC DPTR	A3	DPTR+1→DPTR					1	2

续表

助记符	十六进制代码	功能	P	OV	AC	Cy	字节数	机器周期数
DEC A	14	A-1→A	√	×	×	×	1	1
DEC Rn	18~1F	Rn-1→Rn	×	×	×	×	1	1
DEC direct	15	(direct)-1→(direct)	×	×	×	×	2	1
DEC @Ri	16、17	(Ri)-1→(Ri)	×	×	×	×	1	1
MUL AB	A4	A·B→AB	√	√	×	0	1	4
DIV AB	84	A/B→AB	√	√	×	0	1	4
DA,A	D4	对 A 进行十进制调整	√	×	√	√	1	1

表 A-3 逻辑运算类指令

助记符	十六进制代码	功能	P	OV	AC	Cy	字节数	机器周期数
ANL A,Rn	58~5F	A∧Rn→A	√	×	×	×	1	1
ANL A,direct	55	A∧(direct)→A	√	×	×	×	2	1
ANL A,@Ri	56、57	A∧(Ri)→A	√	×	×	×	1	1
ANL A,#data	54	A∧data→A	√	×	×	×	2	1
ANL direct,A	52	(direct)∧A→(direct)	×	×	×	×	2	1
ANL direct,#data	53	(direct)∧data→(direct)	×	×	×	×	3	2
ORL A,Rn	48~4F	A∨Rn→A	√	×	×	×	1	1
ORL A,direct	45	A∨(direct)→A	√	×	×	×	2	1
ORL A,@Ri	46、47	A∨(Ri)→A	√	×	×	×	1	1
ORL A,#data	44	A∨data→A	√	×	×	×	2	1
ORL direct,A	42	(direct)∨A→(direct)	×	×	×	×	2	1
ORL direct,#data	43	(direct)∨data→(direct)	×	×	×	×	3	2
XRL A,Rn	68~6F	A⊕Rn→A	√	×	×	×	1	1
XRL A,direct	65	A⊕(direct)→A	√	×	×	×	2	1
XRL A,@Ri	66、67	A⊕(Ri)→A	√	×	×	×	1	1
XRL A,#data	64	A⊕data→A	√	×	×	×	2	1
XRL direct,A	62	(direct)⊕A→(direct)	×	×	×	×	2	1
XRL direct,#data	63	(direct)⊕data→(direct)	×	×	×	×	3	2
CLR A	E4	0→A	√	×	×	×	1	1
CPL A	F4	$\overline{A}$→A	×	×	×	×	1	1
RL A	23	A 循环左移一位	×	×	×	×	1	1
RLC A	33	A 带进位循环左移一位	√	×	×	√	1	1
RR A	03	A 循环右移一位	×	×	×	×	1	1
RRC A	13	A 带进位循环右移一位	√	×	×	√	1	1
SWAP A	C4	A 高、低半字节交换	×	×	×	×	1	1

表 A-4 控制转移类指令

助记符	十六进制代码	功能	P	OV	AC	Cy	字节数	机器周期数
ACALL addr11	*1	PC+2→PC，SP+1→SP，PCL→(SP)，SP+1→SP，PCH→(SP)，addr11→PC10~0	×	×	×	×	2	2
LCALL addr16	12	PC+3→PC，SP+1→SP，PCL→(SP)，SP+1→SP，PCH→(SP)，addr16→PC	×	×	×	×	3	2
RET	22	(SP)→PCH，SP-1→SP，(SP)→PCL，SP-1→SP	×	×	×	×	1	2
RETI	32	(SP)→PCH，SP-1→SP，(SP)→PCL，SP-1→SP，从中断返回	×	×	×	×	1	2
AJMP addr11	*1	PC+2→PC，addr11→PC10~0	×	×	×	×	2	2
LJMP addr16	02	addr16→PC	×	×	×	×	3	2
SJMP rel	80	PC+2→PC，PC+rel→PC	×	×	×	×	2	2
JMP @A+DPTR	73	(A+DPTR)→PC	×	×	×	×	1	2
JZ rel	60	PC+2→PC，若 A=0，则 PC+rel→PC	×	×	×	×	2	2
JNZ rel	70	PC+2→PC，若 A 不等于 0，则 PC+rel→PC	×	×	×	×	2	2
JC rel	40	PC+2→PC，若 Cy=1，则 PC+rel→PC	×	×	×	×	2	2
JNC rel	50	PC+2→PC，若 Cy=0，则 PC+rel→PC	×	×	×	×	2	2
JB bit,rel	20	PC+3→PC，若 bit=1，则 PC+rel→PC	×	×	×	×	3	2
JNB bit,rel	30	PC+3→PC，若 bit=0，则 PC+rel→PC	×	×	×	×	3	2
JBC bit,rel	10	PC+3→PC，若 bit=1，则 0→bit，PC+rel→PC	×	×	×	×	3	2

续表

助记符	十六进制代码	功能	对标志影响				字节数	机器周期数
			P	OV	AC	Cy		
CJNE A,direct,rel	B5	PC+3→PC，若 A 不等于(direct)，则 PC+rel→PC，若 A<(direct)，则 1→Cy	×	×	×	×	3	2
CJNE A,#data,rel	B4	PC+3→PC，若 A 不等于 data，则 PC+rel→PC，若 A<data，则 1→Cy	×	×	×	×	3	2
CJNE Rn,#data,rel	B8~BF	PC+3→PC，若 Rn 不等于 data，则 PC+rel→PC，若 Rn<data，则 1→Cy	×	×	×	×	3	2
CJNE @Ri,#data,rel	B6~B7	PC+3→PC，若 Ri 不等于 data，则 PC+rel→PC，若 Ri<data，则 1→Cy	×	×	×	×	3	2
DJNZ Rn,rel	D8~DF	Rn−1→Rn，PC+2→PC，若 Rn 不等于 0， 则 PC+rel→PC	×	×	×	×	3	2
DJNZ direct,rel	D5	PC+2→PC，(direct)−1→(direct)，若(direct) 不等于 0，则 PC+rel→PC	×	×	×	×	3	2
NOP	00	空操作	×	×	×	×	1	1

表 A-5　位操作类指令

助记符	十六进制代码	功能	对标志影响				字节数	机器周期数
			P	OV	AC	Cy		
CLR C	C3	0→Cy	×	×	×	√	×	1
CLR bit	C2	0→bit	×	×	×		×	1
SETB C	D3	1→Cy	×	×	×	√	1	1
SETB bit	D2	1→bit	×	×	×		2	1
CPL C	B3	$\overline{Cy}$→Cy	×	×	×	√	1	1
CPL bit	B2	$\overline{bit}$→bit	×	×	×		2	1
ANL C,bit	82	Cy∧bit→Cy	×	×	×	√	2	2
ANL C,/bit	B0	Cy∧$\overline{bit}$→Cy	×	×	×	√	2	2
ORL C,bit	72	Cy∨bit→Cy	×	×	×	√	2	2
ORL C,/bit	A0	Cy∨$\overline{bit}$→Cy	×	×	×	√	2	2
MOV C,bit	A2	bit→Cy	×	×	×	√	2	1
MOV bit,C	92	Cy→bit	×	×	×	√	2	2

51 指令系统所用符号和含义如下。

addr11：11 位目的地址。

addr16：16 位目的地址。

bit：位地址。

rel：相对偏移量，为 8 位有符号数（补码形式）。

direct：直接地址单元（RAM、SFR）。

#data：立即数。

Rn：工作寄存器 R0~R7。

A：累加器。

Ri：i=0、1，数据指针 R0 或 R1。

X：片内 RAM 中的直接地址或寄存器。

@ ：在间接寻址方式中，表示间址寄存器的符号。

(X)：在直接寻址方式中，表示直接地址 X 中的内容；在间接寻址方式中，表示间址寄存器 X 指出的地址单元中的内容。

→：数据传送方向。

∧：逻辑与。

∨：逻辑或。

⊕：逻辑异或。

√：对标志产生影响。

×：不影响标志。

附录 B 常用 C51 库函数

表 B-1 常用 C51 库函数及部分函数功能

分类及文件包含	函数	部分函数功能或说明
特殊功能寄存器访问函数 reg5×.h（reg51.h、reg52.h 等）		对 51 系列单片机的 SFR 可寻址位的定义
字符函数 ctype.h 用于字符的检测和转换	bit isalpha(char c)	检查字符参数是否为英文字母（是返回 1，否则返回 0）
	bit isalnum (char c)	检查字符参数是否为英文字母或数字字符（是返回 1，否则返回 0）
	bit iscntrl(char c)	检查字符参数是否为控制字符（是返回 1，否则返回 0）
	bit isdigit(char c)	检查字符参数是否为数字 0~9（是返回 1，否则返回 0）
	bit isgraph(char c)	检查字符参数是否为可显示字符（是返回非 0，否则返回 0）
	bit isprint(char c)	检查字符参数是否为可输出字符（是返回 1，否则返回 0）
	bit ispunct(char c)	检查字符参数是否为标点、空格或格式符（是返回 1，否则返回 0）
	bit islower(char c)	检查字符参数是否为小写字母（是返回 1，否则返回 0）
	bit isupper(char c)	检查字符参数是否为大写字母（是返回 1，否则返回 0）
	bit isspace(char c)	检查字符参数是否为空格符、回车符、换行符等（是返回 1，否则返回 0）
	bit isxdigit(char c)	检查字符参数是否为十六进制数字字符（是返回 1，否则返回 0）
	unsigned char toint(unsigned char c)	将字符 0~9、a~f（A~F）转换为十六进制数字
	unsigned char tolower(unsigned char c)	将大写字母转换为小写字母
	unsigned char toupper(unsigned char c)	将小写字母转换为大写字母
I/O 函数 stdio.h 用于串行口操作，操作前需要先对串行口初始化	char -getkey(void)	等待从 51 单片机串行口读入字符，返回读入的字符
	char getchar(void)	从串行口读入一个字符
	char *gets(char *s,int n)	利用 getchar 从串行口读入的长度为 n 的字符串，存入 s 指向的数组
	char ungetchar(char c)	将输入的字符回送到输入缓冲区
	char putchar(char c)	通过 51 单片机串行口输出字符
	int printf(const char *fmts)	以第一个参数字符串指定的格式，通过 51 单片机串行口输出数值和字符串，返回值是实际输出的字符数
	int scanf(const char *fmts)	将字符串和数据按一定格式读入
字符串函数 string.h 用于字符串操作，如字符串搜索、字符串比较、字符串复制、确定字符串长度等	void *memchr(void *s1,char val,int len)	顺序搜索字符串 s1 前 len 个字符，查找字符 val，找到时，返回值是 s1 中 val 的指针，未找到则返回 NULL
	void *memcmp(void *s1,void *s2,int len)	比较 s1 和 s2 的前 len 个字符，相等时返回 0，若 s1 大于或小于 s2，则返回一个正数或一个负数
	void *memcpy(void *dest,void *src, int len)	从 src 指向的字符串中复制 len 个字符到 dest 字符串中
	void *menset(void *s,char val, int len)	用 val 填充指针 s 中的 len 个单元
	void *strcat(char*s1, char *s2)	将 s2 复制到 s1 的尾部
	char *strcmp(char*s1, char *s2)	比较 s1 和 s2，相等时返回 0，若 s1 大于或小于 s2，则返回一个正数或一个负数
	char *strcpy(char *s1,char *s2)	将 s2 复制到 s1 的第一个字符指针处
	int strlen(char *s1)	返回 s1 中字符个数
	char *strchr(char *s1,char c)	搜索 s1 中第一个出现的字符 c，找到则返回该字符的指针
类型转换及内存分配函数 stdlib.h 将字符型转换成浮点型、长整型或整型，产生随机数	float atof（char *s1）	将字符串 s1 转换成浮点型数值并返回
	long atol(char *s1)	将字符串 s1 转换成长整型数值并返回
	int atoi(char *s1)	将字符串 s1 转换成整型数值并返回
	int rand()	产生一个 0~32767 的伪随机数并作为返回值
	void srand(int n)	将随机数发生器初始化成一个已知值

分类及文件包含	函数	部分函数功能或说明
数学函数 math.h 完成数学运算（求绝对值、指数、对数、平方根、三角函数、双曲函数等）	int abs(int val)	返回 val 的整型绝对值
	float fabs(float val)	返回 val 的浮点型绝对值
	float exp(float x)	返回 e 的 x 次方
	float log(float x)	返回 x 的自然对数
	float log10(float x)	返回 x 的以 10 为底的对数
	float sqrt(float)	返回 x 的平方根
	float sin(float x)	返回 x 的正弦值
	float cos(float x)	返回 x 的余弦值
	float tan(float x)	返回 x 的正切值
	float asin(float x)	返回 x 的反正弦值
	float acos(float x)	返回 x 的反余弦值
	float atan(float x)	返回 x 的反正切值
	float pow(float y,float x)	返回 x 的 y 次方
绝对地址访问 absacc.h 用于对不同的绝对地址空间的访问	CBYTE DBYTE PBYTE XBYTE CWORD DWORD PWORD XWORD	对不同的存储空间进行字节或字的绝对地址访问
本征函数 intrins.h 用于数据的移位操作	unsigned char-crol-_(unsigned char val,unsigned char n)	将 val 左移 n 位
	unsigned int-irol-_(unsigned int val,unsigned char n)__	将 val 左移 n 位
	unsigned long-lrol-_(unsigned long val,unsigned char n)_	将 val 左移 n 位
	unsigned char-cror-_(unsigned char val,unsigned char n)	将 val 右移 n 位
	unsigned int -iror-_(unsigned int val,unsigned char n)	将 val 右移 n 位
	unsigned long-lror-_(unsigned long val,unsigned char n)	将 val 右移 n 位
	int-test-(bit x)	相当于 JBC 指令
	unsigned char -chkfloat-(float val)	测试并返回浮点数状态
	void-nop-(void)_	产生一个 NOP 命令
变量参数表 stdarg.h 用于可变参数的操作	va_start va_arg va_end	获取可变参数列表的第一个参数的地址 获取可变参数的当前参数，返回指定类型并将指针指向下一参数 清空 va-list 可变参数列表
全程跳转 setjmp.h 用于保存当前环境参数	int setjmp(jmp-bufVal) void longjmp(jmp-buf Val,int value)	把当前环境保存在变量 Val 中 恢复最近一次调用 setjmp 宏时保存的环境

参考文献

［1］张毅刚. 单片机原理及接口技术（C51 编程）[M]. 3 版. 北京: 人民邮电出版社, 2020.

［2］徐爱钧, 徐阳. 单片机原理及应用——基于 Proteus 虚拟仿真技术[M].2 版. 北京: 机械工业出版社, 2013.

［3］丁明亮, 唐前辉. 51 单片机应用设计与仿真[M]. 北京: 北京航空航天大学出版社, 2009.

［4］赵全利. 单片机原理及应用教程[M]. 4 版. 北京: 机械工业出版社, 2020.

［5］赵全利, 忽晓伟. 单片机原理及应用技术（基于 Keil C 与 Proteus）[M]. 北京: 机械工业出版社, 2017.

［6］李全利. 单片机原理及接口技术[M]. 2 版. 北京: 高等教育出版社, 2009.